# 城市设计诠释论

Hermeneutic Theory for Urban Design

刘生军　著

中国建筑工业出版社

图书在版编目（CIP）数据

城市设计诠释论/刘生军著. —北京：中国建筑工业
出版社，2012.4
ISBN 978-7-112-14186-9

Ⅰ.①城… Ⅱ.①刘… Ⅲ.①城市规划-建筑设
计 Ⅳ.①TU984

中国版本图书馆 CIP 数据核字（2012）第 054371 号

城市设计诠释理论也称为城市空间诠释美学，它试图从美学与人文科学的领域探讨人们认知空间的内在机制。通过对城市设计诠释理论的研究，本书对以下几个方面进行了创造性的工作：一，建构了城市设计诠释理论的研究框架，使得诠释理论与城市设计的知识有了全面、系统的交叉，为城市设计诠释理论的深入研究建立了理论基础。二，阐述了由诠释情境—诠释结构—诠释维度所建构的诠释思维范式，揭示了城市设计诠释思维活动的内在特性。三，提出了理念层面的意义诠释（城市文本研究）、表意过程的文本诠释（城市设计文本研究）和城市设计创作实践的主体诠释等三个方面的应用性研究层次。

本书可供城市规划设计工作者、有关研究者及有关院系师生阅读参考。

\* \* \*

责任编辑：许顺法　陆新之
责任设计：张　虹
责任校对：姜小莲　赵　颖

**城市设计诠释论**
Hermeneutic Theory for Urban Design
刘生军　著
\*
中国建筑工业出版社出版、发行（北京西郊百万庄）
各地新华书店、建筑书店经销
霸州市顺浩图文科技发展有限公司制版
北京富生印刷厂印刷
\*
开本：787×1092 毫米　1/16　印张：15¾　字数：260 千字
2012 年 5 月第一版　　2012 年 5 月第一次印刷
定价：**38.00** 元
ISBN 978-7-112-14186-9
　　　（22256）

# 内 容 摘 要

"诠释"是论文对城市设计自身学科特性的描述。借助于诠释学的理论知识，我们将包含在城市空间的一切社会文化现象，都视为富含意义的文本，城市或称之为"似文本"。城市文本具有形态性和空间性，并且能够呈现各个部分形态之间的固有关系（互文性）。城市设计的过程包含对城市文本的"理解"、"解释"与"接受"的过程。在这里，"理解"是对城市文本的阅读，"解释"是指城市设计文本的分析研究，而"接受"则是城市设计的诠释主体在创作活动中所采取的诠释方法。简言之，"诠释"是对人们认知、书写与表达城市这一能动过程的高度概括，是对城市设计学科内在结构与思维方法的系统总结。

在哲学史中，现代的诠释学、现象学和接受美学等哲学思想先后涌现，彼此影响、各成体系。这些哲学思想对城市规划和建筑科学的研究有着深远的影响。"诠释理论基础"的形成是基于诠释学、现象学和接受美学等理论知识所构成的理论体系的总称。在这些哲学思想的影响下，当代城市设计表现出了强烈的诠释学特征。诠释学强调的历史性、可理解性、可交流性、可对话性、不确定性、过程性、可参与性以及多元意义等哲学思想有力地规定了城市设计的后现代主流倾向。与此同时，城市设计学科亦存在于诠释学的哲学境遇之中，从诠释学的角度来看，各个时期的城市设计理念受到了当时文化批判与社会思潮的影响，研究城市的历史与文化作为经验科学，诠释和分析城市作品成为可能。

因此，在深入挖掘城市空间意义的诠释学内涵之后，城市设计诠释理论试图从美学与人文科学的领域探讨人们认知空间的内在机制。城市设计诠释理论或称之为"城市空间诠释美学"。对于城市的审美与认知主体——人来说，城市并不是唯物的客观体，它的显现、它的认知、它的表达，必须借助于人的感性活动。在人们的认知活动中，客体成为文本的所指，主体通过意象性去思考、理解和想象客体。城市客体对其诠释者来说是"富有意义的形式"，城市（设计）文本形成了与城市客体的对象化结构。进而，人们通过城市（设计）文本与城市客体产生了积极的认识关系。此时，城市文本（似文本）和城市设计文本（真实的文本形式）形成了对城市客体的指称功用的意义结构。

在城市设计的实践层面，当城市设计诠释的这种科学的认识关系得以确认后，活跃在人文科学诠释的方法论体系对城市设计学科的借鉴意义就凸显出来了，包括语境分析、修辞分析、隐喻分析、心理意向分析、复杂性分析等方法都与城市设计的方法论有着紧密的联系。这样，城市设计创作实践的主体诠释与城市设计理念层面的意义诠释、城市设计表意过程的文本诠释一起共同建构了注重形态概念、注重表意过程、注重创作实践的不同阶段的具有实践性、应用性的城市设计诠释理论的方法体系。

通过对城市设计诠释理论的研究，论文对以下几个方面进行了创造性的工作。

建构了城市设计诠释理论的研究框架。使得诠释理论与城市设计的知识有着全面、系统的交叉，为城市设计诠释理论的深入研究建立了理论基础。

阐述了由诠释情境—诠释结构—诠释维度所建构的诠释思维范式，揭示了城市设计诠释思维活动的内在特性。

提出了从理念层面的意义诠释（城市文本研究）、表意过程的文本诠释（城市设计文本研究）和城市设计创作实践的主体诠释等三个方面的应用性研究层级。

# Abstract

"Hermeneutics" in the thesis is the description of course features for urban design. By means of theories in hermeneutics, we can regard all social and cultural phenomena contained in the urban space as meaningful text, and the city may then be named as "simi-text". The urban text would be of certain shape and space, and it can display the firm relationship between each shape (inter-text). The process of urban design would include the "understanding", "interpretation" and "acceptance" of urban text. Here, "understanding" refers to reading the urban text, and "interpretation" refers to analysis and research in urban design text, while "acceptance" refers to the hermeneutics method as applied during creation by the main body of the hermeneutics. In one word, "hermeneutics" is the highly summarized expression of the active process for people to understand, write about and express the city, and the systematic summary of internal structure and way of though in urban design course.

In the history of philosophy, modern hermeneutics, phenomenology and reception aesthetics has thronged in succession, which were interacted and formed their own system have imposed profound influence over the research of urban planning and architectural science. The "Fundamentals for Hermeneutics Theory" is a collective term of theoretical system formed by hermeneutics, phenomenology and reception aesthetics. Contemporary urban design, as influenced by the foregoing philosophy ideas, has demonstrated obvious features of hermeneutics. Such philosophy ideas like historical features, understandability, communicability, exchangeability, uncertainty, process-based, participation-based and diversified meaning etc as emphasized in hermeneutics has directed the post-modernism mainstream tendency in urban design. In the meantime, the urban design course also exists in the philosophy circumstances of hermeneutics. From the viewpoint of hermeneutics, the urban design concepts at different stages have influenced by the then cultural comments and social thoughts. The explanation and analysis of urban works would be possible since the research of urban history and culture is regarded as empirical course.

Therefore, after understanding the hermeneutics connotation of the meaning of urban space, the hermeneutics theory of urban design would start to seek the internal mechanism for people to understand the space in aesthetics field and the human studies. The hermeneutics theory of urban design may also be named as "hermeneutic aesthetics of urban space". For human being-the main body of urban aesthetics and recognition-city is not the objective matter, and the display, recognition and expression of which shall be through people's activities. During people's recognition activities, objective matter would become the target of text, while the subject will think of, understand and image the objective matter through imagined images. Urban object is the "meaning form" for the subject of hermeneutics, and the urban (design) text would turn to be the target of urban object. Therefore, people would be imposed the active recognition between urban (design) text and urban object. At this time, the urban text (simi-text) and the urban design text (real text form) would form the meaning structure indicating the urban object.

In terms of the practice of urban design, when the scientific understanding upon the urban design hermeneutics is recognized, then methodology system in the social studies hermeneutics would be obviously referential for the course of urban design, in which methods like context analysis, rhetoric analysis, metaphor analysis, mental intention analysis and complexity analysis are all closely in connection with the methodology of urban design. Therefore, the main body hermeneutics in the creation practices of urban design, the meaning hermeneutics in terms of concept of urban design as well as the text hermeneutics in the notional process of urban design has jointly formed the methodology system of urban design hermeneutics theory, which stresses the concept of configuration, the notional process and the different stages of creation practice featuring practices and application.

The thesis emphasized the following creative points through the research of hermeneutics theory of urban design:

It formulated the research framework for the hermeneutics theory of urban design, which has caused the cross-relation of hermeneutics theory and urban design knowledge in an all-round and systematic manner, laying the theoretical foundation for the deeper research of hermeneutics theory of urban design.

It elaborated the way of thought for hermeneutics shaped by the hermeneutics context-hermeneutics structure-hermeneutics dimension, and unveil the internal features of the hermeneutics way of thought in urban design.

It carried out the application research in terms of the meaning hermeneutics in concept (research on city text), text hermeneutics in the notional process (research on urban design text) and the main body hermeneutics of the creation practice for urban design.

# 目　　录

# 第 1 章　绪论

## 1.1　课题研究背景

### 1.1.1　现实背景——我们如何叙述历史

我们应该如何叙述历史？这个问题似乎非常简单，却又难以回答！

对于这个问题的思考让我想起了由美国著名导演斯蒂芬·斯皮尔伯格（Steven Spielberg）监制的电视剧《西部风云》（Into The West）。这部电视剧通过对惠勒家族的讲述，体现了美国西部的拓荒史，是一部充满征服与杀戮、友情与叛逆、爱与恨的，感人至深的故事。两种截然不同的文化冲突、交流与融合，移民者建设新家园的艰辛，淘金者的暴富欲望都是此剧要表现的主题。难能可贵的是，这部剧集并非单纯表现西部拓荒的辉煌，区别于传统的只从白人殖民者的视角刻画西部的开拓史。为保证叙述历史的客观性，这部电视剧从白人移民雅各布·惠勒和北美本土印第安人野牛之爱两个不同家庭的视角来书写这段宏伟的史诗。然而，笔者却从一个城市规划师的视角感受到了一种全然不同的震撼，在故事的结尾，两位主人公分别告诉自己的后代，"其他人也许和我讲的不一样，一个人所了解的历史只是属于他自己的一小部分，不要忘记我们都在同一个历史的车轮上，轮轴、轮辐和轮圈，只要有一样损坏，整个轮子就不完整了"，"当你讲述你的故事的时候，你就等于是在同你的长辈们，以及你的祖先们进行交流，当别人问你是从哪里知道这些事的时候，告诉他们，是野牛之爱保存下来的……现在这个故事属于你们了。"

故事的结尾发人深省，话语中隐含了我们要面对的一个重要问题，也是诠释学研究的核心问题——理解与解释的客观性问题。诠释学理论指出，不同的主体对待历史的不同态度产生了不同的理解，并且由于主体间性的断裂而导致了理解与解释的诠释学矛盾（即间距化）。更重要的是，历史已然过去，我们无法置身于历史之中，只能通过对历史文献的研究、解读，进而了解历史（诠释学循环）。我们似乎进入了一个怪圈之中，我们无法通晓全部的历史，我们处于正在形成的历史之中，我们无法跳出历史的轮回，站在历史的旁边客观地看待历史！

基于对上述问题的认识，现在让我们来回答最先的问题：我们如何叙述历史？这个问题似乎复杂起来！而与此思考方式相类比，我们如何认识城市，我们如何理解城市的历史与文化？我们如何继续书写城市？正是对这些共同性问题的困惑是笔者将诠释学的理论与城市设计学科进行交叉研究的初衷。

### 1.1.2 学科背景——美学与人文科学的研究

从学科背景看，城市设计是一门综合性较强的学科，它以沟通城市规划与建筑学两门学科为主线，通过对影响城市形态的许多相关学科之间关系的研究，解决城市建设过程中二维与三维、开发与保护、局部与整体、私人与公共等一系列的矛盾，其目的是提高城市的形体环境质量，提高城市生活质量。城市设计或可称之为"综合环境设计"。

在横向领域，学界目前比较一致的观点是，城市设计是一门新兴的实践性学科，也是人文科学和工程学学科交叉的产物。人文科学是美学与人文主义的城市设计价值观的研究领域，工程科学关注的是功能主义和生态主义的城市设计价值观。技术（人工）与生态（自然）的结合是当今城市设计发展的现实要求，而美学与人文主义则是城市设计发展的思想基石。城市设计在人文科学领域的研究由来已久，在《大不列颠百科全书》中将城市设计定义为"城市设计是对城市环境形态所做的各种合理安排和艺术处理"。[1]法国地理学家夏保认为，"城市是一个由自我形成的整体，其中所有的元素都参与城市精神的塑造"。[2]城市设计是对城市空间的艺术感知与实践手段，而城市则是人类精神追求向物质表现转化的空间体现。人类赋予城市的价值和思想形成了独特的空间现象，因此，人们对空间进行认知与实践就要走进美学与人文科学领域：将城市文本视为城市客体指称的表意形式；对城市空间的关注上升为追求"诗意的栖居"（海德格尔语）；将城市空间的生产过程体现为现代社会对人文价值的追求结果。正如李泽厚所认为的，美

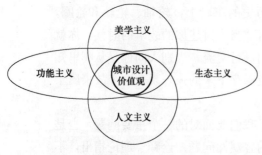

图 1-1 城市设计的价值观[3]

是一种客观事物的存在，不依存于人的主观意识。但美不是自然现象，它是人类社会生活的产物，对人才有意义。美还原不出自然元素，但美存在价值——对人来说存在社会性，牵扯到文化问题。这里引用李泽厚所提出的美学

概念的同时，也指出了本文所关注的美学与人文主义的城市设计的价值基础
（表1-1，图1-1）。

现代美学发展概况　　　　　　　　　　　　　　表 1-1

| 阶段划分 | 形成背景 | 美学理论 |
|---|---|---|
| 20世纪20年代初期（30年代前）初创期 | 西方现代美学的形成期 | 表现主义美学<br>　（代表人物有克罗齐和科林伍德）<br>自然主义美学<br>　（代表人物为桑塔耶那）<br>形式主义美学<br>　（代表人物为贝尔）<br>精神分析美学<br>　（代表人物有弗洛伊德和荣格） |
| 20世纪30~50年代，鼎盛时期，多元展开 | 西方现代美学进入到鼎盛时期，呈现出多元发展的局面 | 分析美学<br>　（代表人物有维特根斯坦和韦兹）<br>现象学美学<br>　（代表人物有杜夫海纳和因加登）<br>存在主义美学<br>　（代表人物是让保罗·萨特）<br>符号学美学<br>　（代表人物有卡西尔和朗格）<br>新自然主义美学<br>　（代表人物是门罗）<br>完型心理学美学<br>　（代表人物是阿恩海姆） |
| 20世纪60年代以后，西方现代美学发展的后现代时期 | 西方资本主义经济全面复苏。<br>信息、系统、控制论老三论建成。<br>计算机的推广，物质生产发达 | 结构主义美学<br>　（代表人物有列维·施特劳斯和巴特）<br>后分析美学<br>　（代表人物有索绪尔）<br>现代解释学美学<br>　（代表人物是伽达默尔）<br>接受美学<br>　（代表人物有姚斯和伊瑟尔）<br>信息论美学<br>　（代表人物是莫尔）<br>解构主义美学<br>　（代表人物有德里达）等 |

纵观历史，城市发展史就是一部记载人类文明凝固的史诗。从古至今，
城市设计的发展有原始自然主义城市设计、古代象征主义城市设计、古典人
文主义城市设计、近代功能主义城市设计、现代人本主义城市设计和广义城
市设计六个发展阶段[4]。自然主义城市设计、古代象征主义城市设计、古
典人文主义城市设计都是在工业革命之前的城市设计思想，可称之为传统城

3

市设计。进入工业社会之后，由于城市急剧膨胀，新的生产关系、新的交通方式的出现，从根本上改变了传统的城市规划手段。当人们在技术与文化的双刃剑之间迷茫的时候，一些现代的城市设计思想相继出现，"现代城市设计思想为工业革命后产生不良结果的一种反抗运动。"[5]因而，现代城市设计思想的诞生是基于人文主义对抗功能主义的一种反抗结果。现代城市设计理论认为：城市是随着时间建立起来的，应该阅读其演变过程，并置于时间的维度之中，尊重城市的历史遗产和文化遗产，将之放置于未来的研究框架之中，并允许对变化作出适应，因为演变就是城市的本质。因此，将城市放置历史，将空间回归精神是现代城市设计的基本认同，这是美学与人文科学领域研究城市设计的历史必然（图1-2）。

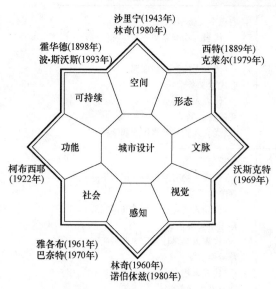

图1-2 国外城市设计的研究方向[3]

可以说，美学与人文科学的研究背景是城市设计理论研究及本文研究的主要理论基础，本文所关注的现象学、诠释学、接受理论、结构主义、后结构主义、精神分析和女权主义等构成了当代西方美学与人文科学研究的主要脉络，也是当代城市设计研究重要的思想基础之一。其中，现象学、诠释学与接受理论三大理论构成了本文理论研究的理论主体。本文所研究的城市设计诠释理论是基于诠释学、现象学和接受美学等学科研究背景，以"诠释"的思维贯穿于城市设计的全过程，并将其理论成果应用于城市设计的意义理解、文本成果及主体的创作过程中。

在本文的研究方向上，哈尔滨工业大学徐苏宁教授长期致力于城市设计美学的基础理论研究工作，其著作《城市设计美学》中提出了城市设计美学的理论框架，包括审美经验与城市形态、审美意象与城市形态、审美判断与城市意象等。通过对表现论美学、原型论美学、心理学美学；结构主义与符号学美学、场所理论与现象学美学、接受理论与接受美学；以及审美知觉、审美心理学、审美形态学等方面进行的深入探讨，为本论文的研究立论提供了先导性的理论支持。

### 1.1.3 课题研究的必然性、目的与意义

**1. 必然性**

城市设计与诠释学的学科交叉研究具有某种必然性。在城市设计对待历

史性的态度中，对于我们如何看待城市的历史、我们如何保持城市历史的延续性、我们如何保证继续书写城市历史的正确性，这些问题让我们进入了诠释学领域。以诠释学的视角，城市设计是基于意义理解、文化认同、文本诠释和诠释性思维构建的一门"城市空间的诠释美学"或称之为"城市空间的诗学"。在这个研究领域中，城市空间是复杂的、多元的；城市的意义是可认知的、可诠释的；城市空间是美的、可审美的，可以用语言塑造的认知客体。总之，城市的可诠释性是因为城市具有"特殊的空间感，有结构、有位置、有取向、有无尽想象的可能性"。人们在对城市生活反省、诠释的同时，也能"界定自己的位置"，"进一步塑造了城市的现状和个性"。[6]

**2. 可能性**

我国理论界对城市设计的学科界定主要分为两个方面：其一，偏城市规划理论方面，主要是指城市设计贯穿城市规划的始终；其二，偏建筑学理论方面，主要指城市设计是对空间形体环境的设计，是群体建筑的设计。无论哪个方面的认识，国内大学对城市设计专业学生的培养主要是基于传统的建筑学科的教学体制下进行的，城市设计专业往往是建筑学专业的一个分支学科。这使得在城市设计专业的学生培养中，传统的建筑设计思维与方法先入为主，从而导致了城市设计思维理论教学的针对性不强。并且，国内对城市设计专业的研究更加关注其实施与管理层面，而对城市设计理论核心的思维与方法的研究鲜有独到的、创新性的研究成果。因此，对城市设计思维与方法的理论性研究是迫切而有意义的工作。城市设计的"诠释理论"尚无人系统研究或提出，本文的研究将对城市设计思维理论提出创新性的观点与研究视角。

（1）本课题研究的目的　城市设计与诠释理论交叉研究的可能性源于城市设计的实践活动自身所处的诠释学处境。本文试图在哲学的诠释学及其相关理论与城市设计的诠释活动之间寻找某种逻辑中介，并在这个逻辑中介中应用性地阐述城市设计诠释活动的重要问题（思维与方法），从而建构一种基于诠释思维的综合城市设计的理论视域。

① 基于诠释学及其相关的基础理论研究，广泛深入探讨城市设计的科学思维过程，并将城市设计的科学思维过程与诠释理论知识相结合，提出简明的城市设计诠释思维的科学表述。

② 对城市设计的学科特性而言，其成果表达是文本化的图则与导则，城市设计的创作过程是意义的生成与本文的诠释过程，这与建筑设计注重实体与空间的视觉传达有着本质的区别。因此，挖掘城市设计特有的诠释理论体系是本论文的核心内容。从而，提出城市设计诠释方法论的可能途径是论

文研究的必然要求。

③ 以城市设计的诠释思维为切入点，深入学习并掌握现有的城市设计思维与方法理论，使城市设计的诠释思维成为对现有城市设计理论的有机融合和有益补充。

（2）本课题的研究的意义

① 从学科的整体性方面看，本课题是首次系统地将"诠释"的观点贯穿于城市设计的思维过程当中。这种学科的交叉有利于从哲学的高度对城市设计的思维结构进行研究，有助于对城市设计的思维类型进行全面的把握。因此，城市设计诠释思维论是突破现有研究框架，对城市设计思维研究横向拓展的尝试。

② 从城市设计维度的层面看，城市设计的维度有形态维度、认知维度、社会维度、视觉维度、功能维度、时间维度等。城市设计的诠释思维则可以说涉及城市设计所有维度的思维与方法的运用，其中最主要的是认知维度、社会维度和时间维度等方面的研究。因此，对城市设计诠释思维论的研究也是在城市设计某一维度领域对其进行深入研究。

③ 从城市设计的实践意义来看，具有创新性的诠释思维与方法的研究有助于对城市设计作品的解读和城市设计创作的实践，能够促进城市设计创作水平的提高。

④ 理论的提出首先要做到系统性、开放性和应用性。城市设计诠释思维理论的研究是对城市设计一种跨学科的思考，研究的过程是系统的，知识的形态是开放的，通过诠释理论的建构可为城市设计专业的教学工作提供有益的思想借鉴。

## 1.2  国内外研究概况

### 1.2.1  国外城市设计研究概况与文献综述

**1. 研究概况**

国外在城市设计领域的研究工作可谓资料翔实，内容丰富。西方国家进入后工业时代，城市物质空间规划逐渐走向成熟，当人们认识到城市空间的复杂性的时候，对城市空间的单纯的物理性分析的"物质空间决定论"就显得力不从心了，取而代之的是对城市社会空间的规划。一些后现代的城市空间研究学派逐渐转向了城市社会学、文化地理学、政治经济学等领域进行空间理论研究。

吉登斯认为，欧洲社会学是在 18 世纪末法国的政治革命和英国的产业革命这两大革命的背景之下诞生的。欧洲社会学的基本概念，是对旧制度因遭工业文明和民主政治的打击而崩溃所产生的秩序问题的各种反应。[7]

19世纪90年代，德国社会学的主要理论家们首先对城市研究产生了兴趣。

20世纪二三十年代，古典城市理论的芝加哥学派（Chicago School）的产生使得城市研究成为社会学重要的分支学科。芝加哥学派的帕克、伯吉斯和沃思关注城市成长的机制及其社会后果，由此提出了第一个城市研究范式"人文生态学"（Human Ecology），并概括出城市独特的生活方式。《Urbanism as s Way of Life》一文的核心概念是"Urbanism"，沃思完全以城市人群的特征（人口规模、人口密度和社群异质性）来界定"Urbanism"并从中引出都市人的人格特征、行为特征以及对互动方式的发现，都是典范的社会学分析进路[8]。这一时期的空间理论认为，人类群体的文化、社会交往模式和政治结构成为空间决定性的力量。芝加哥学派着力探讨城市的空间—社会环境（The Spatial-Social Environment），他们先后提出了：同心圆理论、扇形理论和多核理论，这些理论成为城市空间布局的基础理论。此外，1939年C. A. Perry提出的邻里单位（Neighborhood Unit）理论对19世纪下半叶的城市规划产生了重要的影响。

20世纪50年代初，社会区研究、区位经济研究和地理学等对城市系统进行了大量的研究，社会学、文化地理学的研究价值日益凸现出来。1954年CIAM第十次小组（Team10）在荷兰发表了《杜恩宣言》，明确地对《雅典宪章》进行了批判，提出了以人为核心的人际结合（Human Ascociation）思想，要按不同的特性去研究人类的居住问题，以适应人们为争取生活意义和丰富生活内容的社会变化要求。Team10强调，城市的形态必须从生活本身的结构中发展起来，城市和建筑的空间是人们行为方式的体现，城市规划者的任务就是要把社会生活引入到人们所创造的空间中去[9]。Team10代表人物英国的Smithson夫妇提出簇群城市（Cluster City）的概念，这种流动、生长、变化的思想为城市规划的新发展提供了起点。

20世纪60年代中期，随着城市的高速发展，一些城市问题和城市危机加剧出现，科学技术的飞速发展，使人们对空间内在的社会、文化、精神方面要求逐渐提高，在美国出现了现代城市设计（Urban Design）的概念。期间，出现了一大批理论著作。凯文·林奇（K. Lynch）在1960年发表的《城市意象》成为西方城市设计领域具有深远影响的著作。林奇并非学院意义上的城市社会学家，但作为 20 世纪城市设计的最具灵感的学者，他对城市空间与人类行为的关系有深刻的洞见。林奇认为，城市美不仅要求构图与形式方面的和谐，更重要的是来自人的生理、心理的切实感受。林奇试图理解人们是如何感知城市环境的，以及专业设计师可以怎样回应最深层的人类需要。此外，简·雅各布斯（J. Jacobs）的《美国大城市的死与生》（The Death and Life of Great American Cities）把城市的意义功能发挥为人性成长的需要，"城市空间不应是单纯工程性的和只追求技术效率的，它更应成为人性成长，人际互动的空间，这种互动为城市环境注入了生活的血液。"简·雅各布斯从人们的行为心理出发，关注人与人之间社会关系的城市设计思想，首次使人们意识到城市是人的城市。城市设计不仅仅是功能的组织及景观的创造，城市设计必须研究人的心理，满足人们的各种需要。雅各布斯同时强调，"多样性是城市的天性"，城市是复杂而多样的城市应尽可能错综复杂并且相互支持，以满足多种需求。[10]其他还包括，克里斯多弗·亚历山大（C. Alexander）的《形式合成笔记》（Notes on the Synthesis of Form）（1961）和《城市不是一棵树》（A City is Not a Tree）（1965）先后发表；Amos Rapoport 自 60 年代发表了一系列论文和著作，对空间关系的人文因素进行了探讨，对城市空间组织提出了新的见解和方法等。

1970 年代，城市空间理论（Henry Lefebvre，1970 年，Manuel Castells，1972 年）和空间分异（The Difference That Space Makes）成为社会科学和城市地理学的中心问题，这一时期对理论发展的最重要贡献是空间政治经济学以及社会－空间分析（Socio-Spatial Analysis）。空间政治经济学的发展真正为城市设计者提供了一个理论实体作为研究平台。针对古典城市生态学忽视政治和经济制度作用的缺点，面对不断变化和激化的城市问题，第二次世界大战以后发展起来的城市新分析中大多包含了社会的变量，如阶级、种族、性别等，并开始用全球化的视角进行观察，从阶级斗争、资本积累以及由此形成的国家政体角度对城市现象和城市问题进行研究。由于大部分的新思想源自马克思的传统，因此称之为新马克思主义（Neo-Marxism）城市研究。新马克思主义城市研究是对城市空间背后的结构性、制度性思考。新马克思主义者认为：资本主义的城市结构、城市规划本质上是源自对资本利益的追求，他们强调从资本主义制度本质矛盾的层面来认识、理解城市的空间现象。戴维·哈维（D. Harvey）运用新马克思主义概念所做的城市发展和城市空间演化的研究，引起了城市社会学和城市规划学的新发展，标志着城市空间研究的一个新的时代的开始。哈维在 1981 年发表了《资本主义的城市过程：一个分析的框架》(The Urban Process under Capitalism：A Framework for Analysis) 的文章，在空间和生产方式之间建立了一个总的理论框架。根据他的观点，城市研究的中心是建成环境的生产，而这已成为资本投资和循环过程中的一部分，在这种关系中财政网络和政府干预起了协调者作用。此时的城市设计不仅仅局限于图纸、数据和表格来描述未来图景，而更多的关注在城市发展过程中各类要素之间的相互关系及其演进过程的结果。对城市空间问题的解决不仅是从物质形态上提出措施，还要从整合各类政策从本质上予以改造。此时的城市设计与城市研究的各类学科结合起来，成为城市研究的综合实践。[8]空间政治经济学则提供了一个极有价值的学科基础，在不同城市学科之间扮演了一个统合的角色。城市设计作为传统学术领域交叉的边缘学科，应脱离早先定义的狭隘职业范畴，转向多元学科互动关联的研究视角。在空间政治经济学的宏观视角下，促使城市设计相关学科的重要理论相互联结，进行了知识整合。

20世纪70年代中期以后，西方的社会整体结构发生了新的变化，进入了"后工业"、"后现代"或是"信息经济"、"知识经济"社会，城市设计的多元论时代开始了。后现代的建筑、后现代城市设计、后现代与现代性、后现代与大众文化等后字当头的文化研究逐渐兴起。多元的社会思潮从不同的角度对城市设计的方法论思想进行了冲击。"自80年代初以来，在规划界没有形成一个主要的方法论思想，而在理论研究和实际工作中，延续并发展了过去的各种方法论和思想。"[8]因此，"多元化"成为现代城市设计重要的研究课题（表1-2）。

**城市空间社会性研究的学科发展**[11]　　　　　　　表1-2

| 经济发展阶段 | | 起步阶段 | 持续发展阶段 | 群众高消费阶段 |
|---|---|---|---|---|
| 城市空间研究阶段 | | 20世纪初以前 | 20世纪70年代 | 20世纪70年代以后 |
| 城市空间研究问题 | 范围 | 自然空间问题 | 经济空间问题 | 社会空间问题 |
| | 核心 | 城市发展有机体 | 城市土地利用 | 城市生活质量 |
| 城市空间研究内容 | 前期 | 城市区位 | 土地利用与功能区 | 城市社会空间关系 |
| | 后期 | 功能区结构与环境治理 | 经济结构与布局 | |
| 城市空间研究方法 | 理论 | 经验主义 | 逻辑实证主义 | 以人为核心的多种分析方法论相结合 |
| | 方法 | 发生学习法历史学习法 | 空间分析方法形态学方法 | 行为方法与逻辑分析实在论与结构主义方法 |

9

| 经济发展阶段 | 起步阶段 | 持续发展阶段 | 群众高消费阶段 |
|---|---|---|---|
| 存在问题或<br>侧重研究方面 | 有自然决定论的<br>偏颇；<br>强调城市发展与<br>自然环境关系，忽视<br>社会、经济、政治等<br>因素对城市发展的<br>影响以及与之相适<br>应的关系 | 1. 有经济决定论<br>色彩<br>2. 重逻辑与理论<br>性，但与现实有偏差<br>3. 用形态因素解<br>释城市过程，忽视作<br>为城市生活中的人<br>的文化含义对空间<br>的影响 | 1. 从城市的空间形<br>态关系规律转入城市空<br>间过程研究，从静态研<br>究转入动态研究<br>2. 重视人的感应、认<br>知与行为的主导作用，<br>揭示城市的过程与本质<br>3. 重视研究人的经<br>历因素过程（事件、区<br>位、家庭阶层等的空间<br>过程），揭示现实城市的<br>有效环境研究 |
| 所依托学科 | 地理学 | 经济学 | 社会学 |

虽然国外的城市空间理论比较活跃，但新兴的城市设计学科仍有大量的基础型问题尚未解决。正如英国学者阿里·马达尼普（Ali Madanipour）认为，尽管当代城市设计理论和实践积累了大量成果，城市设计的理论研究还有许多方面有待统一，如城市设计的研究规模和研究对象、城市设计应该关注物质空间还是社会内涵、城市设计的专业定位等[12]。

**2. 文献综述**

对城市设计的理论发展有重要作用的文献包括：简·雅各布斯的《美国大城市的死与生》（1961 年）一书。书中从一个普通城市居民的角度，强烈地谴责了以 CIAM 为首的现代主义城市设计和建筑设计是对美国城市的大肆破坏，提出真正的和谐城市的设计应该更多地鼓励公众回归街道、广场及其他公共空间。凯文·林奇在《城市意象》（The Image of City，1961 年）所提出的城市空间的"可读性"（Legibility），强调了城市设计中，公众对城市场所的认知；高登·库仑在《城镇景观简编》（Gordon Cullen, The Concise Townscape，1961 年）中提出用创造"一系列视觉印象"（A Serial Vision）来构筑城镇景观，并为后来的城市设计工作提供了一种有效的美学创作方法；阿尔多·罗西的《城市建筑》（Aldo Rossi, Architecture of the City，1965 年）从对传统城市的类型学研究关注人对城市空间的认知度，并提出城市的"集体性记忆"概念；扬·盖尔在《交往与空间》（Yan Gehl, Life between Buildings，1971 年）中深刻地剖析了街道、步行道和公共广场作为城市居民生活的"容器"和社会交往的场所的重要性；而克里斯多弗·亚历山大的《建筑模式语言》（Christopher Alexander, A Pattern Language，1977 年）则为设计师提供了一种"有用（但并非预先确定的）行为与空间之间的关系序列"，使城市设计具有了全局控制及阶段发展的可能性；科林·罗于 1984 年在《拼贴城市》中提出新老形式在城市空间中的并存，再次强调了城市的多元性（Variety）的重要；1985 年牛津理工学院以本特利等所组织的学术团队完成的《共鸣的环境》（Responsive Environments：A Manual for Designers）首次填补了城市设计实践方法指南的空白，从此城市设计逐渐从理论研究步入实践操作；20 世纪 80 年代中后期到 90 年代，处在美国兴起的"新城市主义"及其提出的"新传统邻里"（NTDs）、"步行口袋"（TOD）等等，这些理论的出现都不断地为当今城市设计理论体系的完善奠定了基础。

20 世纪末叶最引人注目的"空间转向"，是知识和政治发展中举足轻重的事件之一。学者们开始关注人文生活中的"空间性"把以前给予时间和历史、社会关系和社会的青睐纷纷转移到空间上来，空间反思的成果是最终导致建筑、城市设计、地理学以及文化研究诸学科变得日益曾相互交叉渗透的趋势。

新马克思主义关于城市空间发展研究的代表性成果是：M. Gottdiener 的《The Social Production of Urban Space》（1985 年）、D. Gregory 与 J. Urry 合著的《Social Relations and Spatial Stucture》（1985 年）、N. Smith 的《Gentrification：The Frontier and The Restructuring of Urban Space》（1986 年）。按照马克思主义的视角，城市规划的本质被认为更接近于政治，而不是技术或科学，城市规划被视为以实现特定价值观为导引的政治活动；对城市规划的评估也不再被认为是单纯的技术问题，而与价值判断密切相关[13]。

空间理论研究的著名学者福科、大卫·哈维、爱德华·索亚（Edward W. Soja）和亨利·列斐伏尔（Lefebrre，Henri 1901～?）等关于城市空间的社会学、文化地理学的研究使我们对传统的空间产生了新的认识，即"城市是空间关系的社会化和社会关系的空间化。"

福科早在 1976 年就发表过题为《其他空间》的讲演。福科说，空间在当今成为理论关注的对象，并不是什么新鲜的事情，我们时代的焦虑与空间有着根本的关系。福科引述巴什拉《空间诗学》中他所谓现象学式的描述，以摧毁二元对立的传统空间观："我们并非生活在一个均质的空洞的空间里，相反我们的空间深深地浸润着各种特质和奇思异想，它或者是靓丽的、轻盈的、清晰的，或者仍然是晦暗的、粗糙的、烦扰的，或者高高在上，或者深深塌陷，或者是涌泉般流动不居的，或者是石头或水晶般固定凝结的。"此外，福科在《空间、知识、权力》的访谈中这样强调过空间的重要性："空间是任何公共生活形式的基础。空间是任何权力运作的基础。"[14]

爱德华·索亚的《第三空间—去往洛杉矶和其他真实和想象地方的旅程》（2005，中译本）一书中的第三空间理论，即第一空间—空间实践（感知的空间）（Perceived Space）、第二空间—空间的再现（构想的空间）（Conceived Space）、第三空间—再现的空间（实际的空间）（Representational Spaces），为城市设计的空间性认识提供了具有颠覆性和创造性的思维方式。第三空间理论凸现了一个重要的问题，即空间不仅仅是形式的、文本化的、更是开放性的。"人类思考空间的每一种方式，人类的每一个空间性'领域'——物质的，精神的，社会的——都要同时被看作是真实和想象的、具体和抽象的、实在的和隐喻的。"

亨利·列斐伏尔在 20 世纪 80 年代早期的著作《空间的生产》（The Production of Space）中提出，空间生产就是空间被发掘、生产、贸易以及地产开发的全过程。列斐伏尔的工作代表了马克思传统在城市分析中的复兴。他最重要的贡献是提出"空间是一社会的产物"的理论，空间的生成不是设计师个人创造的结果，而是社会生产的一部分，受到了某些社会力的控制。一直以来，人们关注的只是空间中事物的生产，现在要"转向空间本身的生产"，归根到底，"空间从来就不是空洞的：它总蕴涵着某种意义"。[15]亨利·列斐伏尔一再强调空间问题是当代人文社会科学必须认真对待的重大问题，空间性与社会性、历史性的思考应该同时成为人文科学的内在理论视角。

戴维·哈维是以一个地理学家的训练开始和进入城市研究的，他的"陷于各种争执的城市：社会过程和空间形式"，哈维将时空与城市过程的关系确定为一个辨证过程，一方面时间和空间塑造城市过程，另一方面，城市过程也在形塑城市空间和时间。哈维不相信所谓完美的空间设计能解决社会过程的问题，即便是设计得最好的、能加强人们的社区归属和交往的环境，也是需要教化与道德维系的过程。仅有好的空间形态并不能创造社区。

卡斯特继承了传统的马克思主义者的社会冲突论和社会运动论以诠释城市过程。但卡斯特相信，就传统的马克思主义的生产过程而言，集体消费过程更适于成为城市过程的主导力量，集体消费概念也成为卡斯特以马克思主义分析为框架，重建城市社会学的核心范畴。因此，资本与劳动的传统冲突让位于居民与地方政府的冲突。卡斯特最新的工作是对信息革命与人类社会关系的研究，他贡献了"网络社会"、"信息城市"等具有丰富理论解释力的新概念，成为城市理论的最新流行话语。

国外其他相关主要文献有：［英］Matthew Carmona，Tim Heath，Taner Oc，Steven Tiesdell 的《城市设计的维度》（2005 年）；［英］史蒂文·蒂耶斯德尔、蒂姆·希思、［土］塔内尔·厄奇的《城市历史街区的复兴》（2006 年）；［美］乔纳森·弗里德曼的《文化认同与全球性过程》（2003 年）；［美］戴维·哈维的《后现代的状况——对文化变迁之源起的探究》（2003 年）；［美］艾尔伯特·鲍尔格曼的《跨越后现代的分界线》（2003 年）；［丹麦］扬·盖尔的《交往与空间》（2002 年）；［英］阿雷恩·鲍尔德温，布莱恩·朗赫斯特，斯考特·麦克拉肯，迈尔斯·奥格伯恩，格瑞葛·斯密斯的《文化研究导论》（2004 年）等。

### 1.2.2　国内城市设计研究概况与文献综述

#### 1. 研究概况

回顾城市设计学科在我国发展的短短二十几年，很多学者致力于学科领域的认识性研究，对城市设计概念的界定、研究的范畴、研究的过程、研究的方法均有不同层面与深度的探讨。然而，由于城市设计研究领域的宽泛、研究对象的不确定，以及设计成果的非法定性等等，造成了其学科本身特征的复杂性。学术界对于城市设计学科本身理论的研究亦没有形成较为统一的认识。

（1）产品—过程论　传统城市设计成果以"产品"为主要特征形态，其渊源来自"自上而下"的集权制度，来自于城市设计所继承的艺术设计传统。在城市设计初期所遇到的城市问题相对简单，为设计师对纯艺术的追求提供了宽松的环境，因此具有"产品设计"特征的城市设计思维模式通常比较理想化，在设计中表现出两个特点：第一，对设计方案的艺术美感比较重视，一开始就强调终极的完整形态，例如巴西利亚的首都规划就是这样的一个典型例证，只有凭借强大的政治力量才能够完成建设。第二，对现实问题考虑不够全面，即使解决了某一突出矛盾，但在其他问题上却采取消极态度。

19 世纪 60 年代开始，由于自由化的经济环境、此起彼伏的人权呼声，以及科学发展所带来的新技术的应用，使人们开始逐步思考城市建设的深层次问题。城市设计学科在传统城市设计产品论的基础上发展为强调"过程"的现代城市设计。"过程"特征集中表现为——非终极的可变性，主要通过设计导则来引导和控制物质空间环境的建设，运用政策与法律的手段保障城市设计的实施。"过程"特征的城市设计在实施过程中具有灵活的机制，导控的成果借助于具有法律效力的导则与图则来实现，导则与图则规定开发建设的基本标准和基本问题。"过程"特征的城市设计创造出一种宽松的政策环境，为下一步的建筑设计或环境设计预留出创作空间。

产品—过程论是从城市设计的成果与设计过程的导控性提出的设计思维方法，是长期以来城市设计学科发展从终极蓝图式到弹性控制式的思维方式转变的集中体现（表1-3）。

两种"城市设计"概念的比较表[3]　　　　表 1-3

| | 倾向于产品设计的"城市设计" | 倾向于过程设计的"城市设计" |
|---|---|---|
| 目标（作用） | 针对性解决具体问题 | 指导性解决综合问题 |
| 对　象 | 具体项目"project" | 框架"subsystem" |
| 方　式 | 设计（涉及实施） | 观念、工具 |
| 特　征 | 相对单一、清晰 | 相对综合、开放、模糊 |
| 成　果 | 项目成果、图则和导则 | 城市设计框架 |
| 成果意义 | 导引建筑、景观的设计 | 导引整个城市环境经营过程 |
| 主体要求 | 设计方法、技巧 | 设计观念、专业指导、学科交融 |
| 参与主体 | 设计者 | 设计组（可能包括决策者、开发商、设计者、实施者、管理者、社区公众等） |

（2）双性思维论　双性思维以人类认识世界的两种方式，科学的认知方式和经验的认知方式为出发点，强调城市设计的理性思维与感性思维的结合，即基于理性的感性思维和基于感性的理性思维。

双性思维论从思维科学的角度，提出城市设计是解决人对城市体形和空间环境体验和感受的感性需求上，具有感性创作的特征。同时，城市设计也具有满足感性需求的理性基础、理性支持及理性约束。

所谓城市设计的理性基础是城市设计和城市规划关系的一种规定性，城市规划的全过程具有城市设计思维，而这种城市设计思维是完全建立在理性的基础上的。所谓城市设计的理性支持是城市设计和相关设计关系的一种依赖性，城市设计在感性层面的质量要求离不开相关设计在理性层面的质量保证，比如建筑设计、绿化设计、市政工程设计、环境保护设计、生态环境设计、防灾设计等。所谓城市设计的理性约束是城市设计和客观矛盾规律的一种约束性，审美的欲望是无限的，但是审美的支持能力是有限的，实事求是的支持人对城市的感性要求，这就是城市设计的理性约束。

双性思维论主要体现了城市设计思维是理性的科学认知方式还是感性的经验认知方式上的争论，也是对城市设计的思维方法理论研究较为普遍的思考方式。

（3）适应性理论　适应性理论的提出是针对中外城市设计现实问题的分析，结合适应论和谐发展哲学，提出的一种弹性的、动态的、实效的城市设计发展程序框架的思维方法。

适应性理论是在引入生态学的"适应"概念及控制论的"和谐高效"概念的基础上，提出"适应性城市设计"的概念定义，努力摆脱或偏重空间物质形态、或偏重经济策略、或偏重管理手段的单向研究局限，建构了综合性强、多向度适应、弹性、动态的城市设计理论框架，确立了以控制和协调为核心的城市设计原则；提出适应性理论要素和空间环境适应要素系统，重视理论的可操作性环境和实践的实效性环境研究；注重城市设计对社会效益和经济效益的适应性研究等。

适应性理论可以说是对我国近二十年城市设计实践的发展观及对国外城市设计理论与实践学习的总结。例如，其主张在城市整体结构上和城市发展方向上抛弃机械论走向有机生命学说，强调有机生长与变化；在城市功能方面，主张多样性和混合使用；在城市内容组织上，主张生活秩序的建构而非艺术秩序；在交通组织方面，讲求系统流程整合及步行的方便与重要性；在城市意象上，追求场所性、地方性、文化的识别性；在城市美学上，讲求以小为美，大众口味，追求矛盾性、复杂性；在社会学上追求人性关怀；在政治意义上强调公众参与……[16]。

（4）管束性理论　管束性城市设计理论提出管束性和开发性两种不同属性的城市设计概念。管束性是指城市形态的生成过程需要一种综合考虑各相关要素，将各利益阶层个别决策整合起来的复合式的"管束"机制。管束性城市设计必须将设计的创作空间留给下一层面的设计者的同时，杜绝他们可能因为个人的喜好或满足个别利益集团的利益而造成对广泛社会权益的侵犯。开发性城市设计是在明确开发主体的基本利益取向的基础上，对具体地块形成的建筑群体、空间环境及对一定范围城市空间的具体形象的设计。

城市设计的管束性理论是深入城市设计的技术层面，形成对城市形态的主要要素—建筑形态的生成过程进行控制的规定性文件，是对城市空间形态的物理性分析的城市设计方法理论。

从以上分析可以看出，上述几个城市设计思维理论都是基于城市设计学科特性，从不同角度提出的应用性思维理论。这些理论的提出基本反映了城市设计学科的特性，但每种理论究其一点并不能完全反映城市设计思维的全部特性。

**2. 文献综述**

衣俊卿先生在《新华文摘》（2004.20）中发表的《现代性的维度及其当

代命运》一文是笔者首次接触诠释学知识。在随后的研究中笔者愈发意识到诠释学及其相关理论所涉及的内容对城市设计学科的重要性。随后，在导师的指引下，笔者参阅了一些国内城市设计学者在此领域的研究成果，收获颇丰。

哈尔滨工业大学孙成仁博士的博士论文《后现代城市设计倾向研究》（1999 年）将后现代的城市设计倾向分为：新诠释学倾向、解构倾向和建构倾向。诠释学倾向重历史意义、重理解对话；解构倾向重差异、重消解；建构倾向重整体、重生态。孙成仁博士指出，由于诠释学自身的实践性、多元性和开放性，往往与后现代思潮相联系。诠释学强调历史性、可理解性、可交流性、可对话性、不确定性、过程性、可参与性以及多元意义等哲学思想，这些思想有力地规定了城市设计的后现代主流倾向。孙成仁同时列举了诠释学倾向的后现代城市设计理论，如场所理论、文化分析论、图式语言、认知意象论、城市活力论、倡导性规划（Advocacy Planning）运动等。这些理论背景反映的共同问题是人文科学（诠释学）的发展（包括行为科学、对人的情感研究的重视等）对城市设计方法的影响。

清华大学成砚博士的著作《读城——艺术经验与城市空间》（2004 年）中指出《读城》一书的"论述思想基本是以诠释学为基础的"。人类的认知方式分为科学主义与经验主义两种，成砚认为"在科学方法论指导下对描述物的认知，并不能深入认知空间中的'人的空间实践'内容"，而被空间替代物的"艺术作品"，作为"表现"的层次，是经过读者和观者的想象的，空间被体验，同时空间的意象被改变，原来物理意义上的空间成为一个真正可以生活的空间（Lived Space）。《读城》一书所论述的正是以诠释学为基础，由艺术经验所展现的城市空间的认知理论。

同济大学孙施文博士的博士论文《城市规划哲学》（1994 年）依循科学哲学的思路，通过对城市规划基础理论的探讨，揭示了城市规划的理论体系、学科体系、运行体系的逻辑关系及作用机制。其中，在第六章系统的总结了现代城市规划理论中，曾出现的多种方法论思想的地位及其演化。包括物质空间决定和物质形态规划、社会文化论、系统方法论、政治经济学方法论、多元论等。

哈尔滨工业大学殷青博士结合了由诠释学发展而来的文学诠释学、接受美学等理论，提出了《建筑接受论》（2005 年），讨论了建筑的接受主体与接受关系，并对建筑接受过程中的心理活动进行分析与阐释，运用意义空白、期待视野、召唤结构等接受理论概念对建筑的创作与接受关系进行论述，同时设计实践与理论研究相结合，从实证论角度总结接受实践中的问题。

此外，郑时龄先生在其《建筑批评学》（2001 年）一书中提出："就方法论而言，建筑批评学与诠释学有本质上的联系。"正是该书的评论及笔者的研究经历最终促使本文提出了，"城市设计在对城市文本的认知与表达过程中与诠释学方法有着紧密地联系"这一观点。可以说，该书的研究成果为本课题的选题从方法论的角度提供了理论依据与立论支持。

其他国内城市设计理论方面的主要参考文献有：

徐苏宁先生的《城市设计美学论纲》（哈尔滨工业大学博士学位论文 2001 年），运用美学的基本原则和方法，提出了城市形态美学范畴的概念、城市设计美学的理论框架及思想方法，以及城市设计美学的物化结构、观念体系、审美原则及方法；李少云的《城市设计的本土化研究》（同济大学博士学位论文 2004 年），从本土角度研究我国城市设计的深层问题，建立本土化的城市规划与设计和城市设计共存互补的"双轨制"城市设计运作体系；徐雷的《管束性城市设计研究》（浙江大学博士学位论文 2004 年），将城市设计分为管束性和开发性城市设计，深入阐述了建立在物理性分析上的关于城市设计控制的刚性与弹性的方法问题；张敏的《城市规划方法研究》（南京大学博士学位论文 2002 年）初步提出了城市规划的方法论框架，这是对城市规划实践的一般途径、规则的理论概括。此外，论文初步建立了城市规划方法体系结构，认为规划方法论和具体规划方法共同构成城市规划方法体系的整体，两者间密切联系，相互促进；周进的《城市公共空间建设的规划控制与导引》（2005 年）一书，借鉴心理学、社会学、经济学、法学、公共行政学等相关理论，分析城市公共空间及其品质的基本属性、认识公共空间形成机制以及规划控制的作用原理和方法；王建国的《现代城市设计理论与方法》（1991 年）一书通过对国内外城市建设的理论和实践的剖析，澄清了一些重要理论概念，探讨现代城市设计的多种方法及在国内实践的可行性；孙万鹏先生创立的"灰学"理论，及其所著的《走向新城市》一书中所渗透的"灰学"思想与本文的一些观点也产生了积极的影响。

### 1.2.3 国内外诠释学领域的文献综述

诠释学通过诠释文本以寻求意义，"诠释"是诠释者将自身的独特理解与作品相结合，为作品赋予新的意义。诠释学通过拓展理解、解释和运用这三维，为艺术作品的审美判断和艺术价值的评价提供了一个全新的理论视野。

相关的诠释学理论著作有：汉斯·罗伯特·姚斯的《接受美学与接受理论》（1987 年）；保罗·利科的《解释学与人文科学》（1987 年）；伊格尔顿

的《二十世纪西方文学理论》（1987 年）；金元浦的《文学解释学》（1998
年）；江怡的《走向新世纪的西方哲学》（1998 年）；黄晓寒的《"自然之书"
解读——科学诠释学》（2002 年）；李建盛的《理解事件与文本意义——文
学诠释学》（2002 年）；冯俊等著的《后现代主义哲学讲演录》（2003 年）；
［德］汉斯－格奥尔格·加达默尔的《真理与方法》（上、下卷）（2004 年）；
［德］汉斯－格奥尔格·伽达默尔的《哲学解释学》（2004 年）；［挪］G·希
尔贝克，N·伊耶的《西方哲学史》（2004 年）；米歇尔·福柯的《主体解
释学》（2005 年）；［德］埃德蒙德·胡塞尔著，克劳斯·黑尔德编的《现象
学的方法》（2005 年）；潘德荣的《诠释学导论》（1999 年）等著作对诠释学
及相关学科从多角度进行了分析与介绍。

此外，诠释理论题涉及的其他理论包括：科学修辞学与科学隐喻、现象
学和存在主义、接受理论与接受美学、文化与文化研究等相关理论与著作。
诠释理论的相关主要学术著作有：曹治平的《理解与科学解释》（2005 年）
一书提出了诠释学视野中的科学解释研究，为城市设计学科在人文科学领域
的研究提供了哲学基础；郭贵春的《科学实在的方法论辩护》（2004 年）一
书提出了人文科学诠释的方法论基础，该书深入研究了语境分析、修辞分
析、隐喻分析、心理意向分析、复杂型分析等人文科学诠释研究方法；郑一
明的《"西方马克思主义"的文化哲学思想研究》（1998 年）系统地介绍了
西方马克思主义文化哲学的研究观点，并重点探讨了人文科学的方法论逻
辑、文化工业以及生活世界的异化和殖民化等当代热门话题；于尔根·哈贝
马斯，马泰·卡林内斯库，汉斯·罗伯特·尧斯，安托瓦纳·贡巴尼翁著，
周宪主编的《文化现代性精粹读本》（2006 年）大致探讨现代性的四个重要
方面：现代性的概念与历史、现代性的矛盾逻辑、文化现代性和审美现代性
的关系以及现代与后现代的关系；王凤才的《批判与重建——法兰克福学派
文明论》（2004 年），对法兰克福学派文明论进行了比较系统的阐述，建构
了法兰克福学派文明论框架体系，提出了一些较为重要的新见解；朱立元的
《当代西方文艺理论》（2005 年）论述了当代西方文艺理论的概观以及各种
文艺理论学派观点，特别是关于"文化研究"和"空间理论"方面的新观
点、新见解。

## 1.3  关于本文的研究

### 1.3.1  概念释义

（1）诠释  可以理解为解释、阐释、释义的同义词，在哲学的层面上，
它代表一种哲学思潮，即诠释学。人类对自然和社会的认识的第一步就是准

确地描述客观存在（属性或因果性），包括对事物性质的抽象和对客观规律的归纳总结（Regularity vs. Law），但这只是科学的初级形式；更高层次的科学要求对客观规律作出解释，因为只有在理解客观规律是如何形成的基础上人类才有可能影响自然或社会的进程，对自然和社会取得更大的自由。这才是科学的真正目的。现代诠释学是作为一门理解和解释的系统理论，试图通过研究和分析一切理解现象的基本条件找出人的世界经验，在人类的有限的历史性存在方式中发现人类与世界的根本关系的哲学思想。

在城市设计的理念层面上，诠释一词的关键意义在于，试图建立一种城市设计美学研究的理论框架。此时，诠释是一种人文科学的态度，是一种审美的角度，是城市设计的一种思维方法。这个美学框架或称之为城市设计的空间诠释美学。

在城市设计的操作层面上，诠释可以理解为一种设计的方法，是基于诠释理论的知识形态来认知、阅读城市，来建构城市设计对意义、文本、主体性研究的途径和手段的创作问题。

（2）文本　概念出自英文的"Text"，也可译作"本文"。就是作家写出来的语言艺术的符号形式，也就是过去所谓的文学作品。在一般的意义上，文本是指大于句子的语言组合体或其结构组织本身，在传统概念中，文本指一种印刷成书籍形式的产品。"文本"的出现是为了与"作品"（Work）相区别。文本的基本含义指的是由作者所创建的、原原本本尚未经过读者的创作结果，而它只有经过读者的阅读与欣赏才能成为名副其实的作品，文本这个范畴具有创作结果的初始性。

（3）作品　读者在阅读完作家写的本文以后，留存于其中的完整的艺术形式，本文是作家写的而作品是作家与读者共同完成的，前者是"半成品"后者才是成品。"文学本文具有两极即艺术极和审美极。艺术极是作者的本义，审美极是由读者来实现的一种实现。"作品就是读者与文本二者相互作用的结果。审美极就是文学作品。

### 1.3.2　主要研究内容

本文的正文内容主要分为上下两部分，上篇为城市设计诠释思维的建构，包括第二章诠释学与诠释理论构成、第三章城市设计的诠释情境、第四章城市设计的诠释结构及第五章城市设计的诠释维度等四章；下篇为城市设计诠释方法体系的建构，包括第六章城市设计理念层面的意义诠释、第七章城市设计表意过程的文本诠释和第八章城市设计创作实践的主体诠释等内容。

论文篇章结构组织原理是：根据人类思维的形象—情境思维、行为—对象思维、词语—逻辑思维三个基本形式为切入点，正文上篇——城市设计诠释思维的建构，分别从诠释理论、诠释情境、诠释结构、诠释维度等几部分深入，即第三章形成情境思维，形成城市设计诠释理论的形象思维；第四章从对象思维入手，分析对象的内在结构，对诠释的结构性进行了认识，降低了思维的直观性，提高其抽象性和逻辑性的理性品质；第五章进入词语——逻辑思维中，以形成城市设计诠释思维的深入理解和实践应用。正文下篇——城市设计诠释方法体系的建构，紧密结合城市设计诠释理论的对象性研究，是诠释学应用功能的初步尝试。第六章城市设计理念层面的意义诠释是对城市文本的诠释理论研究；第七章城市设计表意过程的文本诠释是对城市设计文本的研究；第八章城市设计创作实践的主体诠释，则回到了诠释理论最为关注的主体性，进行思维与方法的研究。

论文的整体结构可以理解为诠释学的理解（Verstehen）、解释（Auslegen）和应用（Anwenden）三阶段所构成。

具体内容为：

第一章绪论，主要论述课题研究背景、国内外研究动态和对课题研究的可行性进行论证。

上篇：城市设计的诠释思维研究：

第二章主要介绍了诠释理论的构成。包括诠释学理论的产生、发展与流派，以及现象学和存在主义、接受理论与接受美学、科学修辞学与科学隐喻、文化与文化研究等论文所涉及的相关理论。

第三章介绍城市设计的诠释情境。用哲学诠释学的语言与逻辑对城市设计学科体系的程序及城市设计理论内涵进行表述，形成对整个学科的哲学思维框架和对城市设计理论的诠释特性的理解。

第四章介绍城市设计的诠释结构。包括认识论结构、逻辑结构和审美结构。认识论结构包括主客体结构、意义结构和循环结构，认识论结构是对主客体关系的深入分析；逻辑结构则更加抽象的从整个人文与社会科学的角度分析城市设计的逻辑结构及其相对自然科学诠释的可行性及其理论形态；审美结构深入城市设计的诠释主体与客体，揭示主客体的诠释美学关系、文本内在的审美逻辑和设计创作的深层结构。

第五章介绍城市设计的诠释维度。本章从本体论、认识论和方法论的角度形成了城市设计诠释思维理论的知识形态。诠释维度包括空间维度（本体论层面）、意义维度（认识论层面）和类型维度（方法论层面）。

下篇：城市设计的诠释方法体系研究：

第六章介绍城市设计理念层面的意义诠释。对城市文本的研究分别对城市系统的整体概念进行诠释理论视角的解构，从其深层结构、显性形态、描述物、表现物等多侧面对城市文本进行阅读。

第七章介绍城市设计表意过程的文本诠释。本章将城市设计文本诠释过程视为一种意义创造、一种艺术表现加以重视。本章提出了广义和狭义的城市设计文本概念，并从城市设计文本的自律性诠释和表现性诠释两个方面深入探讨文本表现的途径问题。

第八章介绍城市设计创作实践的主体诠释。本章从前两章对客体、文本的研究回到主体，探讨城市设计的诠释主体所具有的诠释特性、可采取的诠释策略以及语境分析、修辞分析、隐喻分析、心理意向分析、复杂性分析等创作方法。

### 1.3.3　论文创新点

本文的研究主要在城市设计的学科交叉、知识构成、思维方式等方面进行了创新的探索，可作如下归纳：

（1）在城市设计的学科体系（外部及内部体系）方面，系统建构了城市设计诠释理论的研究框架。

（2）在城市设计的理论体系（知识形态）方面，阐述了由诠释情境—诠释结构—诠释维度所建构的诠释思维范式。

（3）提出了从理念层面的意义诠释（城市文本研究）、表意过程的文本诠释（城市设计文本研究）和城市设计创作实践的主体诠释等三个方面的应用研究层级。

### 1.3.4　主要研究方法

城市设计诠释理论研究是基于人文科学方法论的基础理论研究，它包括以下研究方法：

（1）描述性与规范性的方法　描述性的研究方法（Descriptive）强调对已存在事物规律性的描述、认识和解释。描述性方法注重"知"，是人对客观世界的感受和理解。论文对城市文本的研究，以及涉及的现象学研究等多是描述性的方法，即从现象出发，通过描述表象而找到背后的本质的、内在联系。

规范性的方法（Prescriptive）是为证明某个论点而寻找证据的过程，规范性的方法注重"行"，是人对客观世界的作用和改变。论文对城市设计诠释论这一命题的证明过程就属于规范性的方法。

论文中，描述性与规范性的方法是相互补充，互为完善的。

（2）思辨与实证的方法　以主观判断和客观论证的研究方法的不同可分为"思辨"的方法和"实证"的方法两大类。这两类方法实际上是缘于历史上理性主义思辨传统和经验主义的实证传统。

论文上篇以思辨为主，主要通过"诠释"者的价值判断为基础，以人

——城市在诠释理论视角下对城市设计的学科特性进行研究。

论文下篇以"实证"为主。论文基于意义生成、文本表意与创作过程的诠释理论研究，通过对城市设计案例和设计实践的分析与阐述。

### 1.3.5 篇章结构框图

论文的篇章结构，如图 1-3 所示。

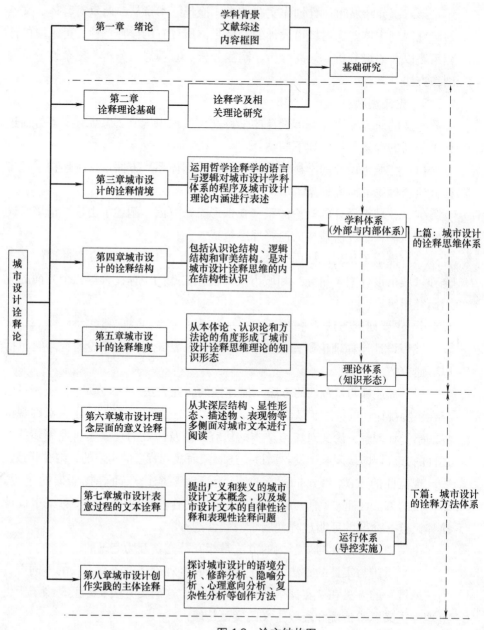

图 1-3　论文结构图

# 第2章 诠释学与诠释理论构成

任何时代都必须以自己的方式理解流传下来的文本，因为文本附属于整个传统，正是在传统中文本具有一种物质的利益并力图理解自身。一件文本向解释者诉说的真实含义并不只依赖于为作者及其原来公众所特有的偶然因素。因为文本总是由解释者的历史情境共同规定，因而也就是为整个历史的客观进程所规定……一件文本的意义并不是偶然地超越它的作者，而是不断超越它的作者的意向。因此理解并不是一种复制的过程，而总是一种创造的过程……完全可以说，只要人在理解，那么总是会产生不同的理解。

——伽达默尔《真理与方法》

## 2.1 诠释学的源与流

### 2.1.1 从科学主义到人文哲学

在笛卡尔时代之前，科学主义的认识论尚未占统治地位。随着笛卡尔二元论的出现，科学主义的认识论成为西方哲学的柱石。从 17 世纪到 20 世纪，思维活动的任务，毫无例外的是为科学方法提供一种基础，来为精神与物质、主体与客体的分裂与异化辩护。从笛卡尔到康德，他们眼中真正称得上所谓知识的，实际上主要是数学、物理学等"自然科学"的知识。几个世纪以来，科学主义认识论占据着霸权的地位。而作为人文科学的文化艺术被真理拒之门外。"一般认识论因其传统的形式和局限，无法为人文科学提供充分的方法论基础。要使认识论的这种不充分性能够得到改善，认识论的全部计划就必须被扩大"。因此，哲学家们认为人文科学必须成为哲学研究的对象。19 世纪下半叶以来，西方人类学、神话学、语言学、深层心理学等学科得到了长足的发展。

20 世纪的西方哲学逐渐兴起了对"精神科学"的研究，开始了对西方传统的深刻反思。易言之，在西方对传统的数学、逻辑、科学思维功能外，还必须审视语言、神话、文化等历史领域，从此，精神科学（人文科学）登上了"哲学高贵的殿堂"。由于人类对世界和自身认识的深入，人文学科的认识论涨破了原有知识结构的固定外壳，新的认识需要新的文化综合和哲学总结。这一认识论的突破主要是在欧陆的两个相互区别的方向上得以体现：一个是法国的结构主义运动，一个就是德国诠释学的浪漫哲学运动（图2-1）。

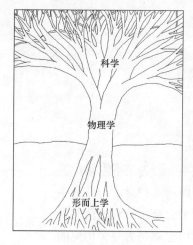

图 2-1 笛卡尔：科学之树[17]

结构主义不是一种单纯的、传统意义上的哲学学说，而是一些人文科学和社会科学家在各自的专业领域里共同应用的一种研究方法，其目的就是试图使人文科学和社会科学也能像自然科学一样达到精确化、科学化的水平。整体性和共时性是结构主义的基本特征。结构主义认为，整体对于部分来说是具有逻辑上优先的重要性。因为任何事物都是一个复杂的统一整体，其中任何一个组成部分的性质都不可能孤立地被理解，而只能把它放在一个整体的关系网络中，即把它与其他部分联系起来才能被理解。强调共时性的研究方法，是索绪尔对语言学研究的一个有意义的贡献。索绪尔指出："共时'现象'和历时'现象'毫无共同之处：一个是同时要素间的关系，一个是一个要素在时间上代替另一个要素，是一种事件。"结构主义从各个不同的具体人文领域的批判研究出发，形成了统一的认识论和方法论基础——结构主义语言学。例如，结构主义之父瑞士的语言学家费迪南·德·索绪尔（1857—1913年）；列维·施特劳斯在人类学与神话学方向；米歇尔·福柯在历史学与社会学方面；罗兰·巴尔特与托多罗夫在文学理论与文学批评上；雅克·拉康在深层心理学方面挖掘出新的内涵（图2-2）。

图 2-2 结构主义绘画[17]

如果说结构主义更重视结构和功能的方法论的话，德国诠释学则更注重建立人文哲学的新的语言和文化历史的本体论基础。在海德格尔看来，西方的整个哲学结构，特别是笛卡尔以来的哲学始终执著于"逻辑的东西"，但逻辑的东西并不是终极本质的东西，它的后面有着深刻的本体论根源。当代欧陆人文哲学的总趋势就是打破逻各斯中心主义，打破科学主义认识论的霸权，而向一种新的历史本体论进发[18]。

人文哲学的这一当代潮流发生历史性进步的是伽达默尔（Gadamer, Hans Georg 1900～2002）的当代哲学诠释学。伽达默尔的哲学诠释学从胡塞尔严谨的现象学描述出发，将狄尔泰生命哲学广阔的历史视界与海德格尔的批判诠释学结合起来，将人文哲学运动推进到了一个新的层次。

## 2.1.2 诠释学的产生与发展

"诠释学"这个词出现在 17 世纪，它是一门关于理解与解释的学科。我们在解释某事或某物时，主体往往有所发挥，融入被解释的东西，带有主观性，在阐释中这种主观性带有合法性。解释学，阐释学，释义学，诠释学是 Hermeneutik（德文）曾经使用的四个释义，其含义接近 Interpretation，今译为诠释学。

诠释学自古有之，其最初的动因是为了正确解释《圣经》中上帝的语言。诠释学一词的希腊文的词根是赫尔默斯（Hermes），也可以说该词来源于赫尔默斯。赫尔默斯是希腊神话中诸神的一位信使的名字。他的任务就是来往于奥林匹亚山上的诸神与人世间的凡夫俗子之间，迅速给人们传递诸神的消息和指示。因为诸神的语言与人间的不同，因此他的传达就不仅仅是单纯的报导或简单的重复，而是需要翻译和解释，即把人们不熟悉的神的语言转换成人的语言，把神的隐晦不明的指令给人们解释清楚。从词意来看，诠释学的工作是一种语言转换，一种从一个世界到另一世界的语言转换，一种从神的世界到人的世界的语言转换，一种从陌生的语言世界到我们自己的语言世界的转换[19]。

自诠释学产生以来，其前期阶段包括两个时期。古代的神学诠释学与法学诠释学。神学诠释学以圣经为诠释学对象，法学诠释学以罗马法为诠释学对象。这时，只是由于人们"缺乏对文本的理解才产生诠释学的工作"，"诠释学就作为一种教育手段而出现"。神学诠释学是传达诸神的意志，人们必须承认这种意志是真理，必须绝对服从，并付诸实施，加以应用。法学诠释学也具有这种绝对承认、绝对服从，并付诸实施的规范性职能。

古代诠释学包含三个要素，即理解、解释和应用，这三者是统一的互不分离的，没有前后之别，不是先有理解，后有解释，也不是理解在前而应用在后。解释就是理解，应用也是理解，理解的本质就是解释和应用。古代诠释学把这三个要素均称之为技巧，即理解的技巧、解释的技巧和应用的技巧。这种技巧不是通常意义上的方法规则，"而是需要特殊精神造就的能力或实践"，"是一种实践智慧"。所以说古代诠释学既不是语言科学，又不是理论沉思，而是解释技艺学。

现代诠释学的形成和发展大体上也可划分为前后相继的两个阶段，这两个阶段有着各自独特的取向：第一个阶段可称为认知性的诠释学（施莱尔马赫、狄尔泰）；第二个阶段为本体论诠释学（海德格尔、伽达默尔）。前者着眼于精神现象的"客观知识"，因此，探索适合于精神科学的方法论；后者直接将被意识到的存在当做本体，颠覆了传统的本体论[20]。

现代诠释学作为一门理解和解释的系统理论（一般诠释学），是由 19 世纪的德国哲学家施莱尔马赫和狄尔泰完成的。他们的诠释学理论是为精神科学方法论和认识论的性质，属于古典的或传统的诠释学。在 20 世纪中叶前后，诠释学发生了一个根本性的转变，即从方法论和认识论性质的研究转变为本体论性质的研究，其发动者为海德格尔。海德格尔通过对此在的时间性分析，把理解作为此在的存在方式来把握，从而使诠释学由精神科学的方法论转变为一种哲学。按照海德格尔的"实存诠释学"，任何理解活动都基于"前理解"，理解活动就是此在的前结构向未来进行筹划的存在方式。作为海德格尔的学生，伽达默尔秉承海德格尔的本体论转变，把诠释学进一步发展为哲学诠释学，它不再是一门关于理解的技艺学，以便建构一套规则体系来描述甚或指导精神科学的方法论程序，而是探究人伦一切理解活动得以可能的基本条件，试图通过研究和分析一切理解现象的基本条件找出人的世界经验，在人类的有限的历史性存在方式中发现人类与世界的根本关系。

也可以认为诠释学历史上发生了三次转向，第一次转向是从特殊诠释学到普遍诠释学的转向，或者说，从局部诠释学到一般诠释学的转向。这一转向一方面指诠释学的对象从圣经和罗马法这样的特殊卓越的文体到一般世俗文本转向，即所谓从神圣作者到世俗作者的转向，另一方面指诠释学从那种个别片断解释规则的收集到作为解释科学和艺术的解释规则体系的转向（这属于第一阶段的诠释学）。第二次转向是从方法论诠释学到本体论诠释学的转向，或者说，从认识论到哲学的转向。狄尔泰以诠释学为精神科学奠定了认识论基础这一尝试，使诠释学成为精神科学（人文科学）的普遍方法论，但在海德格尔，在对此进行生存论分析的基础本体论里，诠释学的对象不再单纯是文本或人的其他精神客观化物，而是人的此在本身，理解不再是对文本的外在解释，而是对人的存在方式的揭示，因而诠释学不再被认为是对深藏于文本里的作者心理意向的探究，而是被规定为对文本所展示的存在世界的阐释。这一转向的完成则是伽达默尔的哲学诠释学。第三次转向是从单纯作为本体论哲学的诠释学到作为实践哲学的诠释学的转向，或者说，从单纯作为理论哲学的诠释学到作为理论和实践双重任务的诠释学的转向。这可以说是 20 世纪哲学诠释的最高发展。与以往的实践哲学不同，这种作为理论和实践双重任务的诠释学在于重新恢复亚里士多德的"实践智慧"（Phronesis）概念。正是这一概念，使我们不再以客观性、而是以实践参与作为人文社会科学真理最高评判标准。伽达默尔说："诠释学作为哲学，就是实践哲学"，这表示诠释学既不是一种单纯哲理性的理论知识，也不是一种单纯应用的技术知识，而是综合理论与实践双重任务的一门人文基础学科，这门学科本身就包含批判和反思（后两次转向属于第二阶段的诠释学）。

### 2.1.3 诠释学的哲学流派

乔瑟夫·布莱克（Josef Bleicher）在《当代诠释学》中对当代诠释学的不同理论或哲学的区分作了比较详细的论述。他认为，当代诠释学可以松散地定义为对意义的解释的理论或哲学，它已经成为了当代社会科学、艺术哲学、语言哲学和文学批评中的中心话题。他把当代诠释学区分为明显不同的诠释学派别，即诠释学理论、诠释学哲学和批判诠释学（Critical Hermeneutics）。同时，又有雅克·德里达（Jacques Derrida）以解构理论为典型代表的"激进诠释学"，区别于方法论诠释学、哲学诠释学和批判诠释学。加上法国哲学家保罗·利科（Paul Ricoeur）的"调和诠释学"就成为了当代诠释学的五个不同构成方面[21]。

现代诠释学的发展在伽达默尔与贝蒂（Betti，Emilio 1890～1968 年）、赫施（E. D. Hirsch）、哈贝马斯、利科和德里达（Derrida，Jacques 1930～）等人的激烈论争中得到了不断的充实和完善[22]。贝蒂作为精神科学一般方法论的诠释学，哈贝马斯（Habermas Jurgen 1929～）的批判诠释学、利科（Paul Ricoeur 1931～）的本文诠释学以及德里达的激进诠释学等都对哲学诠释学的丰富与发展作出了贡献。

#### 1. 贝蒂：作为精神科学一般方法论的诠释学

不少学者把诠释学理论与哲学诠释学区分开来，认为诠释学理论是指那种探讨理解和解释方法论的诠释学，例如施莱尔马赫、狄尔泰的诠释学。意大利当代理论家贝蒂（Emlio Betti）和文学理论家赫施（E. D. Hirsch）都属于诠释学理论[21]。

贝蒂认为，客观有效的解释是由三个过程实现的，充分认识到理解对象的自律性，把部分的意义与整体的意义统一起来以及认真考虑意义话题的具体实现。因此，解释在贝蒂那里是通向客观理解的有效手段，客观解释是为了帮助克服理解的障碍和有助于对另一个主体的思想客体的重新占有,"相对客观"的需要,要求主观的解释进入主客体的相互关系之中。显然,贝蒂在理解和解释的问题上遇到了与狄尔泰的方法论同样的难题。既然是相对客观的解释,也就始终存在着作为历史性存在的有效性和不确定性问题。

贝蒂追求人文科学的基本的客观方法,而这正是伽达默尔所反对的。贝蒂的客观性态度和赫施的客观主义道路与伽达默尔的主观相对的态度并非全对,他们都只是发挥了诠释问题的不同方面。对诠释学的整体而言,两种相对立的哲学态度作了相互补充,从而接近了诠释学的问题[22]。

图 2-3　哈贝马斯[17]

### 2. 哈贝马斯:批判诠释学

批判诠释学的代表人物是法兰克福学派的著名理论家尤尔根·哈贝马斯(J. Habermas),哈贝马斯的批判的诠释学属于哲学诠释学,但它与伽达默尔哲学诠释学却有着根本的分歧。伽达默尔诠释学立足于语言本体论,哈贝马斯虽然将语言视为原则和事实,但最终地把人的社会交往当作一切理解的基础。同时,哈贝马斯对伽达默尔的质疑主要表现在诠释学的普遍性主张、传统和权威的有效性等(图 2-3)。

哈贝马斯指出,把语言具体化为生活方式是一种唯心主义的臆想,它基于这样一种见解,即认为"语言所表达的意识决定着实际生活的物质存在"。事实上,社会的客观联系不产生于主体通性意义上的和符号流传意义上的领域中。社会语言的基础结构是通过现实强制——使用技术的方法和社会暴力镇压的关系——而形成的。"这两个强制范畴不仅是诠释的对象,而且,在语言的背后,它们也影响着语法规则本身,而我们就是按照语法规则来解释世界的。客观联系(社会行为只有从客观联系中才能得到理解)产生于语言,也产生于劳动和统治"[23]。诚然,可以把语言理解为一切社会制度都依赖的"元制度"(Metainstution),因为社会行为形成于日常语言的交往中。然而这种元制度又依赖于社会过程,成了统治和社会势力的媒介,正因如此,语言就变成了意识形态的东西,鉴此,问题就不是语言中包含着欺骗,而是化为意识形态的语言的概念系统本身就意味着欺骗,在哈贝马斯看来,诠释学的经验已说明了语言对实际关系的这种依赖性,从而,诠释学的经验就成了"意识形态批判"。

### 3. 利科:本文诠释学

现代法国思想家利科(Paul Ricoeur,1913～2005)所关注的解释学问题与其现象学思想是紧密相关的。他不仅面对了现象学的"意义"问题，同时也面对了解释学的"语言和意义"、"解释与主体性"等重大问题。他不仅对现象学解释学有自己独特的贡献，而且对语言哲学、社会科学和人文科学问题都有独到的研究。语言问题的深入研究，使他成为现代解释学对话和现代性思考的哲学家，同时，作为胡塞尔《观念》一书的翻译者和注释者，使他在胡塞尔研究方面也具有很高的声望。

本文的概念是利科的诠释学的核心与基础，正是通过对这一概念系统阐述，才完成了从语义学到诠释学的转变。利科将"本文"定义为"任何由书写所固定下来的任何话语。"[24]话语一经固定，便使本文远离了言谈话语的实际情境和所指的对象，在这个意义上，固定就意味着"间距化"。间距化表明了意义超越事件以及所表达的意义与言谈主体的分离，这意味着本文的"客观意义"不再是由作者的主观意向所规定的。

本文因脱离了作者而获得了自主性，我们要理解的不是深藏在本文背后的东西，而是本文向着我们所展示出来的一切，也不是早已凝固于本文之中的建构，而是这个建构所开启的可能世界。就本文而言，这个世界是本文的世界，就读者而言，它又是读者的世界，从根本上说，本文的世界即读者的世界，本文的世界是通过读者的世界而表现出来的。在这个过程中，本文的意义重又转向它的指谓，过渡到言谈所说明的事件，当然不在言谈所发生的语境中，而是在读者的视界里，这一过程之所以可能，乃是因为本文业已解除了一种特殊的语境关联，形成了自己的准语境，这使得它能够在一种新的情况下进入其他语境，重建语境关联，阅读行为就是这种新的语境关联之重建。"阅读就是一个新的话语和本文的话语结合在一起。话语的这种结合，在本文的构成上揭示出了一种本来的更新（这是它的开放特征）能力。诠释就是这种联结和更新的具体结果"。[24]在阅读过程中，本文符号的内部关系和结构获得了意义，这个意义是通过阅读主体的话语实现的。对于利科来说，理解到这一点是至关重要的，他的诠释学定义就是从中引申出来的，"我采用诠释学的如下暂行定义：诠释学是关于与本文相关联的理解过程的理论。其主导思想是作为本文的话语的实现问题"[24]它在本质上是反思的，并且由于它的反思性，本文意义的构成同时就是理解主体的自我构成。

### 4. 德里达：激进诠释学

德里达对伽达默尔的挑战显然基于其解构的理论立场。解构理论认为，西方的形而上学创造了一系列具有中心作用的术语，如上帝、理性、存在等。他将这种渴望中心的西方倾向叫做逻各斯中心主义。德里达将逻各斯中心主义、语言中心主义、二元对立思维和那些关注语言和形而上学的西方思想统统命名为"在场的形而上学"（图 2-4）。

在解构理论看来，哲学诠释学根本没有为意义的释放作出根本性的努力。首先，因为它在关于文本的意义和解释的边界问题上是幼稚的。德里达认为，文本不是单纯的，也不是封闭自身的，只是一种半成品，文本的意义在读者与文本的对话中和视域融合中实现，仍然没有把意义从文本中解放出来。其次，意义并不是视域融合中的某种认可，而是作为一种矛盾运动结构的无限延异，它既是一种差异，也是一种延迟，而不是某种一致性。在德里达眼中，文本永远不可能获得某种确定的意义，存在的只是差异的无限性和无限的差异性。再次，伽达默尔的哲学诠释学否定文本具有固定不变的意义，意义是一种理解事件，但是，他并未否定一个人对文本阅读可能出现的误读。德里达的解构理论认为，误读是

图 2-4 德里达[17]

不可能存在的，并不存在需要克服的误读，对文本作出的所有不同的解释都是有效和合法的。最后，哲学诠释学的目的是通过对真正的文本阅读去揭示一种历史真理。而德里达认为，阅读不可能抓住真理。对于我们是否可以在阅读中获得真理的问题，德里达认为这本身就是一个形而上学问题，是一个需要解构的问题。理解和解释就是从符号到符号的漂移，要在在场的形而上学形式中获得确定的意义和真理是不可能的。[21]伽达默尔要在传统的对话和理解中保存真理性的东西，相反，德里达则要在解构中颠覆传统形而上学中所有被称为真理的东西。

### 5. 福柯：主体诠释学

福柯（Michel Foucault，1926～）在美国加州大学（1983 年 4 月）伯克利分校与 H. Dreyfus 和 P. Rabinow 座谈时把自己研究的工作（主体诠释学）称为"一种有关我们自身的历史的本体论"（Une Ontologie Historique de Nousmême）[25]。它包括三条轴线：①我们与真理的关系，换言之，我们是怎样被构成知识的主体的？②我们与权力场的关系，换言之，我们是怎样被构成为运用和屈从权力关系的主体的？③我们与道德的关系，换言之，我们是怎样被构成为我们自己行为的道德主体的（图 2-5）。

福柯认为，主体的各种特性就是在历史的内在性中构成的，只有通过历史才能解放。在主体的问题上，他主要关注权力的论点，他最主要的题目是权力和它与知识的关系（知识的社会学），以及这个关系在不同的历史环境中的表现。他将历史分化为一系列"认识"，福柯将这个认识定义为一个文

化内一定形式的权力分布。对福柯来说，权力不只是物质上的或军事上的威力，当然它们是权力的一个元素。权力不是一种固定不变的，可以掌握的位置，而是一种贯穿整个社会的"能量流"。福柯说，能够表现出来有知识是权力的一种来源，因为这样的话你可以有权威地说出别人是什么样的和他们为什么是这样的。福柯不将权力看做一种形式，而将它看做使用社会机构来表现一种真理而来将自己的目的施加与社会的不同的方式。对福柯来说，这样的权力从来不外在于社会，相反，它深深地根植入社会的每个片段和细节中，权力的变化促发社会的变化，权力的形态——它的力量关系，它的性质、方向、活动机制——内在地构成了社会的形态：社会关系及其性质、方向、活动机制。

图 2-5　米歇尔·福柯[17]

## 2.2　诠释学理论基础

伽达默尔的诠释学是关于理解的普遍性和历史性的哲学诠释学，这一诠释学的哲学特性不仅使其区别于历史上的诠释学，而且也不同于当代诠释学场景中的其他发展趋向。

伽达默尔在其代表作《真理与方法》一书中，试图以艺术经验里真理问题的展现为出发点，进而探讨精神科学的理解问题，并发展一种哲学诠释学的认识和真理的概念。哲学诠释学的任务与其说是方法论的，毋宁说是本体论的。它力图阐明隐藏于各类理解现象（不管是科学的还是非科学的理解）之后，并使理解成为并非最终由进行解释的主体支配的事件的基本条件。对于哲学解释学来说，"问题并不在于我们做什么或我们应该做什么，而只在于，在我们所意愿和所做的背后发生了什么。"因此，只有当我们使自己从充斥于近代思想中的方法主义及其关于人和传统的假定中解放出来，诠释学问题的普遍性才能够显现（图2-6）。

图 2-6　伽达默尔：生活世界的科学[17]

### 2.2.1　审美领域的诠释学意义

伽达默尔的《真理与方法》所探究的是"从审美意识的批判开始，以便捍卫那种我们通过艺术作品而获得的真理的经验，以反对那种被科学的真理概念弄得很狭窄的美学理论。但是，我们探究的并不一直停留在对艺术真理的辩护上，而是从这个出发点开始去发展一种与我们整个诠释学经验相适应的认识和真理的概念。"[19]审美经验显然是不同于自然科学的经验，它有自身特殊的意义和真理的表现方式。伽达默尔的哲学诠释学对自然科学以外的人类经验方式的高度重视，使人们意识到文学和艺术经验中的意义和真理的特殊规定性和理解的特殊要求。

在美学领域，谈论艺术作品的理解问题是诠释学争论的焦点。伽达默尔有意将系统的审美问题转变成艺术经验问题。伽达默尔认为，在经验所及并且可以追问其合法性的一切地方，去探寻超出科学方法论控制范围的对真理的经验。这样，精神科学就与那些处于科学之外的种种经验方式接近了，即与哲学的经验、艺术的经验和历史本身的经验接近了，所有这些都是那些不能用科学方法论手段加以证实的真理借以显示自身的经验方式。因此，艺术经验的真理问题的探讨就自然成为我们深入理解精神科学的认识和真理的出发点。

诠释美学探讨的表现性是一切审美对象的特质。以意大利哲学家、美学家克罗齐（Benedetto Croce）表现论美学的观点，在其《美学——作为表现的科学和一般语言学》将美学与表现统一起来。克罗齐认为，所谓表现即是心灵赋予物质以形式使之对象化产生具体形象的过程。伽达默尔以绘画的原型和摹本的关系指出，绘画乃是一种表现，原型只能通过绘画才能达到表现，原型是通过表现才经历了一种"在的扩充"（Zuwachs an Sein）。在这里我们看到了伽达默尔现象学的方法。即颠倒了形而上学关于本质和现象、实体和属性、原型和摹本的主从关系，原来认为是附属的东西现在起了主导作用。

总之，艺术作品只有当被表现、被理解和被诠释的时候，它的意义才得以实现。艺术作品的真理性既不孤立的在作品上，也不孤立的在作为审美意识的主体上，艺术的真理和意义只存在于以后对它的理解和诠释的无限过程之中。可以说，在任何艺术与创作的领域，诠释学都有着其特殊的审美意义。

### 2.2.2　精神科学的理解问题

诠释者本身的视域虽然很难理论的把握陌生的或我们所熟悉的世界，但这却是我们理解活动的一部分。"这种视域构成了诠释者对自己对于传统的直接参与，而传统并不是理解的对象，只是产生理解的条件。"在精神学科的理解性问题上，诠释学将理解的历史性上升为诠释学原则，重新发现了诠释学的基本问题，并提出了对效果历史意识的分析。

（1）前理解　海德格尔探究历史诠释学问题并对之进行批判，只是为了从这里按本体论的目的发展理解的前结构（Vorstruktur）。反之，我们探究的问题是，诠释学一旦从科学的客观性概念的本体论障碍中解脱出来，它怎样能正确地对待、理解历史性。

伽达默尔认为历史性是人类生存的基本事实，人总是历史地存在着，因而有其无法消除的历史特殊性和历史局限性。无论是认识主体或对象，都内在地嵌于历史性之中，真正的理解不是去克服历史的局限，而是去正确地评价和适应它。

理解的历史性包含三方面的因素：①在理解之前已经存在的社会历史因素；②理解对象的构成；③由社会实践决定的价值观。

理解的历史性构成了我们的偏见，人无法根据某种特殊的客观立场，超越历史性去客观地理解。偏见构成了我们全部体验能力的最初直接性。偏见即我们对世界敞开的倾向性。没有偏见，没有理解的前结构，理解就不可能发生。伽达默尔进一步指出，偏见构成了人的特殊视域。所谓视域包括从一个特殊的视点所能看到的一切。视域是人的前判断，是对意义和真理的预期。理解者与他的理解对象都有各自的视域。本文总是含有作者原初的视域，而去对这文本进行理解的人，具有他自己的视域，二者的视域是有各种差距的，这种由于时间间距和历史情景变化引起的差距是无法消除的。

任何理解和解释都依赖于理解者和解释者的前理解（Vorverständnis），解释从来就不是对某个先行给定的东西的无前提的把握。任何解释一开始就必须有这种先入之见，这种先入之见是一种"置身于传统过程的行动"，一切诠释学中最首要的条件总是前理解。前理解赋予了理解者和解释者生产性的积极因素，它为理解者和解释者提供了特殊的"视域"（Horizont）。作为理解主体的人总是前理解的存在，同时也是历史与传统的存在。前理解规定了理解的视域，理解总是不同视域之间的融合的过程，没有所谓的最终的理解。

（2）效果历史意识　按照伽达默尔的看法，理解者和诠释者的视域不是封闭和孤立的，他是理解在时间中进行交流的场所。理解者和诠释者的任务就是扩大自己的视域，使它与其他视域相融合，这就是伽达默尔所谓的"视域融合"（Horizontverschmelzung）。视域融合不仅是历时性的，而且也是共时性的，在视域融合中，历史和现在、客体和主体、自我和他者构成了一个无限的统一整体。

这样，伽达默尔提出了"效果历史"（Wirkungsgeschichte）的核心概念。历史对我们来说，是一种"效果历史"。历史的真实就成了历史理解的真实。正如哲学诠释学所指出的,首先因为诠释的循环性,真正的纯粹的"客观性理解"是站不住脚的,在理论上是应该被反对的。他解释到:"真正的历史对象根本就不是对象,而是自己和他者的统一体,或一种关系,在这种关系中同时存在着历史的实在以及历史理解的实在。一种名副其实的诠释学必须在理解本身中显示历史的实在性。因此,我就把所需要的这样一种东西称之为'效果历史'。理解按其本性乃是一种效果历史实践。"这样对任何事物的理解都是一种效果历史意识。"理解从来就不是一种对于某个被给定的'对象'的主观行为,而是属于效果历史,这就是说,理解是属于被理解东西的存在。"

（3）诠释学的应用功能  效果历史概念揭示了诠释学另一重要功能即应用（Applikation）功能。而按照浪漫主义诠释学的看法,诠释学只具有两种功能,即理解功能和解释功能,而无视它的应用功能。在虔诚派诠释学那里,理解、解释和应用这三个要素是彼此相互独立、依次递进的。而浪漫主义诠释学看到,解释不是一种在理解之后的偶尔附加的行为,相反,理解总是解释,因而解释是理解的表现形式,理解和解释乃是内在统一的。这一见解,正确地注意到了进行解释的语言和概念同样也应该被视为理解的一个内在构成要素,为语言问题进入了哲学思考的中心地带,然而它在强化理解与解释的统一关系时却把应用放逐到了诠释学思考的范围之外。所以,伽达默尔说:"理解和解释的内在结合却导致诠释学问题里的第三个要素即应用（Applikation）与诠释学不发生任何联系。"

诠释学是由理解（Verstehen）、解释（Auslegen）和应用（Anwenden）三种要素所构成。伽达默尔强调应用在诠释学里的根本作用。他认为,我们要对任何文本有正确的理解,就一定要在某个特定的时刻和某个具体的境况里对它进行理解,理解在任何时候都包含一种旨在过去和现在进行沟通的具体应用。

伽达默尔认为,诠释学知识是与那种脱离任何特殊存在的理论知识完全不同的东西,诠释学本身就是一门现实的实践的学问。按伽达默尔的看法,效果历史意识乃具有开放性的逻辑结构,开放性意味着问题性。我们只有取得某种问题视域,才能理解本文的意义,而且这种问题视域本身必然包含对问题的可能回答。精神科学的逻辑本质上就是"一种关于问题的逻辑"。[19]

总之,伽达默尔的理解本体论是把诠释学的应用问题纳入到了理解的过程之中。他特别强调理解本身就包含了应用,应用是一切理解的一个不可或缺的要素,也就是说,应用不是在理解之后才发生的事情,它首先发生在理解过程之中。把应用性视为理解活动的一个内在要素是哲学诠释学的要义之一。诠释学的问题具有普遍性。诠释学的应用领域包括我们所遇到的意义问题的所有情境，这些意义对于我们来说是不能立刻被理解的，正是由于缺乏对文本的理解才产生了诠释学的工作，因而要求作出诠释的努力。

### 2.2.3  以语言为主线的诠释美学

语言就是理解本身得以进行的普遍媒介，理解的进行方式就是诠释——伽达默尔的哲学诠释学在当代哲学当中的突出地位，不仅仅在于他把方法论诠释学转变成了一种本体论的哲学诠释学，而且在于把语言问题置于诠释学的中心地位，而且把语言作为一种此在的有限性和历史性存在，从本体论上阐述了理解的语言性和思辨性问题。

由艺术到语言，将语言看成是存在的根本，这在海德格尔就开始了。由海德格尔喊出"语言是存在的家"，直到今天，人们才发现语言背后隐含着我们所不知道的东西。重视"语言"，这是后现代哲学的普遍走向。

对语言的重视和研究是诠释学达到对意义和理解的目标的重要基点。海德格尔认为语言是"存在的栖居"。人类栖居在语言中，只有他聆听和回应向他展开的他所在世界的语言时，主体的存在才变得有可能。伽达默尔认为，"能够理解的存在就是语言"[19]，这一命题并不是说存在就是语言，而是说我们只能通过语言来理解存在。一切认识和陈述的对象乃是由语言的视域所包围，人的世界经验的语言性并不意味着世界的对象化，就此而言，科学所认识并据以保持其固有客观性的对象性乃属于由语言的世界关系所重新把握的相对性。这就是伽达默尔所谓的以语言为主线的诠释学本体论转向。

语言与理解的关系是伽达默尔诠释学的重要内容之一。他在这一问题上的主要观点可以用一句话来说明"语言是理解得以实现的普遍媒介"。首先，作为理解主体的人，其存在是由语言所构成的。传统与现实通过语言进入主体的存在，形成他的"前理解"，从而对理解产生影响；其次，作为理解客体的文本，是由语言所构成的。凭借语言，作为文本的理解对象得以流传；再次，理解过程本身也具有语言性。理解过程实际上理解者与文本之间的一种对话活动，这种活动又是理解者与文本之间的一种视域的融合。理解者本质上是处于特定时空、特定文化中的历史性存在，在理解中，理解者将这些具体的历史情境与对"文本"的理解关联起来。因为每个人的情境与"前理解"是不一样的，因而对文本的理解具有差异性，这种具有差异性的理解活动实质就是理解者的语言与文本语言的交流与融合。西方的文本一词，源于拉丁文的（Texere），本意是波动、联结、交织、编织，并因此衍生了构建、构成、建造或制造等意义。按照利科的观点，文本是"任何由书写所固定下来的任何话语"。诠释学的理解从根本上说就是理解者与文本之间的对话过程。理解从本质来说是语言的。理解是主体的选择、对文本意义的寻求是人的精神和生命的实现和拓展，是人在世界的基本模式。

可以说，我们的整个世界经验以及特别是诠释学经验都是从语言这个中心出发展开的。诠释学经验是诠释者的视域与历史遗产的一种遭遇，而这种历史遗产是以流传之本文的形式呈现出来的。语言性提供了一个共同的基础，而它们可以在这种基础上相遇。与其说经验是先于语言的东西，不如说经验自身是在语言中所发生的。人的存在是一种历史性的在世存有，而语言性则渗透在人之存在的每一个角落，人由于语言而拥有着世界并生活在世界之中。伽达默尔"可以被理解的存在就是语言"的论断从理解的媒介出发描述了诠释学的所具有的无限领域。

## 2.3 诠释理论的其他构成

### 2.3.1 现象学和存在主义

现象学的创始人埃德蒙德·胡塞尔（Edmund Husserl，1859-1938 年）在他的学术生涯中提出了他的理论。在现象学派中，马丁·海德格尔（Martin Heidegger，1889-1976 年）、让－保罗·萨特（Jean-Paul Sartre，1905－1980 年）、海洛－庞蒂（Maurice Merleau-Ponty，1907-1961 年）等人，观点差异是巨大的。[26]

现象学（从字面上说，关于现象的理论）是一个试图如其所显现的那样来描述事件和行动的一个哲学流派。它批评那种只把自然科学所描述的东西视为真实的倾向。胡塞尔现象学的中心概念是："意识的意向性"[27]。胡塞尔提出的现象学方法是凭借直觉直接从现象中发现本质。现象是指呈现在人们意识中的一切东西，其中既有感觉经验，又有一般概念。现象的背后还是现象，并不存在着自在的实体，因为实体在现象学中也是意识活动的产物。所以，现象是实体和构造实体意识组成的整体。本质也是现象，只不过是更为一般和纯粹的现象。从现象中发现本质需要凭借直觉，而不能以任何预先的假定为前提。从现象中发现本质的方法实际上是一个意识活动的过程。"现象学的任务不仅仅要描述出现在不同语境中的现象。它更深层次的目标是要发现在生活世界中使得人类的行动（包括科学活动）成为可能的条件。目标是要发现人类行动和合理性的构成意义条件。"[26]总之，胡塞尔的现象学方法包括三个步骤，这就是：①感性直观，即以出现在意识中的现象为对象，对它进行自然的描述；②本质直观，即舍弃杂多的外观因素，抓住事物不变的结构，洞察事物的本质；③先验直观，是专注于意识活动的主题本身，即把事物的存在的信仰入进去，从而达到纯粹的先验的自我表现并进而得到先验的自我。

现象学家们从哲学意义上谈论人的存在及其意义，探讨人与世界及空间的基本关系。海德格尔还从诠释学的角度研究环境的原初和本真的意义。他从人的存在属性和真理的研究，关于世界、居住和建筑之间关系的论述，为现象学提供了哲学基础和指导思想[28]。存在主义并不是一个严格意义上的哲学流派[26]。现象学与存在主义是有着紧密联系的。存在主义产生于本世纪 20 年代的德国，它的创始人海德格尔是胡塞尔的学生，它把人看作世界的中心，认为世界的存在是个人存在的体现，而个人的存在首先是意识的存在，它具有选择和创造的绝对自由。我们无须任何先决条件、不运用任何未曾考察的理论和抽象归纳而直接诉诸直觉对意识经验整体的自然的描述，就能洞察事物本质。西方哲学的一个传统认为理性思考的内容重于感性心灵的感受。存在主义运动认为应该要反过来。因为心灵感受才是人类存在最重要的东西。举例来说，存在主义者反对笛卡儿的"我思故我在"，笛卡儿用思考作为人类存在的根据（笛卡儿认为思考是人类的本质），但是存在主义却认为存在本身的自觉就是存在的依据，而存在之后，才有所谓的思考，所以，对存在主义来说应该是："我在故我思"，这也就是一般所说的"存在先于本质"。

"现象学方法可以帮助人们从实质上把握环境现象原初和本真的价值和意义，进而使人们有可能在全面完整认识和理解人与环境之间关系的基础上，采取相应的积极活动，在环境中创造有益于人类居住的场所。现象学的思想和方法因而成为建筑现象学的哲学基础。"[28] 例如，严惟愉以建筑现象学分析塔可夫斯基的电影《乡愁》，电影中富有诗意的空间和光的图像，便是一部建筑现象学的长诗。它触及建筑学存在的基础，充满了被渐渐忘却的童年时的

图 2-7  安德烈·塔可夫斯基电影《乡愁》[17]

记忆和经验，通过空间的图像，揭示了物质与现象、有形与无形、庇护与暴露、过去与现在、有限与无限的交融流转。废墟，在影片里隐含了一种记忆，但并非简单的象征和隐喻（图 2-7）。

与其他艺术形式相比，建筑与城市更能全面反映人类的知觉，体现现象学的意义。许多建筑师致力于建筑现象学的研究，比如，舒尔茨的《存在、空间和建筑》一书就是建筑现象学方法指导建筑研究的重要著作；舒尔茨在20 世纪 70 年代末期写成的《场所精神》一书，可以说是建筑现象学理论的

代表之作；1960 年代英国建筑师史密森夫妇（Alison and Peter Smithson）就是用住房、街道和区域等具体环境术语来描绘城市构成并指导金巷住宅区方案设计的，这种对城市组织的现象学描述比功能主义的抽象描述更能准确地描述城市环境结构包含的与人们生活之间的联系；意大利建筑师阿尔多·罗西（Aldo Rossi）也用现象学的方法运用住宅区、纪念碑、首要元素等具体环境术语对城市构成和城市形式及其在历史演变中的意义，进行了深入精辟的分析[28]；帕拉斯玛（Juhani Palasmma）在他的文章《建筑七感》（An Architecture of the Seven Senses）中，列举了人对建筑的七种知觉，完整的阐述了作为现象学的知觉在建筑学中的作用[31]等（图 2-8，图 2-9）。

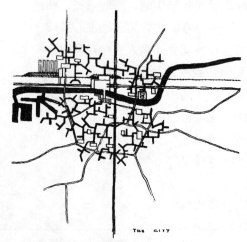

图 2-8　金巷住宅区方案[28]

图 2-9　罗西的类似性城市[33]

### 2.3.2　接受理论与接受美学

接受理论是以德国的姚斯（Hans Robert Jauss）、伊瑟尔（Wolfgang Iser）、瑙曼为代表的，诞生并盛行于 20 世纪六七十年代的一种文学美学思潮。20 世纪 60 年代后期法国南部的康斯坦茨大学汉斯·罗伯特·姚斯和沃尔夫岗·伊瑟尔等几位学者为代表提出了"接受美学"（Rezeption-Aesthetics）或"接受理论"（Rezeptionstheorie）的主张。而且，他们的主张还很快构成了一门文艺美学新学科的雏形，并产生了广泛的世界影响。正如美国学者 R·C·霍拉勃所指出："从马克思主义者到传统批评家，从古典学者、中世纪学者到现代专家，每一种方法论，每一个文学领域，无不响应了接受理论提出的挑战。"[32]接受理论又称接受美学或接受研究。是以现象学和诠释学为其理论基础，以读者的文学接受为旨归，研究读者对作品接受过程中的一系列因素和规律的理论体系。它把读者与作品的关系作为研究的主体，探讨读者对作品的理解、反应与接受，以及阅读过程对创作过程的积极干预，并研究对作品产生不同理解的社会的、历史的和个人的原因。在三十多年的时间里，接受理论产生了相当深远的世界性影响（图2-10）。

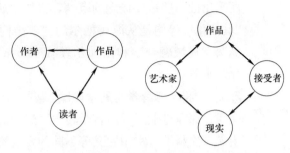

图2-10　艺术的三个环节及艺术的四个要素

接受美学最大的贡献主要表现在：首先，改变了读者（接受者）在文艺鉴赏活动中的作用与地位。传统美学中的读者只是作品之外的一个被动存在，作品总是第一性的，读者的鉴赏永远是第二性的。接受美学相反，它把读者看成是作品意义得以生发的第一因素，是文艺鉴赏活动的主体，作品不是由作者独家生产出来的，而是由作者与读者共同创造的结果。没有读者的参与和鉴赏，作品就不可能算是真正的完成。

其次，对文艺作品概念的理解与过去也大不一样了。通常所说的文艺作品是完全独立于接受者而客观存在的认识对象，它的含义与价值是本身所固有的，是超越时间和空间永远不变的。接受美学把文艺作品则看成是一个多层面的未完成的图式结构，作品意义具有未定性，而且它必须靠接受者的鉴赏才能产生意义。

最后，接受美学把研究重点转移到接受者及其鉴赏活动上，文艺活动就不再只是作者的创造活动，而是包括从作者→作品→接受者的动力学过程，这就从根本上改变了传统美学的研究视野。所以，一部文艺史，也就不再是一部关于作家与作品的历史，而应该成为接受史和效果史，文艺作品的历史生命存在于一代一代接受者的接受长链中。

重视"期待视野"（Erwartungshorizont）和审美距离，是接受美学的一大特征。姚斯在接受美学中提出"期待视野"的观点，用以说明读者阅读作品的主动性。姚斯指出审美经验具有一种使人产生潜在反射审美态度的机制。当接受者与艺术作品中的审美距离为零时，接受者完全进入审美角色，无法获得审美感受；相反，当这种距离增大，期待视野对接受的制导作用趋近于零时，接受者则对作品漠然。因此，姚斯指出："期待视野与作品之间的距离，积淀的审美经验与新作品接受所需求的'视野的变化'之间的距离，决定着文学作品之间的特性。"[32]

接受美学的基础主要是现象学美学和诠释学美学。姚斯和伊瑟尔理论中所采用的一些重要概念的范畴，诸如"期待视野"、"效果历史"、"未定点"、"具体化"等均是从海德格尔的"前结构"、"理解视野"，伽达默尔的"偏见"、"视域融合"和因加尔登（Roman Ingarden）的"具体化"等概念演化而来的[33]。

### 2.3.3 科学修辞学与科学隐喻

在深深打上了"语言学转向"烙印的科学哲学在经历了实证主义、历史主义、诠释学、实用主义等不同的发展阶段后，一种具有认识论特征的科学修辞学已经跨越语言研究、文学批评、文化人类学等社会科学的边界，走进了所谓"硬科学"领域。科学修辞学是 20 世纪人类理智运动的必然产物，它的产生、发展和应用除了与"语言学转向"密切相关以外，引人注目的"诠释学转向"也对科学修辞学给予了深刻的启迪和影响，科学修辞学在"诠释学转向"中获得了自己的存在价值、学科意义和方法功能。

修辞学长期以来是作为一种修饰工具和劝导艺术而存在。科学修辞学承认科学知识具有历史性、社会性层面的特点，主张科学认识的过程不仅包括发现与证实，也包括辩护与争论，对科学文本的发明、组织和修辞同时也是对科学真理的探索、论述和阐释。科学修辞学可以通过建立特殊个体事件与一般抽象原则之间的关联而创造一种"逻辑性知识"（Logical Knowledge）；可以通过建立特定经验与公共范畴之间的关联而创造一种"社会性的知识"（Social Knowledge）；可以通过建立预设前提和先验原理之间的关联而创造一种"推理性知识"（Theoretical Knowledge）[33]。

在现代科学哲学研究中，将科学修辞学和诠释学、诠释过程、修辞过程、理解活动和劝导行为截然地区分开来是不可能的。科学修辞学辞格的、发明的和劝导的意义总是在不同的境遇中，与"诠释学转向"文本的、创造的和交往的意义内在的联系到一起。

隐喻研究是当代哲学运动中的语言学、诠释学、修辞学三大转向的一个重要的汇合点。从语言哲学的角度看，特定语境中的语形是隐喻的载体，语义是其本质，语用是其生成方式，三者的融合构成了一个较为细致全面的隐喻语境分析，朝向语境论是隐喻研究的未来走势。可以说科学隐喻是方法论研究的必然要求，我们可以认为所有的思想都是隐喻性的。隐喻的本质是创造性和开发性的。随着人类科学认识的不断深化，"隐喻已经被看成是科学中语言生成、概念构造及相互关联的重要的、不可或缺的手段"[34]。

修辞学在城市设计的成果表达中有着广泛的应用，城市设计的创作表达可以说是一种"修辞式的理性"，是从证实（Validation）到劝导（Persuasion）的方法。在塑造城市意义的过程中，这种修辞活动本身具有创造知识的价值。隐喻是对特定的科学实体、状态或实践的术语表征，往往比其他的表征方式具有更强的可接受性。诠释学视野下的城市设计学科应充分发掘科学隐喻与科学表征之间的可通约性，充分研究科学隐喻及科学修辞学方法与现代城市设计诠释理论的方法论意义，形成城市设计文本的科学表征。

### 2.3.4 文化与文化研究

"文化研究"是一种新的研究文化（The Study of Culture）的方式。许多学科——其中主要是人类学、历史学、文学研究、人文地理学及社会学——长期以来已把它们自己的学科关注带入到对文化的研究之中。然而，一种新兴的"文化研究"已经跨越了学科的界限，这种知识活动已经对人类文化的特征作出新的重要阐释。

首先，文化的概念在使用中可能具有三种不同的意义。第一种为大写的C的文化，被认为是由"知识活动，尤其是艺术活动的作品与实践"组成的，文化是一个描述，是"音乐、文学、绘画和雕塑、戏剧、电影"等词语的描述；第二种意义作为一种生活方式的文化，用来指"使一种特定的生活方式显得与众不同的"符号（Symbols），通常认为只有人类能够创造并传递文化，因为只有我们能够创造和使用符号；第三种意义上是作为过程与发展的文化，文化最早的含义是指庄稼的种植和动物的饲养（由此而有农业的含义），稍晚一点同样的意义被转换用来描述对人心智的培养。"文化"一词的这一维度，引起了人们对其后来用法的关注，即描述个体能力的发展，而且它已经被延伸到包含这样一种观念：培育（Cultivation）本身就是一个普遍的、社会的及历史的过程。

从文化到文化研究，我们可以做出这样的理解：基于与社会学、历史学、地理学以及人类学等学科对文化的共同兴趣和对共同主题的认知，把来自不同领域的开创者会聚到一起，他们相信只有通过合作和联合，理解和解释才能获得强有力的发展。这种围绕着一个共同研究对象的不同学科观点的汇集，为一个以新的分析方法为特征的独特研究领域的发展提供了可能。正是围绕着文化这一主题的不同学科的整合，才构成了文化研究的内容，也构成了它的方法。文化研究反映了它的对象——文化的复杂性和多义性品质。约翰逊把文化研究工程描述成"在具体的研究中抽象、描述和重构社会形式，通过这些社会形式，人类'生存下来'，变得有意识，并且主观的维持自身的存在。"[35]

文化研究的一个重要部分是我们所说的文化地理学：通过文化地理学的方式。文化除了被解释为其他东西以外，还可以被理解为一种不同的空间、地点和景观的问题。文化地理学研究一些重要的问题，如文化问题、意义问题和表征问题如何成为地理学的问题。这些问题成为城市空间理论研究关注的焦点。

文化研究中关于城市研究中的视觉文化研究，特别是本雅明关于19世纪巴黎社会和文化生活的讨论。批评家本雅明和伯曼的研究表明，将城市作为文本来解读是可能的：将它们解读为全体市民可以通过视觉获得的、富有意义的符号。城市作为充满了建筑物的环境至少有四个方面可以用这种方式来诠释：房屋和建筑、城市的特征、城市本身和作为权力凝结物的城市（风景）等。

## 2.4  本章小结

城市设计的诠释理论构成了城市设计研究的哲学与美学场域。城市设计的研究对象——城市客体——作为审美对象、作为理解对象、作为诠释对象、作为表现对象等特性使城市设计学科——具备了审美领域的诠释学意义；具备了城市作为精神科学的理解对象的研究意义；城市设计的诠释主体也具备了前理解、效果历史意识等诠释特性；诠释理论在城市设计学科的实践也是诠释学应用功能的具体体现；以语言为主线的诠释美学则构成了城市设计深入文本理论研究的哲学基础。

可以看出，诠释理论的提出是对城市设计研究方法基本理论的探讨。诠释理论的主要构成是基于诠释学、现象学和接受美学等理论知识。其他理论，如科学修辞学与科学隐喻、文化与文化研究等内容是在本研究的具体应用中所涉及的知识背景。

# 第3章 城市设计的诠释情境

哲学诠释学探究人类一切理解活动得以可能的基本条件，通过研究和分析"理解"的种种条件和特点，论述人在传统、历史和世界中的经验，在人类有限的历史性存在的方式中发现人类与世界的根本关系。

——伽达默尔《真理与方法》

诠释学以其独特的文化哲学视角放弃了认识论哲学。它以"对话"为目标，旨在达到人类的相互理解，让人们用"自我形成"的概念来取代作为认识论目标的"知识"的概念。让人们摆脱了传统哲学人的古典图画，而使人们走向后哲学文化之中。诠释学对理解的历史性、传统的力量以及作为世界观的语言性等等所作的大量丰富的分析。城市设计亦存在于诠释学的哲学境遇之中，并且，在诠释学的影响下，当代城市设计表现出了强烈的诠释学特征。本章将进入人类思维的情境思维模式，形成人们对于诠释学与城市设计学科交叉的形象思维。

## 3.1 城市设计的诠释语境

城市是现今仅次于语言的人类文明的第二大创造。然而，现今我们的城市正遭受着大规模的"建设性破坏"，对城市文本的扭曲表达使我们的城市陷入了空前的文化危机。当后现代的文化特征作为一种"主体性特征"存在的时候，这种后殖民文化便彻底击溃了我们最后的防线，使我国正处于复兴阶段的城市建设就走入了困境——假古董泛滥成灾，欧陆风长盛不衰……诚然，"后现代文化毋宁是这样一种社会的文化，它能够用人道的、符合人们意愿的方式实现现代化，同时又保持与往昔传统的平衡。因此，中国和欧洲的文化同样面临着后现代的挑战，而其发展中的世界文化的全球化使两种文化所面临的挑战更加接近"[36]。面对这样的挑战，我国的城市设计工作肩负着对历史的溯源和对现代的诠释等双重使命（图3-1）。

### 3.1.1 历史性

历史主义之争是哲学诠释学争论的焦点，"历史地理解的存在"正是伽达默尔（Gadamer, Hans Georg 1900～）哲学的核心所在。伽达默尔认定理解本身是一种历史的行为，由此也是与现代相连的；客观有效地理解是天真、素朴的，因为这样就假定了从历史之外的某个立场去理解历史是可能的。伽达默尔认为，诠释学并不是一种找寻正确理解和解释的方法论，而是诠释和现象学描述在启示时间性和历史性中的人的此在，理解从来就不是一种对于某个给定的"对象"的主观行为，诠释学的任务也不是单纯地复制过去、复制原作者的思想，而是把现在和过去结合起来，把原作者的思想和诠释者的思想沟通起来。伽达默尔写到："一种真正的历史思维必须同时想到它自己的历史性。只有这样，它才不会追求某个历史对象（历史对象是我们不断研究的对象）的幽灵，而将学会在对象中认识它自己的他者，并因而认识自己和他者。真正的历史对象根本就不是对象，而是自己和它者的统一体，或一种关系，在这种关系中同时存在着历史的实在以及历史理解的实在。一种名副其实的诠释学必须在理解本身中显示历史的实在性。因此我们需要把这样一种称之为'效果历史'（Wirkungsgeschichte）。理解按其本性乃是一种效果历史事件。"[19]可见效果历史实际上就指历史与对历史的理解是统一的，这就是效果历史原则。

图 3-1　消失的历史——哈尔滨圣·尼古拉教堂[17]

与伽达默尔针锋相对的是诠释学的重要代表、意大利哲学家贝蒂（Betti, Emilio 1890～1968年），贝蒂坚持施莱尔马赫（F. Schleiermacher, 1768～1834年）和狄尔泰（Wilhelm Dilthey, 1833-1911年）的传统，并在狄尔泰的传统上提供一种普遍的理论，即回答人类精神的"客观性"怎样才能得到诠释的问题。在贝蒂看来，肯定客体本质的自律性，乃是一切诠释的基本和首要规则，而总体性是建立在个体部分之上，谈话的个体部分之间存在着连贯一致的内在关系。他认为伽达默尔"迷失在一种无标准的存在的主观性中"。施莱尔马赫则认为："伽达默尔在按照历史境况去强调理解本文的可变性时，在他对解释共同体和解释偏见的维护时，他就变成了一个主观主义者"，"伽达默尔的相对主义主要是历史相对主义"，从施莱尔马赫与伽达默尔的争论中可以看出，"伽达默尔在强调理解的相对性和不确定性时带有浓厚的相对主义色彩"。贝蒂（Betti，Emilio 1890-1968年）追求人文科学的基本的客观方法，而这正是伽达默尔所反对的。贝蒂的客观性态度和施莱尔马赫的客观主义道路与伽达默尔的主观相对的态度并非全对，他们都只是发挥了诠释问题的不同方面。对诠释学的整体而言，两种相对立的哲学态度作了相互补充，从而接近了诠释学的问题[22]。

上述诠释学中的这两种历史主义态度并非作为两种方法论而对立，而是两种不同的伦理立场抉择。第一种，即历史性的理论，最重要的是要求传统延续，第二种，即一种尽可能是客观理解的理论，要求对不同于己的意见与文化的认识与承认。伽达默尔代表的哲学诠释学对传统的敬重是根本性的，这也构成了当代城市设计对待传统的哲学基础。与之相应的文脉主义（Contextualism）城市设计观强调注重城市文脉，即从人文历史角度研究群体、研究城市。罗西（Aldo Rossi）在其《城市建筑》中指出，城市依其形象而存在，是在时间、场所中与人类特定生活紧密相关的现实形态，其中包含着历史，它是人类社会文化观念在形式上的表现。而所谓的"城市精神"就存在于它的历史中，一旦这种精神被赋予形式，它就成为场所的标志符号，记忆成为它的结构引导。[38]另一方面，对于多元文化的诠释则是城市设计在全球化与信息时代中所面临的挑战（图3-2）。

图3-2　对待历史的不同态度（尼姆卡里艺术中心）[37]

对待城市的历史性态度是城市设计所要面对的的首要问题。中国城市的发展无法脱离其历史与文化的脉络，基于本土文化创新的设计形式必然是今后城市设计的走向。然而，如何评价中国传统风格与现代城市发展的矛盾统一性却是一个我们需要不断面对、不断思索的难题。可以说，了解城市的文化内涵需要一部宏大的城市设计叙事史，然而仅仅通晓历史却仅仅是开始，城市设计的过程是对历史的临摹，也是对未来的留白。只有不断挖掘城市的内涵才能赋予城市新的意义，塑造出时代性的城市精神。而诠释学对待历史性、历史相对主义等问题的哲学争辩为城市设计学科明确其理论方向提供了思想基石。

### 3.1.2　语言学转向

语言问题已经在本世纪的哲学中获得一种中心的地位。哲学家们将20世纪的这一哲学特征称为"语言学的转向"（The Linguistic Turn）。第二次世界大战后西方诠释学的发展出现多元化趋向，大致可归纳为分析的语言哲学系统和现象学存在主义哲学系统的诠释学两大类。属于分析的语言哲学系统的诠释学，主要探讨语言的意义及其指涉系统，探讨语言符号意义的科学标准及其检验方法。另一种是以现象学存在主义学派的诠释学。利科（Paul Ricoeur 1931～）认为诠释学正是以这种现象学式的（悬搁心理主义）多重意向理解方式为基础的。这派诠释学，在胡塞尔（Edmund Husserl，1859～1938年）和海德格尔（Heidegger，Martin 1889～1976年）的哲学理论的指导下，首先由德国思想家伽达默尔完成了"诠释学的哲学本体论转折"。他认为，"对于人类来说……世界的存在是通过语言而被把握的。""能被理解的存在就是语言"。

**1. 在建筑语言的研究方面**　首先，属于分析的语言哲学系统的诠释学中的语言学的概念逻辑对建筑与城市学科研究产生了革命性的影响。意大利语义学家艾科（Umberto Eco）认为，建筑是一种表达含义的信号媒介（Sign Vehicle），建筑信号通常是在约定俗成基础上作为一种被加工物围成的传递功能的空间系统。这种系统在对建筑的功能和形式的阐述中，既包含了形式与功能间的信码联系，又体现了形式反映功能的约定概念，而且作为社会客观实在的建筑，只有在信码的基础上形式才能表达功能。此外，结构主义理论的根源与语言学和人类学有重要的联系，结构主义注重作品中的编码、规范和程序，研究这个作品是如何产生社会能够认同、接受的意义。后结构主义（有人认为即是"解构主义"或解构主义是后结构主义的一部分）的语言理论研究是影响后现代理论的非常重要的语言理论学科。语言哲学的发展，为后现代主义理论的建构提供了意义深远的理论背景和契机，同时也使后现代阶段建筑设计的理论和实践兼有了浓厚的语言学色彩。

建筑师非常关注从语言学的分析中了解通过语言性的传载来表达意义，许多语言学概念如语义、句法、所指、能指、隐喻、文脉等都应用到建筑学中来。特别是许多后现代的城市设计理论与作品都十分热衷于运用符号思维的方法。如美国建筑师彼得·艾森曼（Peter Eisenman）就习惯从给定的形式概念出发，运用句法学方法推导出符合特定句法逻辑的一切可能形式。艾森曼要表达的便是符号体系本身的结构和规律。以语义学为例，它研究符号与其所代表的概念间的关系。沃尔夫冈·奥托（Wolfgang T Otto）在《占据空间的语言》一书中，他把希腊神庙当成建筑的典范：把神庙的内殿比作句子的主语，门廊和柱廊比作宾语，内殿和柱子之间的联系比作谓语。通过建筑物和句子的类比，奥托得出了结论："在这个结构合理的、占据空间的'句子'里，权威性的空间统治着整个建筑……这个句子总是由一种族长式的秩序所统治"。正如奥托的比拟，任何一个建筑都是可以像文章一样被解读，关键是读者必须知道语法规则（图3-3）。

在后现代建筑运动中，建筑师在新的物质文化的基础上努力寻找建筑与社会、文化和历史的聚合点，力图把形式的生成引向一种文化含义的自然表露，让建筑与文化和科学文明紧密地衔接起来，使形式语言能为自己表白、解释自身的性质和含义。詹克斯（Charles Jencks）更是直言不讳地在《后现代建筑语言》中宣称现代建筑已经死亡，取而代之的将是一种"一半现代、一半传统"雅俗共赏的后现代建筑。

图3-3　彼得·艾森曼[17]

其次，在现象学存在主义学派中，海德格尔就将现象学对于存在的理论指涉到城市领域，他把建筑看成为"建造·居住·思想"现象系统（Building Dwelling Thinking），居住是一种存在的状态，根据他对于德国文字学的语源研究，所谓"居住"是指"和物品一起存在的状态"，而物品则泛指天、地、死亡和神灵的总和下的各种元素。根据这个理论他提出：语言形成思想，而思想和诗歌是居住的必要条件。因此，居住是思想的需求结果，而不是世俗认为的物理需求的结果。建筑理论中的现象学要求注意事物是如何形成的。根据现象学的要求建筑还同时应该高度重视与人的感觉相关的内容，比如光线、材料的心理感受等。哲学家佩雷兹·戈麦兹认为，居住的内容是人类"存在趋向"决定的，包括文化象征和认同感、历史关联感在内[39]。

**2. 在城市文本的研究方面**　语言理论虽然复杂，但是它在城市设计中有重要的作用。[40]作为一种文化投资，城市对其居民充满了意义，这同句法结构上的语言，或符号学上对符号意义的研究类似。[41]在符号学的意义研究中，城市文本可以从三个方面进行阅读，第一层次即为建筑及其空间，这是知觉与感性的空间；第二层次即为城市在平面上所反映出的结构，它具有相对的稳定性；第三层次包含着形态结构背后的社会与文化的作用力，它是整合了前两个层次，使其在形态构成上体现出一致性，"它使个体建筑存在于群体之中，并把时间注入空间之中，把历史融入到构形之中"[42]（如同本文指出的诠释学理论对城市结构概念的理解）。

例如，美国普林斯顿大学教授玛丽欧·甘德尔索纳斯（Mario Gandelsonas）是城市视觉理解方面领先的理论家。在《城市文本》（Urban text）一书中，甘德尔索纳斯提出了"不可见城市"这一概念，也就是说，构成城市复杂性的元素是多种多样的，它们之间的相互作用使城市（或地区）形成自身特有的各种相对稳定的相互制约关系，而这些关系往往是"非线性的"和"不可见的"，甘德尔索纳斯称之为"城市文本"。因为，人们不可能像认识一个单体建筑那样，通过了解建筑的形式以及建筑师的阐述来认知整个城市。城市研究中一个重要的课题就是如何通过分析这些表现为图案的城市形态，来弄清这种形态形成的深层原因（图 3-4）。

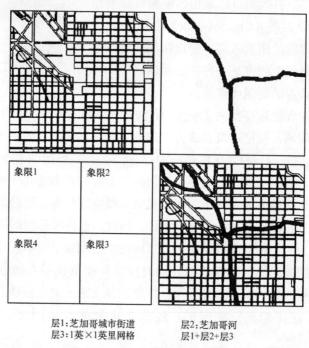

层1:芝加哥城市街道　　　层2:芝加哥河
层3:1英×1英里网格　　　层1+层2+层3

图 3-4　芝加哥城市文本[43]

甘德尔索纳斯通过计算机线化和层化的分析方法作为解读城市设计的一个方法。这个分析同美国的传统格网规划尤其相关。它反映了不同层次重叠，进而产生最后构图的设计过程本身。《城市文本》探索了芝加哥河自然和抽象现实之间的空间关系，进行了一系列的分析，展现出城市形态中被隐藏的潜质。甘德尔索纳斯将重点放在了芝加哥中部以芝加哥河为案例，把河流、城市道路等要素图解、分层、叠加，使用一英里的网格和它的土地分割；不可避免地，网格中有异常和矛盾的情形。更有争议的是甘德尔索纳斯发现了一堵无形的、隐含的，分割芝加哥南北，即白人芝加哥和黑人芝加哥的墙。《城市文本》提到弗洛伊德的分析者的漂浮注意力，建筑师或城市设计师通过漂浮的凝视来看城市的"数据"以了解城市的形态和思想。

甘德尔索纳斯对城市文本的研究为我们展现了类似语言的研究方法，反映出城市文本的研究与诠释学的文本理论的紧密联系。因此，对文本理论的研究是城市设计诠释理论所涉及的最重要内容，对这部分内容的研究将在论文第 6、7 章中探讨。

### 3.1.3 本体论与方法论

在诠释学本体论与方法论的争辩中，伽达默尔的本体论诠释学遭到了哈贝马斯（Habermas Jurgen 1929～）的强烈批判。哈贝马斯认为"真理"与"方法"的对立，似乎不应该使伽达默尔错误的和抽象的把诠释学经验和整个方法论的认识加以对立，真理与方法的对立原本就是诠释学的基础。诠释学在反对经验科学的普遍方法时成为绝对主义。哈贝马斯担心这种绝对主义要么在科学中发挥作用，要么根本不起作用。利科在哈贝马斯和伽达默尔的批判与反批判的争论中作出了独创性的贡献。他认为，伽达默尔在海德格尔的影响下力图实现由认识论到方法论的转变，于是，理解不再被当作是一种认识的方法，而是被看成是一种存在的方式。但是，没有必要将理解的特性、理解的真理与理解的方法分离开。因为这种分离忽视了诠释的矛盾，而正是在这些矛盾中，我们才能领悟存在、寻求理解。伽达默尔认为消除间距化才算达到真正的理解，而利科则认为正是间距化才使理解成为了可能。间距化概念不是一个需要克服的障碍，而是理解的条件。因此，利科认为方法论问题乃是真理问题的核心。阿佩尔（Karl-Otto Apel 1922～）在谈到哲学的转换时也认为：海德格尔和伽达默尔只注重对理解的可能性进行提问，这是远远不够的，它必须对理解的有效性的提问联系起来。哲学的转换就是考虑到一切科学与前科学的知识形式，注重一切标准——方法的重要性。伽达默尔后期的实践哲学受到哈贝马斯和利科批判的影响，弥补了伽达默尔理论中的不足与缺陷，促使伽氏从理论真理转向应用的真理。

从本体论的意义上，海德格尔和伽达默尔赋予诠释以生存本体论的地位，也就是说，"诠释不只是个人此在的生存过程中所必须经历的过程，而且它对于生存本身的存在及其可能性都是具有生死攸关的本体论关键意义。"海德格尔等人对生存本体论的分析对社会科学诠释学方法论的改造起了决定性的作用。哈贝马斯诠释学的一个基本设定，是肯定或者承认存在着一个诠释的对象，相信文本具有意义或含义（Meaning）。方法问题并不是第二位的和派生的问题，以此理解，诠释学的方法论属于认识论或知识论的范围。因此，它自然要突出理解和诠释的对象和目标，并进而强调理解和诠释的方法问题。对这一问题的清晰阐述能够帮助我们从哲学的高度来审视"诠释"在城市设计研究中的本体论与方法论的地位问题。

诠释学的本体论与方法论之争，映射出城市设计研究的本体论和方法论问题。从诠释学的角度来看，各个时期的城市设计理念受到了当时文化批判与社会思潮的影响，研究城市设计的历史与文化作为经验科学，诠释和分析城市作品成为可能。以此认为，对城市文本诠释的方法论问题与诠释学的本体论与方法论的争辩具有"共通性"。基于这一共通性的基本论点是：城市设计的诠释过程与诠释学在方法论上有本质的联系，诠释学正是理解人类的精神创造物以及探讨整个"精神科学"（Geisteswissenschaften）的基础。在这里，本论文提出了一个基本观点："城市设计在对城市文本的认知与表达过程中与诠释学方法有着紧密地联系。"

从城市设计方法论自身的命题也可以看出，建立和完善城市设计的方法论体系是城市设计学科发展的必然过程。在这个过程中城市设计学科的理论体系、研究领域和方法论体系将得到逐渐的完善和发展，并进一步指导设计活动的具体思维方式与设计方法。城市设计学科在作为应用科学的实践过程中，我们不应该放弃探求方法论的努力，因为只有探求的过程才会产生创新的意识，才会不断增强城市设计学科的科学性与专业性。

总之，在诠释学思潮对城市设计理论的语境影响下，诠释学强调的历史性、可理解性、可交流性、可对话性、不确定性、过程性、可参与性以及多元意义等哲学思想，这些思想有力的规定了城市设计的后现代主流倾向。在诠释学倾向的后现代城市设计理论中，十分注重和创造有情趣的城市空间环境，注重文脉场所的环境特征，强调空间的可理解性和可对话性，强调公众参与性，强调空间的多样化，强调意义的表达等。诠释学倾向的城市设计理论有：场所理论与文脉理论、"同时运动诸系统"理论、图式语言、认知意象论、城市活力论、倡导性规划（Advocacy Planning）运动等等。这些理论背景反映的共同问题是人文科学（诠释学）的发展（包括行为科学、对人的情感研究的重视等）对城市设计方法的影响。比如，阿摩斯·拉普卜特的《建成环境的意义》和琳达·格鲁特，大卫·王编著的《建筑学研究方法》等著作都涉及对建筑学"解释性"研究范式的探讨（图 3-5，表 3-1）。

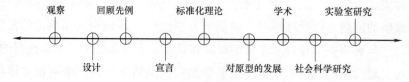

图 3-5　建筑学研究设计结构图[45]

研究范式的三分结构[46]                                    表 3-1

| 基本信念 | 实证主义/后实证主义 | 解释性/结构主义的 | 解放性的 |
|---|---|---|---|
| 存在论(真实的性质) | 一个真实本体,可能被认知 | 多重的、有社会性的构建真实 | 取决于社会、政治、文化、经济、种族、性别和残疾等价值观念的多重现实 |
| 认识论(知识的性质;认识者和被认识世界的关系) | 客观现实是最重要的,研究者用完全客观、冷静的方法来观察和掌握它 | 研究者与参与者之间有交互性的联系;价值判断在研究中非常清楚,结果是被创造出来的 | 研究者和参与者之间有交互性的联系;认识是建立在社会和历史的环境之中 |

## 3.2　城市设计的诠释语词

此前的研究表明,城市设计的本体论、方法论及其实践过程显现出了强烈的诠释学特征,因此用诠释学的思维方式考察城市设计的学科特征是最形象性与直观的表达。在城市设计的过程中,其学科特质体现了从审美体验、间距化、移情作用和审美认同等不同阶段的诠释特性与理解特性的诠释语词。城市设计思维过程亦进入了情境思维的理解方式之中。

### 3.2.1　审美体验

审美体验是发生在瞬间的直觉,是对生命理想形象的直觉,也是个体的亲历体验。可以说:审美体验是日常体验的升华,是个体在亲自活动中对理想的生命形象的直觉。简而言之,审美体验是个体对自身生存状况的一种当下直觉。

审美体验的特征可以分构如下:第一,审美体验具有原构性,即审美体验具有原始建构的性质,这体现了审美体验的力度;第二,审美体验具有历构性,即指审美体验具有历史建构的性质,这显现了审美体验的深度;第三,审美体验具有超构性,即指审美体验具有超越现实,超越个体而进行意义建构的性质;第四,审美体验具有预构性,即指审美体验具有预先建构未来形象的性质。[47]

诠释学认为诠释主体对艺术的诠释与接受首先会形成自己独特的经验,即艺术经验。艺术正是比"某个事物的美的表象"更多的东西——它是审美理念的表现。康德在其审美判断力批判的范围内,将美的艺术被看作自然,自然通过天才赋予艺术以规则。19世纪天才的概念发展为一个普遍的价值概念,这就是浪漫主义——唯心主义的无意识创造概念,并通过叔本华的无意识哲学发生了广泛影响。新康德主义由于试图从先验主体性中推导出一切客体的效用而把"体验"的概念标明为意识的本来事实。狄尔泰则以"体验"一词表述精神科学的独特种类，体验一词构成了对客体的一切认识论的基础[19]。

审美体验不仅是与其他体验相并列的体验，而且代表了一般体验的本质类型。审美体验总是包含着某个无限整体的经验。从审美的角度看，城市不仅是人类文明的物质载体，还是人们的审美对象，发挥着精神的作用。在艺术中，人类发现了人类自身，精神则发现了精神性的东西——城市的审美体验成为城市设计诠释活动的开始。可以说，审美体验是城市设计师更为直接的艺术经验的获取。城市设计师的审美经由体验产生不同的情绪，多次叠加、累积，成为对城市文本的情感。当审美体验进入城市设计师的设计思维领域，经验的、自由创作的感觉体验更表现为创作中的表意实践过程。从精神领域看，城市设计的诠释活动更加接近美学研究的审美体验过程。凯文·林奇（Kevin Lynch）正是在体验中寻找诠释城市的线索，寻求认知城市的方法。可见，审美体验建构了城市从文化层面、社会层面到城市空间结构的中介。在诠释学"理解"的基本问题中，审美体验伴随着诠释主体的经验、情绪与感知方式，形成了城市设计的"前理解"（图 3-6）。

审美体验形成审美经验。审美经验可以冲破真实世界的樊笼，使得人们

图 3-6 城市的审美体验[17]

52

对某个典范行为进行自由的，符合道德规范的认同。最后，再通过情感认同的方式，审美经验能够将人们吸引到受别人控制的集体行为之中。以审美体验作为研究城市的方法被许多学者所尝试，清华大学成砚博士从艺术经验方式来认知城市空间。文艺作品，包括文学、绘画、摄影等成为城市的文本化反映，成砚将其视为城市研究的途径，赋予其理性的思考，借助诠释学及文化研究理论作为哲学基础和研究方法。在经验方式中，独特的艺术经验是成砚研究的重点。艺术经验途径特指"以艺术经验方式解读艺术作品"，通过这种方式解读文学作品可以直接呈现出人们对空间的感觉、印象，并较为全面而深刻的呈现社会生活。因为，"艺术具有一种超出方法论指导的特有的经验真理的能力"。"在与艺术的照面中，我们将经验一种意义真理和生活真理，这种真理关系到我们整个自我理解并影响我们整个世界经验。""遗憾的是城市设计者却从未找到可以充分将城市的动感表现在自己的设计中的途径，反而有意无意的消除这种动感，以期寻找一种统一的真实性。"[11]

### 3.2.2 间距化

间距化是伽达默尔与利科的诠释学争论的核心概念。利科认为诠释学涉及对存在和存在之间关系的理解，没有必要将理解的特性、理解的真理与理解的方法区分开来，因为这种分离忽视了诠释的矛盾（即间距化），而正是这些矛盾中，我们才能领悟存在，寻求理解。哈贝马斯从意识哲学向语用学的转向，使他承认语言的媒介性质，并将主体主要视作是语言交往的主体，是主体间性中的主体，而非一个仅仅面对客观世界的主体。主客关系变成了主体间性关系。间距化是诠释的主体间性的分裂中存在的关系[48]。正是间距化使理解成为了可能。

间距化的诠释学作用可分为三个方面：首先，间距是诠释的条件；其次，间距对文本诠释具有建设性的组建作用；再次，间距构成了文本存在的依据[49]。用间距化表征城市设计文本的本质和基本依据主要可分为以下四种形式。

（1）"意向外化"或意义固化　"意向外化"或者意义固化即意义被写入文字中，"说话者"（作者）内心的意向外化于文字中。这一特征表现了文本对生活语言中言谈话语转瞬即逝的特征的克服。这里的固化即"铭记"，不是对先前言谈话语的复述和抄录，而是直接以书写字母的形式铭记话语的意义，即创作。经过这种创造性的劳动，文本表现为有结构的整体。

接受者所见的城市设计文本是"是话语实践的意义，不是作为事件的事件"。建筑设计的实践过程产生了对城市设计文本的重新创作,创作的结果产生了新的设计结构——建筑文本的再次书写。

(2)文本表征的自主性　间距化表征着文本的一种自主性,它涉及文本的意义与作者意图的分离(城市设计的文本特征与此对应的表现为文本诠释的信息不对称)。"文本所指的意思与作者的意图并不一致","文本的意义和心理学的意义就有了不同的命运"。因而,文本体现了表征的自主性。

(3)多次可读的开放性　文本超越其产生的社会、历史背景和条件而成为无数次可读的对象,作者与读者具有不同的环境特征。"也正是这样,文本作为话语构成具有独立性的作品,才能潜在地给予每一个能阅读的人"。文本的语境打破了作者的语境,并在多次阅读中不断地"解除"语境关联和"重建"语境关联。因此,城市设计文本多次可读的开放性为建筑设计的多种可能性提供了可能。

(4)多层指称的可能性　文本的指称范围属于任何一种可能的诠释过程。透过文本的表面指称,涉猎深层指称对象所投影的世界,这是在文本的诠释当中达到的。因此,诠释活动本身使深层次的意义构建成为可能。

间距化使诠释具有召唤结构。接受美学理论家伊瑟尔(Wolfgang Iser,1926~ )提出了作品召唤结构的概念,即作品本身所提供的意义空白与意义未定性,它使作品向所有的接受主体开放,使意义的解读具有潜在的丰富

图3-7　弗拉·安杰利科的壁画《不要碰我》[50]

性和拓展性。间距化的召唤结构寻求进一步理解和创造性理解。圣马可修道院上弗拉·安杰利科的壁画《不要碰我》的精神隐喻较好地诠释了间距化表现出的召唤结构。救世主走到玛丽亚前面,手伸向她,却并不接触她。他双脚离地,缓缓前行,引领她向前。这显示了上帝的神秘性,召唤着我们在面对迷惑、矛盾、神秘和敬畏时,在信仰的引领下前行。上帝是个实体,一直在我们前方,神秘而不可分析(图3-7)。

同时,间距化又表现为城市设计诠释过程的信息不对称。城市设计的过程寻求理解以达到建筑设计的多种可能性。城市设计的目标是寻求更有效的诠释方法和修辞的艺术进而达到理解。但是,间距化的存在使接受者不可能对其进行完全解读。诠释学的观点认为间距化并不是一个需要克服的障碍,

而是理解的条件，这就凸显了方法论问题的重要性。利科认为，方法论问题乃是真理的核心问题。可以说，城市设计的实践过程表现出强烈的诠释学方法论特征，探索诠释的方法是城市设计的重要课题。

可以看出，间距化的存在使城市设计的诠释成为必要，在诠释与接受的二元关系中，诠释的召唤结构与接受的创造性解读使城市指向深层次的构建，诠释者的"偏好阅读"、"自我关注"与接受者的经验、感知形成了城市意义上的"视域融合"。

### 3.2.3 移情作用

移情作用（Empathy）是使人们自己与某个物体合为一体，并参与其肉体和感情知觉的行为。在移情作用下，人们得以分享人物的感情经历，这是现代哲学诠释学的基础。诠释学方法深入地分析作者在作品中所表达的每一细节以及内容的寓意并将它还原到作者所处的时间和空间中，体味作者的意图。

狄尔泰（Wilhelm Dilthey，1833-1911 年）试图为人文科学方法论奠定诠释学基础。按照他的看法，诠释学应当成为整个人文科学区别于自然科学的普遍方法论，因为人文科学的研究对象"客观精神"或"精神世界"，对它们的研究不能采用自然科学的观察、实验的方法，而必须使用诠释学的方法。狄尔泰强调了在理解的过程中，"爱"或"同情心"以及"移情作用"的意义，认为只有通过这些因素的作用，诠释者才能把自己融入作者当时的处境，设身处地地想象自己在那样的情况下会如何思考，这样才能达到真正的理解，用现在的语言来说，也就是"同情的了解"。因此，所谓"心理移情"，按狄尔泰的分析即是"解释者通过把他自己的生命性仿佛试验性地置于历史背景之中，从而可能由此暂时强调和加强某一心理过程，让另一心理过程退后，并从中在自身中引起一种对陌生生命的模仿。"[51] 又据施莱尔马赫（Schleiermacher）指出，读者要把握作者在所创作的文本中表达的原意，就必须通过一种"心理移情"的方法，在心理上进入作者创作文本时所处的社会历史情境，重建文本与它所赖以形成的社会历史情境的联系。可见，据"心理移情"观，读者自身的个体性和历史性不仅无益于理解的展开和深入，相反，它成了读者实现对文本的正确理解的障碍，成了理解活动中的消极的负面的因素，成了必须努力克服的东西。所以，"心理移情"实质上就是通过对读者的个体性和历史性的消解，从心理上重建作者的个体性和历史性。因此，施莱尔马赫强调，"解释的重要前提是，我们必须自觉地脱离自己的意识（Gesinnung）而进入作者的意识。"[52]

诠释学方法深入地分析了作者在作品中所要表达的每一个细节以及内容

的寓意，探索这种寓意，并将它还原到作者所处的时间和空间中，体味作者的意图。诠释学的理解被定义为"主观地（通过心理移情）重建客观的过程"。城市设计的诠释对象是客观的，但是城市设计的成果表达却是主观的。城市设计与建筑设计，本质上的区别在于城市设计以文本性的语言与图则作为其表意的载体。从城市设计的过程体系可以看出，无论从技术的控制层面或是文化的表意层面，城市设计必须保证理解的客观性与有效性。城市设计的语言可以是规范的或是修辞的，城市设计出于完善理解与接受而对设计导则的技术性规定进行补充。在诠释与接受的二元关系中，"移情作用"就显现在城市设计师的主观表达要求接受者客观理解的精神重建过程中。

移情作用在建筑学研究中也同样受到关注。乔瓦尼·巴蒂斯塔·维科（Giovanni Batista Vico，1688-1744 年）和约翰·哥特福德·赫德（Johann Gottfried Herder，1744-1803 年）认为，"文化的产物是永远无法通过置身事外的理性的分析来理解的，而理性分析这正是自然科学家所通常采用的方法。我们需要的是对群体的生活和敏感性加以激化的过程，赫德称之为移情作用。"[53]克里斯·亚伯认为，"移情作用的概念对建筑师角色的阐明和新科学都是至关重要的。建筑师领会人及其生活场所，以利塑造其个性。新的人类科学家领会其对象，以理解、描述和解释其个性。新的人类科学家应该"加入"一种特定情境和文化这一点，表明对建筑的研究而言，对于不同场所和人的关注，和对于一般属性的关注同样重要"[53]（图 3-8）：

图 3-8　城市存在于特定文化情境[17]

可以认为，城市设计的文本化表达正是通过这种移情作用达到对城市意义的认同和对城市设计文本的理解。移情作用的作用方式通过城市设计文本的成果及其表达过程实现。现代城市设计所强调的理解的对话与交流，城市设计本文自身的召唤结构及其意义空白，诠释主体的间距化产生的审美距离以及诠释接受者的"期待视野"等诸多条件为移情作用的传达提供了实现途径。

### 3.2.4 审美认同

姚斯（Jauss Hans Robert 1921～）强调艺术作品的否定性以认同为中介，从而取代了阿多诺（Adorno，Theodor Wiesengrund 1903-1969 年）的"肯定－否定"两级。这样，认同就成为接受美学关键性的概念。认同概念是姚斯在研究中诉诸的一个主要分析概念。他抓住了狄尔泰"经历"[19]概念的诠释学尺度。经历的互为主体性的尺度可以在认同的机制中找到。认同的概念就这样代替了狄尔泰的"引入"或者移情概念。审美认同从接受者的精神重建过程中走向新的诠释主体，接受者采取审美反思的态度，开始诠释自己的作品。

在接受的过程中，接受者经历着不同的审美态度。审美认同采取不同的模式，指涉及不同的对象，接受不同的定位。城市设计的诠释过程要深入挖掘主体认同的不同模式，以寻求诠释与接受的二元关系。城市设计审美认同的过程正是体现在这两者之间的辩证关系中。

在诠释与接受中，主体有着不同的审美态度与立场，在经历了一系列审美体验之后，接受者也可以退出这些状态，接受者开始自己诠释作品（城市文本）——"审美反思"。在审美经验和次生的审美反思之间将我们重新带回到理解和认知、接受和诠释的关系中去。此时，接受者也是诠释者，诠释的主体和立场发生转变——在城市设计中表现为公众参与或城市批评。可见，这种诠释立场的转变体现了城市设计诠释主体的广泛性和诠释与接受的二元关系。

城市设计寻求对城市空间的理解以达到认同的模式。地域文化和历史符号是研究城市空间如何被理解和认同的要素。人们在接触具有场所感的空间时，与形式和内容具有深层次的结构相似，人们下意识地将场所和空间转译成社会背景、文化象征等场所意图。于是，场所将这些共性固化，人们不仅可以很容易地理解空间，还会因这些共性而产生认同感，进而会产生归宿感和安全感。这种认同感在城市设计的诠释过程则体现为接受主体的反思诠释——或是拒绝，或是接受的审美反思过程。

下图反映为城市设计诠释的过程体系。从审美体验、间距化、移情作用到审美认同，诠释体系以一种人们"经历"的方式存在于城市设计的思维过程之中（图 3-9，图 3-10）。

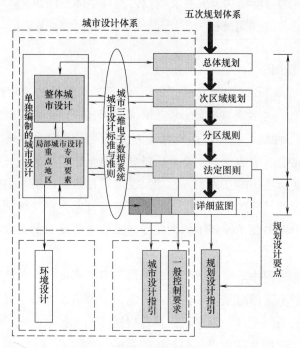

图 3-9　城市设计体系[54]

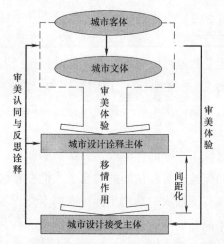

图 3-10　城市设计的诠释语词

## 3.3　城市设计的诠释"语义"

通过城市设计与诠释学的交叉性研究，可以认为，城市设计诠释理论的提出具备了本体论、认识论与方法论层面的研究价值。以哲学诠释学的知识点作为城市设计思维与方法研究的切入点，必然会提出城市设计关于本体论、认识论、方法论等基本问题的再认识。这也是对城市设计诠释理论这一论点进行证明的必然过程。

### 3.3.1 本体论层面

在本体论层面，城市设计的诠释理论研究具备了本体论意义。城市设计诠释理论的研究存在于对城市的本体性认识，而诠释学则是从"科学主义"到"人文科学"的"新的语言和文化历史的本体论基础"。因此，城市设计与诠释学理论的交叉研究具有某种必然性。

首先，对城市意义的理解与诠释是人的存在方式。在城市诞生之初，人们就不断的通过建造活动表达对自然、生命、美的理解，城市展现了人们在不断地文明进化过程中的存在状态与生存方式。其次，城市设计学科的产生是在理解与诠释的过程中人对城市能动性的反映，城市设计诠释理论的提出也是科学诠释理论存在机制的体现。正如在本体论看来，理解不再被当作是一种认识的方法，而是被看成是一种存在的方式。在本体论的层面下，很多城市设计理论正是基于这种本体论认识而以一种"经历"或"存在"的方式来研究城市的。

例如，埃德芒德·培根（Edmund Bacon）对城市空间的研究突破了空间本身。他在研究了古今有名的城市设计之后得出结论：城市空间、形式是市民参与的结果。每个市民，每一天，每一种活动，每一项建设都在不知不觉中增添着城市的美的部分。城市设计者的结论就是了解大众艺术构成。在研究市民对城市空间的感受中，培根提出了"同时运动诸系统"（Simultaneous Movement Systems）的概念。"同时运动诸系统"或城市居民活动的路径及交通流线的意义，必须考虑以下三个概念。①体量与空间的关系；②感受的连续性；③同时的连续性。第一步是要使一个人的思想尽可能适应空间作为一种支配力的观念，引入"物质的确是在空间中运动的产物"这一概念。感受的连续性使设计者能将自己投入身历其境的思想和感情中，并为使用者设身处地地感受并理解这个设计，那么，这个设计也就实现了原来的意图。同时的连续性必须看到，在一系列运动系统的条件下存在着空间感受的连续性，这是以不同速率、不同模式的各种运动为基础的，每一种运动系统既与其他运动系统相关联，又对居民生活总的感受起着一份作用[55]。

培根提出"城市经历"的概念，我们能找出"同路人"的"城市经历"，也就可以设计一种普遍的城市环境去满足他们的官能和感性要求。培根用这种方法设计了费城城市中心，获得了广泛好评。"城市经历"的概念与狄尔泰在诠释学中认为的"体验"作为一种直接的参与（Das Unmittelbar Gegebene）的概念是相互吻合的。狄尔泰认为这种直接的参与就是一切想象性创作的素材。[19]同时，培根的"同时运动诸系统"正是反映了从本文、作者到读者为中心的诠释学思想的转变，一种"设计者作为身历其境者"的本体论的创作视点。

### 3.3.2 认识论层面

**1. 在认识论层面** 对城市意义的理解与诠释是主体认知的手段和状态，是主体与客体在辩证运动中展开的关系。城市设计具有的主体特性使得城市设计的研究更多地深入到现象与意识等思维领域。此外，意义理解与诠释的本体论和认识论的相互关系是，本体论层次的意义理解与诠释是人的存在方式，是科学诠释的存在机制；在认识论上意义理解与诠释是相互关联、相互依存的，理解是诠释的出发点，也是诠释的归宿和所要达到的状态。

不同时代、不同对象、不同国度的人对同一城市会产生截然不同的反应，并作出不同的判断和评价。因为，人们在判断城市的属性时往往是以自己头脑中已有的信息与认识对象提供的具体信息进行比较，然后作出分析与判断。人们在长期的生活经历中已逐渐把各种不同信号的刺激转化为相应的符号概念储存在大脑里，尽管这种概念的形象特征含糊不清，但其表达的意义却是明确清晰的。人们就是凭借这种既"含混"又清晰的内存代码来判断形形色色的空间特质。相对于城市而言，语言给人的感觉作用是单一的，或听，作用于听觉；或看，作用于视觉；而城市则不同，其影响同时对人的视觉、听觉、嗅觉、触觉、平衡感、运动和方位感等方面起作用。因此，正因为城市能从多方面同时向人的感觉发出信息，所以研究这些信息的作用怎样被人接受和诠释，自然成为城市设计诠释理论所要解决的主要课题。

**2. 认识论的主体性原则** 城市设计诠释理论对人的主体性的研究具有重要意义。从广义上说主体性可以泛指主体所具有的一切属性，由于主体是人，人有自然属性、社会属性和精神属性，因此主体也有自然属性、社会属性和精神属性。在马克思的人的学说中，主体性作为一个哲学范畴具有特点的内涵，它是在主客体关系中相对于客体而言的，是人作为活动主体区别于活动客体的特性。人既可以是主体也可以是客体，无论主体还是客体，人都具有自然属性、社会属性和精神属性。

当人作为主体而存在时，所谓的主体性，即是指主体在与客体发生一定关系时所表现出来的特性，具有主动性、积极性、能动性等含义。主体性原则是指在诠释活动中从主体出发，充分调动主体的主观能动性和创造性，使主体的感受力、判断力和理解力得到最大程度的发挥。主体性产生的根本条件，一是主体要有一定的审美能力，二是客体要有一定的审美价值，三是主客体要形成一定的审美关系。

总之，城市设计诠释理论的主体性原则的确立是其理论建构所要面对的、首要的、基本的问题。主体性原则规定：诠释是一种认识活动，又是实践活动，是揭示诠释的客体——城市，即诠释的对象对于人的意义和价值的观念性活动，是诠释的主体衡量客体意义并规范客体的实践活动。诠释的主体就是广泛意义上所说的人。在诠释中所要研究的问题，实质上就是诠释的主体和客体之间的关系。城市设计诠释的主体性原则是指在诠释活动中从主体出发，充分调动主体的主观能动性和创造性，使主体的感受力、判断力和理解力得到最大程度的发挥。不同的受众群体对待城市文本具有不同的期待视野、不同的解读立场，在这种背景下，主体性原则的意义就在于超越自我意识的束缚，认同不同受众群体的意识立场，在这个过程中避免符码化或意识的扭曲，以此达到城市文化认同的解读。

### 3.3.3　方法论层面

诠释学对城市设计学科的指导意义并不完全表现为理解的基础，即本体论意义，这已是人所共识的，诠释学更具有方法论意义。可以说，城市设计的诠释过程与诠释学在方法论上有本质的联系。正如狄尔泰所认为，诠释学应当成为整个人文科学区别于自然科学的普遍方法论，因为人文科学的研究对象"客观精神"或"精神世界"，对它们的研究不能采用自然科学的观察、实验的方法，而必须使用诠释学的方法。

因此，当诠释学的理论与实践科学相结合时"真理的经验"就成为了实践的指导。比如，文学诠释学、法学诠释学均努力寻找诠释方法的途径。城市设计在其实践过程中也不仅仅将诠释学只作为一种理解的基础，而更应将探求诠释的方法以达到理解、诠释与接受。并将其作为城市设计理论研究的一个重要的研究方向。

在诠释学的应用实践中，以一种多学科的视角理解城市设计，则可将城市设计视为一种政治治理、经济发展、社会秩序、文化认同的形式和过程。城市设计的实践过程成为了表达意识形态的工具。在城市设计的目标体系中，城市设计的实践过程寻求建立一种秩序，虽然不同的城市存在不同的秩序，城市设计的方法也因之而变，因而不能强求方法的一致性。但是，这种城市的内在秩序却是可以发现的。秩序在认识论上表现为规律，在方法论上则体现为控制。

城市设计在不同的设计层面表现为不同的控制方式。在理念层面，对城市空间的研究关注城市"意义"的生成与诠释；在表意过程中，城市设计文本承载着意识形态的建构；在创作表达阶段，科学诠释的方法论与城市设计的研究方法有着紧密的联系。

可以说，意义理解与文本诠释是本文面对的核心问题。这里所说的意义代表了环境中人与物的一种沟通，是存在与现象中的认知。意义主要由两个因素构成：一是环境中事物的特质性，二是人对环境中事物的认同。特质性是外界事物的可感知性，它是认同的客观基础；认同则是感知到的特质性与人某种特性或需求之间发生的耦合。[56]在"意义重建"的诠释学方法中，"文本"是一个重要的概念。由于文本是由书写固定下来的由许多语句构成的有机整体，结构或整体性是文本的重要特征。利科认为，"在解释说明中，我们展开了意义与命题的层次；而在理解中，我们从整体上综合把握或理解了各部分的意义"[57]。这样，虽然诠释与理解的内容都被规定为意义，但是它们在对意义的把握与展开的不同关系中得到了区分；在人文科学中，人们的"诠释"表现出从整体的理解到局部的结构诠释，再从局部的诠释走向整体的新的理解的逻辑。当利科将"文本"的四个条件（即意义的固化、与作者意图的分离、多次可读的开放性和多层指称的可能性）适用于"有意义的人的行为"，确认"文本"是社会科学对象"好的范型"以后，上述理解与诠释的方法论关系也就被推广到了所有的社会历史领域，或者像利科所说的："通晓可以说成具有符号特征的所有社会现象。"[24]因此，本文以"文本"作为城市设计诠释的方法体系研究的切入点具有应用的现实价值，具有方法论意义。

以上我们通过诠释学与城市设计的交叉研究，将城市设计学科的理解与诠释特性、文本特性和主体特性等方面与诠释学本体论、认识论、方法论意义进行了初步的理论证明。我们认为，城市设计诠释理论的提出具备了科学诠释学的方法论基础。论文还将通过城市设计的诠释结构、诠释维度等层面的研究进一步的加以证明，并将通过"文本"概念的理论预设展开城市设计诠释理论方法体系的应用研究。

## 3.4 本章小结

本章提出了论文最重要的观点："城市设计在对城市文本的认知与表达过程中与诠释学方法有着紧密地联系"。如果说建筑设计是创作与接受的过程的话，那么城市设计则是诠释与接受的关系。诠释学、现象学和接受美学等理论将城市设计的研究纳入了精神科学范畴。

本章的具体研究内容为：

（1）在城市设计的诠释语境中，论述了城市设计的历史性、城市设计的语言学转向、城市设计的本体论和方法论等问题的讨论。正是诠释学、现象学、接受美学等哲学领域的发展对建筑学界产生了深远影响，也形成了本文研究的理论基石。

（2）在城市设计的诠释语中，深入研究城市设计学科本身的思维特性与诠释学理论的天然联系，用审美体验、间距化、移情作用和审美认同等哲学概念体系构建城市设计理解、诠释与接受的思维过程。

（3）从本体论、认识论和方法论的角度提出了城市设计与诠释理论交叉研究的意义。提出了城市设计的诠释理论基础，并论述了城市设计研究的方法与诠释理论方法研究的必然性，使"诠释"获得城市设计本体论与方法论的中心地位，为后续章节（论文第6～第8章，城市设计的诠释方法体系）的进一步研究做出了理论准备。

# 第4章 城市设计的诠释结构

虽然各个民族、部落的神话千差万别，表面上没有逻辑，好像是民族呓语，但是却有一种基本相似的地方……那是隐藏在神话背后深处有一个稳定深刻的结构。

……结构主义是 20 世纪美学中具有科学主义色彩和思维颠覆性的美学理论流派，它超越了形式主义，它不仅让我们把注意力转移到作品的文本本身，而且转向了文本背后深层的普遍的内在结构……

——王明辉《何谓美学》

在城市设计的诠释情境中，城市设计走向了城市空间诠释美学的研究场域。在这个场域中，城市设计在空间结构层面、文化层面和社会层面隐藏着其诠释结构的深层次建构。可以认为，在城市设计的表意（Significance）实践和其诠释结构之间具有某种本质的属性和天然的联系。因此，本章基于理解和科学诠释的基本理论出发，从认识论结构、逻辑结构和审美结构等三个方面，深入探讨城市设计具有的诠释结构的内在属性，并将城市设计的诠释思维的建构类型化、具象化、结构化。这是人文科学的诠释结构与城市设计的学科特性相结合，以逐步证明"城市设计在对城市文本的认知与表达过程中与诠释学方法有着紧密地联系"这一观点的科学性。

## 4.1 城市设计诠释的认识论结构

### 4.1.1 城市设计诠释的主客体结构

**1. 科学诠释的认识观** 诠释的主客体结构就是对诠释的主体、科学文本、诠释客体在诠释活动中形成的诠释性关联的反思。这是诠释结构最基本的认识论关系，其他的结构形式都是从诠释的主客体结构衍变而来的。

科学诠释理论认为，诠释是一种认识活动又是实践活动，是揭示诠释的客体，即诠释的对象对于人的意义和价值的观念性活动，是诠释的主体衡量客体意义并规范客体的实践活动。诠释的主体就是广泛意义上所说的人。在诠释中所要研究的问题，实质上是诠释的主体和客体之间的关系。

从城市设计学科的学科特性来看，合理论证自然科学诠释与人文、社会科学诠释的关系是体现其主客体结构的重要问题。从本体论上区分自然科学和人文、社会科学是人们在科学分类中最习惯采用的方法，通常观点认为"社会与自然存在的根本区别在于：自然是一个无人的世界，而社会是一个人的世界"[58]，人文、社会科学研究区别于自然科学研究的一个重要特点就在于"自然科学家一般不是他所正研究现象的参与者，而社会学家则是"[59]。然而，随着自然科学越来越远离人们的日常生活并进入微观和宇宙观领域后，这种在科学的"幼年"时期出现的直观科学观被否定了。诺贝尔物理学奖获得者、著名物理学家玻恩说："随着量子纪元的到来，关于主客体两极性的问题出现了一种新的态度……量子力学取消了主客体之间的区分，因为它不能描述自然界本身的情况，而只能描述人为实验所产生的情况。"[60]玻尔将这种形式比喻为："我们既是观众又是演员。"[61]而对于自然科学与人文、社会科学的本体论区别，就不再是过去那种简单化区分，它们都是人的感性的社会活动的产物，都是内在于人的实践、与人密切相关的存在。它们对于人及其活动来说都是内在的，在人的社会性和感性活动的基础上是统一的。因此，这就产生了"诠释理论"在自然科学与人文社会科学两者在方法论上的统一。

上述认识观对城市设计诠释理论的认识是一个重要的理解平台。城市设计学科并不是一个单纯的自然学科或人文、社会学科的概念，作为一个综合性学科，它更接近人文、社会学科的范畴或通常所说的"软科学"。可以说，城市设计的诠释特性是其重要的思维特质。因为，城市设计的研究对象即研究客体——城市并不是独立于人的活动、人的知识、人的理论之外的，现代城市设计活动更是内在于人的活动、知识、理论的，是科学理论的客观化、本体化的结果。虽然城市设计研究的对象客体是客观实在的，但是它的显现、它的认知、它的表达，必须借助于人的感性活动，借助于人的控制，借助于科学的理论。因此，城市设计诠释理论的提出具备了科学方法论的理解基础。

在这一科学的认识观指导下，从主客体结构的内在统一性可以看出，城市设计的诠释主体是诠释客体的构成性因素，诠释客体对诠释主体亦具有限制性，科学诠释就是诠释主体和诠释客体矛盾运动和相互作用的结果。这也是本文基于城市设计诠释论的科学论断何以可能的重要的理论基点。

**2. 主体诠释** 城市设计的诠释主体具有如下特性，首先，诠释主体具有多样性。城市设计的诠释主体具有广泛性和多样性的特点。任何人都可以对城市文本具有自主性和选择性，对诠释对象进行意识性活动，诠释的主体包括专家、业主和广大受众等。其次，城市设计的诠释主体具有不对等性。由于诠释者所处的社会阶层、诠释的目的和理解视域的不同，其诠释的立场有很大的差别。根据诠释主体诠释行为的动机不同也可分为主体诠释和反思诠释。最后，福柯（Foucault，Michel 1926-1984 年）的主体诠释学认为主体具有"自我关注"的特性，即诠释主体的"偏好阅读"和"自我关注"是必然的思维过程，"主体性"更是近些年兴起的主体诠释学关注的核心问题。

从学科特性来看，建筑创作的结果形成了具体、实在的空间表达，任何接受者都可以通过自身的感觉结构对建筑的本体作出视觉的、心理的反映。虽然人们对建筑的理解可以体现在接受者的偏好、价值观、反思与批判之中，但是，建筑的创作者和接受者可以产生直接的对话，建筑接受其实是一个感知与体验的过程。与之相反，城市设计的成果形式是抽象的、诠释性的。对于城市设计而言，城市设计的实践过程其实就是主体"诠释"的过程。城市设计师对城市文本的不同理解产生了基本的诠释学问题；其次，城市设计的成果形式是指导性与技术性控制的城市设计导则与图则，其诠释的目标是探索建筑设计的多种可能性——而不是寻找唯一的结果。

此外，由于城市设计的技术成果相对于专业人士依旧存在着理解的差异性和"自我理解"的问题，所以对于普通公众而言城市设计则表现出更强烈的间距化原则。因此，接受者与诠释者之间存在着的"间距化"决定了诠释信息的不对称及理解与诠释的可能性与必要性。在这个过程中，城市设计师始终处于主导的地位，城市设计要求接受者遵循其控制策略和指导原则，其成果具有法定性和规定性，城市设计的接受者在接受过程中则是被动的。城市设计师对诠释对象进行尽可能的客观解读与主观表达，尽可能避免"偏好阅读"，以此来编制城市设计的文本化成果——这种诠释称之为主体诠释。

**3. 反思诠释** 英国著名思想家与批评家特里·伊格尔顿（Terry Eagleton）把现代文学理论的发展分为三个阶段，"全神贯注于作者阶段（浪漫主义和 19 世纪）；绝对关心作品阶段（新批评）；以及近年来显著转向的读者阶段。"[62] 以此为背景，城市设计学科对城市文本的诠释理论研究论亦显示出从"作者中心论"向"读者中心论"的发展转向。近些年来，城市设计更加重视多元受众群体的地位与作用，与之相应的公众参与规划也就方兴未艾。

可以说，反思诠释是城市设计诠释过程的重要组成部分。诠释者首先应是接受者，接受者的接受活动具有再创造性——反思诠释。

首先，诠释者的期待视野形成了诠释活动的价值基础。不同诠释主体

（例如，开发商、政府、市民）对城市文本都有自己的"偏好阅读"，"偏好阅读"产生期待的态度，诠释者将这种态度发挥为主体创造性的诠释过程。思维理论认为，理性思维是反思性思维，而想象思维则是创造性思维，城市设计师要在反思性思维与创造性思维的相互作用才能完成对城市文本的表意实践。因此在某种意义上，主体诠释首先要经过反思诠释的过程才能实现。

其次，诠释者强烈的反思与批判过程使其对城市文本有了更深层的理性把握，诠释者的诠释活动经由感觉体验上升为艺术体验，此时"审美经验"成为诠释活动的一部分，具备审美经验的反思诠释可称之为审美诠释。审美诠释对于社会的接受、公众的态度、舆论的导向具有强烈的影响（哈贝马斯的"批判诠释学"就属于这一倾向）。

最后，诠释与接受形成了二元关系，诠释者也可以成为接受者。随着政治民主化与公众参与的兴起，反思诠释成为诠释的主体性的最重要特征。例如，文化研究中强调主体的转移，主体的转移将读者视为主体或经验的来源，嵌入这个空间，因此主体成为真正的知识；此外，不同诠释的可能性也显示出主体存有不同的空间立场，对这些立场的重视也反映出城市设计对设计过程中公众参与意识的提高。可以说，不同受众群体对待城市文本具有不同的期待视野、不同的解读立场。在这种背景下，城市设计只有强调决策的民主化与制度化，才能超越自我意识的束缚，认同不同受众群体的意识立场，体现城市空间的多元特征。在这个过程中，城市设计的任务就成了避免设计过程的符码化倾向或公众意识的扭曲，以此来达到城市文化认同的合理解读。

**4. 主体的要素** 城市设计主体的诠释活动在反思诠释的过程中基本上是一种批评的态度，因为，诠释学经验的反思性存在批评的可能性。城市设计主体的诠释活动对城市设计理念及设计创作产生极大的制约力与影响力。无论城市设计的诠释主体如何变化，他们都共同具有诠释行为特定的主体性特征。城市空间是读者式的文本，是多重意义、权力、利益冲突的互涉空间文本。米歇尔·福柯在其主体诠释学中所关注的知识、权力与自我道德的主体特性构成了影响主体诠释的批评态度的基本要素。

（1）知识要素 知识要素探讨我们与真理的关系，换言之，探讨我们是怎样被构成知识的主体的？

例如，城市设计师的知识结构可以分解为三个要素，即专业基础知识、专业主体知识和专业前沿知识。专业基础知识是指对城市设计专业知识的要求，包括设计师的基本技能、表达能力；专业主体知识是指主体具有知识的广博性，城市设计的多重内涵和无所不包的广阔外延，充分展示城市设计是一门多学科交叉融合的综合性学科；专业前沿知识是指掌握城市设计专业范围内的科学技术新思想、新成就和发展趋势等（表 4-1）。

建筑师和城市设计师的专业基础知识结构比较[63]    表 4-1

| | 建 筑 师 | 城市设计师 |
|---|---|---|
| 相同 | 创造经营形体和环境空间 | |
| | 关注环境质量 | |
| | 研究使用者特点与规律 | |
| 不同 | 建筑历史与理论 | 城市设计历史与理论 |
| | 建筑技术 | 设计师（建筑师、地景建筑师等）工作特点 |
| | 建筑材料 | 塑造个体和群体环境的方法 |
| | 建筑结构 | 城市开发过程与开发经济 |
| | 建筑设备 | 城市系统工程 |
| | 建筑法规 | 城市设计实施的相关法规 |
| | 建筑师业务 | 行政与公共管理 |

知识要素影响着城市设计诠释主体的价值判断。城市设计认识性和价值判断的主体认知行为主要受知识要素的影响。认识性包括主体的思考、组织和保留信息，它与人的生理认知机能一起帮助理解我们的环境并进行认知的阅读；判断性的，包括了价值和偏爱以及对"好"与"坏"的判断，这种判断不是个人的喜好，而是经过知识结构过程的理性分析与价值取舍。当然，城市设计实践的终极目标是出于对公众利益的考虑，城市设计师们关注城市的良好状态，诸如修建宽敞的城市道路、大规模的清除贫民窟、协调公私部门的协作、对政治决策的介入和城市规划法规规范的修订等不同类型的复杂工作，这意味着他们有着更多的知识要去学习、完善，以寻求公平、机会与理性，并成为城市中一名合格的决策参与者。

（2）权力要素  "规划与权力相关，它所取得的结果服务于一个社会中权势代理人的目的。"[64]权力要素指出了我们是如何被构成为运用和屈从权力关系的主体的。文化理论也指出，权力——特别是从权力运作中产生的文化政治——像一切生产关系一样，是在（社会）空间的（社会）生产中得以具体体现的。例如，霸权性的权力是制造和维护社会及空间差异方式的主要策略。"我们"和"他们"在空间上被一分为二，被打上强制性的地域特征如种族隔离区、犹太居住区、西班牙语居民区、印第安保留地、侨居地、避难所、大都市区、避难处等。[65]在后现代政治经济学的空间研究中，城市空间被看成是权力的作用场域。

无论是米歇尔·福柯的"权力话语"还是沙朗·佐京（Sharon Zukin）的"符号经济"，其揭示的城市空间发展的本质从来都是权力争夺和文化冲突的结果。城市空间生产包含了文化政治所具有的权力属性。城市空间的权力属性主要反映在以下两个方面：一方面，在政治层面，受到解决需求不足从而需要拉动消费的鼓励，受到增加税收的经济激励以及所谓"政绩工程"、"形象工程"、"献礼工程"等的政治激励，政府以制度供给者和行动主体的双重身份积极介入到城市空间生产过程。另一方面，资本为主导的全球化力量契合了城市管理者改造城市的迫切需求。正是在此基础上，权力与资本在全球化的话语霸权下结成了城市的"成长联盟"，在"解危救困"的名义下，以商业开发的模式，力图通过城市更新的空间实践，按照既定的空间想象和规划蓝图重塑城市形态，对城市空间进行经营和治理。在权力的运作下，在空间政策的制定和实施中，城市居民被实质地剥夺了参与空间规划的权利，甚至空间使用的权利，剥夺了作为拆迁契约关系中权利主体一方所应具有的

图 4-1　空间的权利特征

讨价还价的地位，只能被动地接受权力和资本按照它们的意志和审美情趣强加的空间形式和代价高昂的"强制消费"。城市设计往往制约于公权力因素的影响（图 4-1）。

　　（3）自我要素　自我要素提出了这样一个问题：我们是怎样被构成为我们自己行为的道德主体的？人只有在社会中才能成为真正意义上的个体，个体作为主体是通过遵守道德法则成为真正的自我。正如考夫曼（Kaufman）提出的规划（城市设计）师是伦理学者的观点，可以说，道德构成了城市设计师独特的自我价值基础。

　　1）善的合目的性　善是道德意识的最高范畴。主体对客体所追求的，正是被客体现实所容许，因而也是对主体所要求的。因此，善的道德意识体现了主体与客体和谐的一致性。徐苏宁先生在其博士论文《城市设计美学论纲》中指出，好的城市形态应该是真、善、美高度统一的艺术综合体。其中，善的城市环境（指城市的文脉环境）是实现美学合目的性的关键[29]。在更为抽象的层面上，对"善"的传统认识正是道家超脱功利，追求无为自然的核心理念。"无为"是指强调人和自然的统一，合规律和合目的性的统一。

2）城市设计伦理 在第七届（2000年）威尼斯建筑双年展上，主持人意大利建筑师马西米连诺·福克萨斯（Fuksas Massimilliano）提出了这样一个命题：“城市：多一点伦理，少一点美学（Citta：More Ethics，Less Aesthetics)”。M·福克萨斯批评了当今城市设计的一种倾向，即以美学的原则代替价值的判断，形式和风格问题得到了过多的关注。M·福克萨斯倡导城市设计师和建筑师更多地关注伦理问题，关注社会中角色和责任，从务实的角度真正解决一些实际存在的问题。

城市美学与伦理的命题丰富了城市设计的美学原则，城市成为城市设计主体的价值判断与自我的伦理道德的合目的性的集合。正如M·福克萨斯所说的：“城市曾经是一个拥有可记忆形式的场所的称谓。建筑师通常用图纸和模型展示城市设计，来描述这样的概念：城市的形式能够成为公民权的象征。[66]”

3）职业道德判断 虽然“城市设计不可能是个别天才的行为，更不是历史的偶然事件和技术变革的随机产物。”但是，在我国特殊的管理体制下，个人的权力意识、城市设计师的职业道德等都会对城市空间的意义诠释产生影响。与我国国情相类似，Peter Marcuse的“对柏林的反思：建构的意义和意义的建构”（Reflections on Berlin：The Meaning of Construction and the Construction of Meaning)，将政治事件与道德判断并置于对柏林建成环境建造活动的考察，指出柏林的若干重大建设项目的意义仅是代表国家、商业集团、部分消费者的权力与财富——柏林已成为权力与财富的展示场。

**5. 主体的构成**

（1）专家是指对城市的专业知识有着深厚的理论基础和学术素养的人群，即以城市设计师为主体的城市设计的操作者与评论者，包括城市、建筑、政治、经济、社会、环境、文学、美学等多个学科领域。就城市的诠释活动而言，城市设计师是城市设计诠释最核心的主体，同时城市设计师也是城市设计的主要参与者，从这方面来说城市设计师也是被诠释的对象。城市设计作为一种承载城市社会空间和物质空间的实践活动，其解决的不仅仅是艺术问题，城市设计必须运用科学的方法保障科学合理的实践过程。在这个过程中城市设计注重的是对空间和形体环境的艺术处理和人们对它的感知，并强化推理城市前景的能力，研究多种发展的可能性，其思考过程是控制性的、原则性的以及弹性的。城市设计师的主体性体现在其经验的、自由创作的感觉体验的表达。其他诠释主体，包括城市批评家、建筑评论家、文学评论家等对城市的交流是多学科与多角度的，他们对城市的诠释具有权威性、导向性、全面性和研究性，对城市设计的实践活动具有重要的指导价值。

（2）业主是城市的投资者、经营者和拥有者。城市设计的业主包括城市政府和开发商。对于城市而言，城市政府是城市设计的最主要业主。城市政府是城市建设（与经营）方面的行政主管部门（规划管理部门）负责组织城市设计的编制、实施与管理工作。城市政府通过城市建设与城市经营表达执政理念，反映公众诉求、协调城市发展。城市政府应代表国家及公众利益，调和公众利益与城市开发之间的各种矛盾。维持城市这一复杂系统的和谐发展是城市政府的基本职能之一。

城市政府是城市建设的主要决策者，也是城市设计诠释的重要主体。城市的决策者对城市特质的把握，对城市文化的认识，对城市精神的解读等，其影响极大。长久以来，在我国并不完备的政治体制下，城市决策者的诠释行为往往成为对城市意义的终极诠释。决策者对城市的深层结构往往缺乏专业性、理性的思考，片面追求政绩和个人审美的媚俗化倾向，导致一段时间以来我国城市建设的败笔，许多城市丧失了自身文化的精髓，丧失了地域特色和城市个性。

开发商是在城市政府管理下进行城市建设的投资实体。城市政府负责拟定开发项目，进行招商引资。在市场经济的影响下，开发商的投资意愿、地块的商业价值等因素甚至影响了城市设计的基本价值取向。多数开发商对城市的理解及对自身投资活动的期待视野往往是局限的，这就需要城市政府、城市设计师对开发商进行正确的引导，利用各种合理的政策措施、激励手段和监督机制规范开发商的行为。城市设计的"预先设计"、弹性控制、政策策略（整合型、诱导型）等都是探讨符合各方利益的各种控制性、指导性技术性措施的补充规定。

（3）受众。城市设计的受众群体可分为两个体系。首先是建筑师。城市设计是为指导城市空间合理发展的控制性措施，它的直接目的是指导城市具体建设行为的规范。建筑师成为城市设计的最直接接受者。建筑师对城市的诠释表现在其建筑创作的独特视角，在城市设计的指导下，读出具有生命力和可读性的设计理念，创造出尊重城市、记载文明的建筑作品。建筑师首先是一个接受者，然后才是一个诠释者。其次是公众。城市设计的法定图则与设计导则等成果对市民大众不具有直接约束力，因为市民并不是城市设计的执行者。但是公众仍然成为城市设计诠释的主体，公众的主体性反映在民主政治的公众参与公民合理的诉求之中。现代城市设计强调设计主体的多样性，广义上实际或潜在地关注并可能影响城市设计的社会组织和个人都是其受众群体。城市设计与公众利益息息相关，现代城市设计以制度化的方式自觉地接纳公众参与，以保证城市设计的决策能够反映各个社会层面，代表公众利益。在民主化社会公众对城市设计成果的公示具有参与权，一些重大的城市设计项目需要公众的参与与决策。可以说，对公众的诠释主体性的认识具有愈来愈重要的意义，公众参与也是城市设计师创作源泉的所在（图4-2）。

图 4-2　公众是城市的主体

**6. 城市客体与城市文本**　城市设计将城市客体作为诠释的对象和科学文本的指涉对象，在研究城市设计诠释的主客体结构中应首先对"城市文本"的概念进行合理的界定。以城市为文本进行研究有着深刻的哲学基础，无论是形式主义、解构主义、后结构主义，他们都以文本为中心，从不同的角度对其概念进行了丰富和诠释，从而得到一个多层次、多侧面、流动的文本。其中特别是诠释学，从哲学和美学的高度也提出了自己的文本观。利科在阐述其文本诠释学时就认为不可能把自己的诠释学理论限制在纯文本，即"话语文本"，而是必然像约翰·汤姆森所说的那样，涉及"全部书写的话语，文本和类似文本的东西。"[24]当利科将诠释学的理论扩大到社会科学的领域时，文本则已包含了"有意义的行为"，因而也就包含了由有意义的人类行为组成的历史事件和社会现象等"似文本"。利科认为，"文本模式和社会现象之间的相互联系由符号学体系的概念构成……一种解释结构模式可以能够通晓可以被说成具有符号特性的所有社会现象。"[24]在符号学研究之后，文本实际上超出了语言学范围，很多研究者的批评实践也超越了文学文本，比如广告，传媒，摄影文学，乃至城市空间等。这时的文本可以是指任何时间或空间存在的能指系统，于是就有了"画面文本"、"乐曲文本"、"舞蹈文本"、"建筑文本"、"城市文本"等等。

把文学文本和科学文本作比较，它们从本质上说都是向读者输送意义，从它们的阅读特征上来看，都包含着诠释的过程。不同的是文学文本通过特定的语义域的语言规则构造和制约着语言作品；科学文本则依据自然规则和科学理论构造和制约着文本的结构和意义。文学文本和科学文本都是谈论世界，但文学作品很少展示自然界的实际状态，它们是某些意向性的东西。而科学文本则通过科学仪器直接地、经验地断定特定的自然界的特定的状况。城市设计介于人文科学和工程学学科的特性注定了城市文本兼具文学文本和科学文本的双重属性。

在诠释学的研究领域，"城市"成为"文本"的指涉对象。城市设计的过程可以理解为诠释"城市文本"的表意实践的过程。郑时龄先生在其《建筑批评学》中对文本与建筑文本进行了如下描述："文本又称本文、正文、原文等。文本的基本含义指的是由作者所创作的、原原本本尚未经过读者的创作结果，而它只有经过读者的阅读与欣赏才能成为名副其实的作品，文本这个范畴具有创作结果的初始性。""建筑文本是属于建筑师的，建筑文本可以有许多的表现形式和表现手段，它可以是建筑师的构思草图、方案图、施工图、模型、效果图、绘画、电影、摄影、文学作品等"。[69] 对于城市设计而言，"城市文本"是城市设计的诠释主体通过实践活动和意识、思维活动领会和把握城市客体属性及其规律所获得的知识，其文本可包含两个含义：其一是城市文本是城市这个特定客体的文本化，是指城市自身的书写形式；其二是相对于城市客体研究所形成的规划设计文本，或称之为城市设计文本（图4-3）。

图4-3　拼贴的城市文本[67]

### 4.1.2　城市设计诠释的意义结构

意义是诠释学的一个核心的概念。理解是对意义的理解，诠释文本就是诠释文本的意义。意义是诠释的认识论结构必须解答的问题。即科学诠释诠释的是什么？科学诠释意义的意义是什么？科学诠释的意义与客体的属性及其规律又是什么关系？

意义表征着一种关系，是一种复杂的多元的关系。如同语义三角形所表征的关系那样，这种多元关系主要表现在要辩证的处理科学诠释的规范性与历史性、表达功能与指称功能，在文本意义的语形、语义和语用三个维度的辩证统一中建构科学诠释的意义结构（图4-4）。

对于意义结构形式的理解首先要明确句法（语形）学、语义学和语用学概念的理解。

句法学（syntactics）——或称语形学。符号系统中符号与符号（如语词与语词）之间的关系，即系统结构的研究。

语义学（semantics）——研究符号与所指事物（意谓对象）之间的关

73

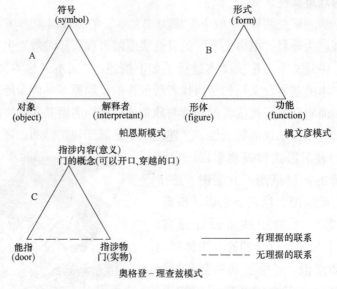

图 4-4  语义三角形（A 帕恩斯模式、B 槙文彦模式、C 奥格登—理查兹模式）

系，即符号如何传送意义，诸成分的性质。

语用学（pragmatics）——研究符号与人们行为反应之间的关系，即某些人的符号效应，所谓某些人是指将符号作为整个行为的一部分进行诠释的人。所以，也就涉及符号和系统对系统以外的现实事物的关系，即符号的意义。涉及说话人的心理，说话人的反映，话语的社会语境与语言情境，话语的分类和对象等许多与语言的应用过程有关系的方面。

科学诠释的意义包含了三个结构要素，即作为意义载体的科学文本、意义所指的客体和意义的诠释者。在这三个要素的相互关联中，科学文本无疑处于中心地位。任何文本都具有表达和指称两种功用：表达功用是说文本作为意义的载体表达了主体的思想、情感和意态，指称功用则是说文本指谓着某种事物或客体。科学文本的这两种功用，从功能向结构的反向关系中，反应出了以下几种形式的意义关系：①科学文本与诠释者（主体）之间的关系；②科学文本的不同诠释者之间的关系；③科学文本与所指客体之间的关系；④作为话语结构的科学文本诸要素（如符号与符号）之间的关系。前两种关系表征着科学文本的表达功用，第三种关系表征着科学文本的指称功用，科学文本的结构关系则与两种功用都有关系。用"符号学"的语言说，上述关系就构成了科学文本意义的语用、语义、语形（句法）三个维度。也就是说科学诠释的意义是由三个相互关联的维度构成的，即科学文本内部要素之间的句法学意义、科学文本与客体之间的语义学意义、科学文本与诠释者之间的语用学意义。[49]如图所示科学文本意义的结构形式（图4-5，图4-6）。

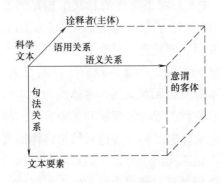

图 4-5　科学文本意义的结构形式[33]　　　　图 4-6　城市文本意义的结构形式

**1. 在语用学关系上**　已有很多学者进行了深入的研究，例如，美国威斯康星大学建筑城市规划系的著名教授阿摩斯·拉普卜特（Amos Rapoport）非常强调意义的重要性，他将意义的概念用于环境的研究当中。他指出，意义曾经通过特殊的方法论被研究过，大多数是用语义区分法（Sematic Differential）（Osgood 等，1957）已衍生出大量环境研究成果……[45]拉普卜特通过理论性的考察，提出环境的意义至少可通过三种主要途径来研究：

（1）运用语言模型，主要建立在符号学之上，目前是最普遍的。（句法学）

（2）依赖于象征（Symbols）的研究，这是最传统的。（语义学）

（3）运用建立在非语言交流上的模型，它源于人类学，心理学和动物行为学。这方面是拉普卜特所积极倡导的。（语用学）

拉普卜特所提及的符号学方法被其认为在意义的研究中是"刻板的理论框架"，是"无法理解的"。拉普卜特认为，句法学层次上是最为抽象的，然而"符号分析对语用学却几乎完全未加以注意"。语用学是通过考察要素的功能在具体情境中以何种方式、如何影响情绪、态度、偏爱和行为，能够最好的理解和研究的。"我们所关切的是对日常的环境以何种方式表达意义以及怎样影响行为方面所作的解释，所以语用学的各方面就更为重要，至少在开始阶段是最重要的"。《建成环境的意义》一书"论述的正是语用学"。[45]

这里我们并不是深入探讨符号学对意义的研究的具体方法，而是帮助人们从符号学对科学诠释的意义结构的理解而展开。拉普卜特所关注的意义正是在诠释结构中诠释主体基于对城市文本的理解而在语用学关系上展开的。科学诠释的语用学强调科学诠释是一个涉及理论、事实及诠释者的三元关系，语用维度强调突出了诠释过程中的社会学和心理学因素，强调"表达功用"成为语用学的重要特征。

**2. 在语义学关系上**　城市（设计）文本与城市客体的意义结构是语义学关系，城市（设计）文本指谓的客体即城市。科学文本的语义学意义因其指向客观的自然客体因而在科学活动中变得非常重要。没有主体的创造文本是无法实现的，而文本的诠释亦需要主体的参与。因此，没有主体的介入，文本和客体不仅不能成为意义关系，其本身也是无意义的。客体成为文本的所指，即指主体在诠释文本时，有一种意象性去思考、理解和想象客体。诠释主体在创造科学文本的过程中是通过审美体验及科学理论对城市客体的文本化过程。诗歌、摄影、绘画等都是文本化形式的一种。人们对城市客体的解读绝大部分是通过城市文本进行的，即使是通过城市生活与经历去真实感受城市却仍然需要大量的文本化资料和史料去认知城市、感受城市，此时"真实的感受"在解读城市的过程中也转化为城市影像（意象）而对城市进行"文本化"的思考。城市（设计）文本形成了与城市客体的对象化结构，这样城市（设计）文本就建立了与城市客体的语义关系，即指称关系。此时，城市客体对于诠释者来说只是富有意义的形式，而诠释者是通过城市文本与城市客体产生了积极的认识关系。

**3. 在语形学关系上**　语形学（即句法学）是涉及符号与符号（如语词与语词）之间的形式关系。它是科学文本自身的句法结构，也是城市文本自身的内在结构问题。很多后现代的城市设计就运用"符号思维"的方法，即以符号间的关系和作用规律为目的，不涉及符号的意义层面。比如美国建筑师彼得·艾森曼[70]就习惯于从一套给定的形式概念出发运用句法学方法推导出符合特定句法逻辑的一系列可能形式。

城市客体通过文本的指称，成为诠释主体意欲领会和把握的对象。此时的城市客体是诠释主体有意谓的客体对象，是富有意义的形式。"富有意义的形式"[71]实际上就是我们今天讲的文本。一个雕塑，一幅绘画，一个建筑也都可以叫做富有意义的形式。更广一点的理解是，就是狄尔泰称之为"精神客观化物"。

### 4.1.3　城市设计诠释的循环结构

**1. 对诠释学循环的理解**　城市设计的诠释活动具有与诠释学相同的认知属性，这就是困扰传统方法论诠释学的诠释学循环。海德格尔提出的诠释学循环的问题也是科学诠释的基本特征和基本规律，在本体论上决定了科学诠释的本质和条件，在认识论上它是科学诠释的一条基本规律。只有了解诠释循环才能对人类的认知活动获得辩证的认识。

诠释学循环可简述如下：理解和解释必须先由部分开始，而要理解部分又必须首先理解整体。因为部分只有在整体中才能获得意义和理解的可能，而解释和理解又只能从部分开始。诠释学循环的概念不仅仅揭示了语义学诠释的整体与部分的关系，指出了诠释活动中理解与经验的关系，也指向了对人的活动来说更具普遍性的"部分与整体关系"。科学诠释的循环结构一般地是由三种相互渗透的循环关系构成：一是作为理解与意义发生基础的科学文化背景与置身于其中的诠释者及其"前理解"之间的整体与部分的关系；二是科学文化背景通过诠释者的"前理解"间接的对位于其中的作为部分的文本所发生理解的整体意义；三是文本内部的部分与整体关系[49]。

对科学诠释的探讨，应从理解与解释的本体论关系入手，也就是从诠释学循环入手，进入科学诠释的循环结构。对于城市设计而言，诠释学循环是从城市的诠释主体的整体"前理解"开始，形成对城市意义的产生和可理解性的整体。相对于被诠释的城市客体，诠释学循环是从诠释者的整体"前理解"开始，向作为客体的城市做出一系列理解的尝试和扩张。论文第一章的现实背景中所谈及的《西部风云》中的"理解客观性"也是指诠释学的循环结构这一问题。

诠释学循环具有进步形式，也可以说是进步结构（创新结构）。虽然诠释循环结构本质上属于主客体结构，但是只有从本体论层面才能揭示其积极意义。所以，"循环结构不仅仅是认识论上的问题，或者说，它是关系人的生存的存在论结构问题"[49]。科学诠释从"对自然的诠释"到"对人的诠释"的演进正是在诠释的循环结构中不断进步。从科学与人的关系来说，人不是为了获得理论而去诠释自然，而是为了理解而诠释自然，并在科学诠释中获得理论。人们进入这个循环，才能获得理解的可能性，并不断获得科学的认识。

**2. 诠释学循环与中国语境**　城市设计的诠释思维反映了诠释学循环的基本原则与态度。以诠释学循环的哲学知识研究我国近现代城市设计的发展历程与现阶段中国城市的特色研究具有很强的现实意义。在回顾我国近现代城市建设的实践以及我国老一代建筑师们不断探索的过程，我们可以逐渐明晰对诠释学循环结构的深刻理解与意义认识。

纵观百多年来中国近现代建筑的发展，中国近现代建筑发展的整体思路仍然是在中国语境下不断探索与创新的结果。这个探索过程可以理解为在中国的建筑语境（循环的整体）下，置身于其中的诠释者（建筑师）及其"前理解"之间的整体与部分的关系。这个循环关系是一个波浪式发展的过程。建筑师身处于中国的不同时代和文化背景，必然受到来自不同文化的冲突与影响。这个影响至少在改革开放前仍是一个积极的发展过程。在这个循环结构中，中国的民族建筑师以积极的态度进入这个循环，在探索中国城市、建筑的本土化道路上，取得了丰硕的成果。正如诠释学循环的哲学理论所指出的，诠释学循环是具有进步结构的，问题不是对这种循环产生困惑，而是应该积极的进入这个循环，才能获得理解的可能性，并不断获得科学的认识。对诠释学循环理论的理解也是笔者所主张的对面对全球化与多元化的态度。在中国的现代化进程中，外来文化的冲击在诠释的循环结构中是一个必然的因素。因为全球化和多元化的挑战并不是仅仅中国需要面对的问题。所以，在这个全球化与多元化的时代，我们就应该充分意识到诠释学循环的进步结构，积极的应对并参与其中。

**3. 诠释学循环与亨廷顿的诠释模式**　美国哈佛大学教授塞缪尔·亨廷顿的著作《文明的冲突》提出了现代化与西方化的一般模式。对西方和现代化塞缪尔·亨廷顿提出了三种回应：拒绝主义、基马尔主义和改良主义。亨廷顿用曲线关系说明这三种行动路线。拒绝主义可能停留在 A 点；基马尔主义可能沿着对角线移向 B 点；改良主义可能水平的移向 C 点。而非西方社会对西方的回应中存在着现代化和西方化的任何一般模式，在其程度上，它可能显示出沿着从 A 到 E 的曲线。原先，西方化和现代化密切相连，非西方社会吸收了西方文化相当多的因素，在走向现代化中取得可缓慢进展。然而，当现代化进度加快时，西方化的比率下降了，本土化得到复兴[74]（图 4-7）。

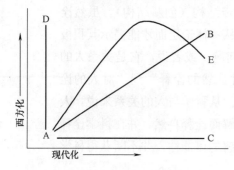

图 4-7　对待西方影响的不同回应[74]

在积极意义的循环结构中，亨廷顿关于西方化与本土化的博弈并不是非此即彼的负和博弈，它是一个科学的循环过程。中国近现代的建筑发展也反映了这一原则，在中国近现代历史上出现的杰出的建筑作品的例证也不胜枚举。

虽然如此，又如何解释现阶段中国城市建设所产生的问题与迷惑呢？笔者认为这是对应于作为诠释学循环的文化背景的整体和诠释者"前理解"的错误认识所造成的。在中国语境的循环体系中，现代主义在中国是缺失的，或者说中国并没有现代主义！而作为反现代主义的后现代，在中国更是无从谈起。早在现代主义产生的 19 世纪 20 年代，中国正接受着殖民者带来的"洋风"建筑。而中国第一批出国留学归来的建筑师始终只能承担一些"较小的、不太重要的工程"，并且这些学院派的建筑师后来逐渐形成了探索中国民族建筑形式的高潮。当欧美现代主义的发展作为一种"世界语"的时候，中国并没有产生"现代主义"的文化土壤。此后，在新中国成立的1949年到1979年的30年时间里，中国城市建设的外来文化中主要是受苏联模式的影响，这就更与现代主义失之交臂。而当改革开放之初，人们还未从十年浩劫对传统文化的破坏中清醒过来的时候，面对的却是所谓的"后现代"的纷至沓来。当人们求知若渴的接受外来文化的同时，却没有意识到孕育中国建筑文化发展的"中国语境"已经被破坏了，或者（在一些人的头脑中）荡然无存了。因而，在这样的循环结构中，所谓的现代与后现代的文化现象的出现，在中国也仅仅是"一种理解事件"，而并非文化本身创造过程。同时，又因为中国的诠释者与接受者的"偏见"与"误读"，必然导致那些简单拼贴的、流于形式的和品位低下的建筑作品的出现。而中国在追求"后现代"的文化浪潮的时候，却没有意识到"多元化"、"模糊性"、"不确定性"等等字眼已经使我们的城市特色消失、方向迷惘。并且，从文化发展的话语权来说，中国正处于全球化进程的文化价值领域的"中心—边缘"体系中的边缘地位，因此，中国保存自身文化特色并塑造强

图 4-8　品位低下的建筑形式[17]

势文化非常重要，只有这样才能在全球语境的循环结构中形成自觉意识，凸显中国本土语境的文化特色（图 4-8）。

## 4.2　城市设计诠释的逻辑结构

　　城市设计诠释的逻辑结构是城市设计作为人文科学研究的基本属性结构，是对城市设计学科理论内在规律的理性探索。人们通常认为：自然科学与人文、社会科学的诠释不具有统一性。但是，曹志平先生在其《理解与科学解释》一书中对人文、社会科学的诠释结构的界定阐述了他的观点。他认为："人类科学诠释的统一性，不是体现在某种单一形式的诠释类型，也不是说不同学科诠释的具体技术和概念框架是一样的，而是表现在人类科学诠释活动中不同形式诠释所具有的深层次的相互补充和同构和准同构的逻辑模式。"[49]人文、社会科学与自然科学的诠释模式之区别在于：首先，社会科学是社会化的人的主体活动的产物，具有人为性、异质性、不确定性和主客

相关等特征。但是所有的社会现象一旦形成，就表现出可客观化的品质，从而社会对象表现出人为性与客观性、异质性与同质性、不确定性与确定性的辩证统一。其次，人文、科学研究人的精神世界和观念领域，和社会现象相比，人的精神、文化、价值、观念等具有更强烈的主体性、个体性、多变性，但人的精神、观念对于研究者仍是一种客观存在，人文科学具有主体性与客体性、个体性与人类性、多变性与不变性辩证统一的特征。[49]目前的自然科学与人文、社会科学中，由于研究对象的不同，研究者实际运用的诠释形式是多样的，根据人文、社会科学的学科特质，其逻辑结构偏重于定律诠释、动机诠释、功能诠释等。

城市空间的符号系统具有多重层次的意义，空间与建筑对使用者所产生的非符码化的意识形态与整个社会文化与历史是相互关联的。因此，城市是可诠释的。可见，城市设计学科与人文、社会学科具有相同的诠释逻辑特征，体现在：城市设计的发展首先是由城市建设实践的问题引发了对城市设计理论的研究；在其研究倾向上，从城市设计概念上可以区分为偏重空间形体环境设计和偏重"人－环境"研究两类；"与城市规划相比，城市设计更注重于对空间和形体环境的艺术处理以及人们对它的感知"；[29]城市设计的研究范畴涉及城市形态的美学创造和审美知觉等问题；城市设计是基于城市美学为核心问题的综合性、边缘性学科。因此，城市设计的学科特性反映出了自然科学和人文、社会科学的学科双重属性，城市设计的诠释理论属于人文、社会科学的研究领域，其诠释的逻辑结构亦可分为定律诠释、动机诠释和功能诠释等三方面。

### 4.2.1 城市设计的定律诠释

"定律诠释"是指用经验定律对某种经验现象或事件描述的诠释。它要求与被诠释项构成诠释关系的诠释项中必须包含至少一个科学定律，或者说，它认为，如果一个语句 $S_1$，$S_2$……$S_n$ 不包括科学定律，那么，该语句就诠释不了任何事件。因此，定律诠释也常被称作"定律论诠释"。定律诠释要求诠释项是科学定律，并且被诠释项是诠释项的逻辑推论，诠释项以很高的概率得到被诠释项。

对自然科学的定律诠释比较简单的理解是：①当流体中的物体的密度小于流体本身的密度时，该物体就浮在流体中；②冰的密度小于水的密度；③所以冰浮在水中。由于可以从①和②中演绎出③，"为什么冰浮在水中"这一问题得到了诠释。这一例子中的"观察语句"都属于经验定律，定律诠释是由以经验定律为实质构成的诠释。定律确立变量之间的关系，它的一般形式为"如果 A，那么 B"。科学理论的定义之一就是对某一现象或行为适用的一组定律，但高层次的科学理论不止于定律，而包括对定律的解释。理论与定律有质的不同，定律在变量间建立起确定的或者概然的联系，理论解释为何会有这一联系。定律诠释是自然科学诠释的基本形式，正如石里克所说："对自然加以解释意味着用定律来描述自然"[75]。

和自然科学相比，人文、社会科学的逻辑过程和范式作用就不是那么一目了然了。"定律"的概念不论是在认识论上还是逻辑上都引起了歧义，这也引起了定律诠释适不适用于人文、社会科学的争论。人文、社会科学是否存在像自然科学定律那样的定律？曹志平先生认为，定律诠释虽然产生于自然现象诠释的实践和对自然科学诠释的反思，但它反映了人类诠释的根本保证，即它包含着蕴含了被诠释对象发生、发展原因的规律。人文、社会科学中应用的"功能诠释"、"动机诠释"等，虽然在诠释的具体技术和认识特征等方面与定律诠释不同，但它们与定律诠释并不矛盾，完备的、充分的"功能诠释"、"动机诠释"必须以定律为背景，以定律诠释为范例。定律诠释是人文、社会科学诠释的基本类型。

与人文、社会科学诠释的逻辑结构相同，城市设计诠释的逻辑结构大部分属于动机诠释与功能诠释两种（以下的讨论内容）。城市设计的定律诠释主要体现于科学主义的城市设计认知逻辑。从历史上看，哲学与自然科学的结合使理性、逻辑成为普遍的科学方法。国外城市规划的发展方向也越来越多的以数理分析为主，通过对人口、环境等方面进行考证和分析，得出大量的数理指标和统计数据。城市问题的复杂性与矛盾性使得城市规划师对数字指标的科学分析必须加强，因此，城市规划师一般更精通于对数字、图表进行分析、统计之类的抽象逻辑思维，而城市设计师则善于运用形象感性的思维研究物质空间的美学问题。此外，城市设计的定律诠释也反映在对城市、自然和社会基本认识的科学法则上，比如，对城市设计的规范、城市的法律法规、其他政策性、规定性文件以及城市发展客观规律的诠释上。

### 4.2.2 城市设计的动机诠释

"动机"是由某种需要所引起的有意识的或无意识的但可实现的行动倾向。它是目的的出发点，是人去行动以实现目的的内在动因。引起人的动机，可以是具体事物（如为了驱寒而取暖），也可以是事物的表象和概念，甚至是人的信念和道德理想等。因此，在人文科学和社会科学研究中，研究者对被诠释对象，如人的有意义的行为进行动机诠释是很平常的事情。

动机诠释在城市设计研究中的应用较为普遍，它是城市设计最主要的诠释结构之一。如行为动机理论在城市设计学科中也有着广泛的借鉴，诸如，美国行为科学家亚伯拉罕·马斯洛在《人类动机理论》中提出了著名的"需要层次理论"。马斯洛认为，人类有五种基本需要，即生理的需要、安全的需要、爱的需要、受到尊敬的需要和自我实现的需要。1966年美国心理学教授戴维·麦克利兰在《渴求成就》中提出了"成就需要与激励理论"。麦克利兰认为马斯洛的理论过分强调个人的自我意识、内省和内在价值，忽略来自社会的影响。他认为，人类的许多需求都不是生理性的，而是社会性的，不同时代、社会、不同文化背景的人有不同"自我实现"的标准；人的动机来自于三种社会性交往，即交往的需要、权力的需要和成就的需要。1961年，社会交换理论首创者之一，美国社会学家乔治·霍曼斯在《社会行为：它的基本形式》中提出五个一般性假设，以此作为诠释人类行为的基石。在此基础上总结为理性命题：在选择行动时，个人会选择他在当时所认识到的结果价值乘以得到结果的概率之积较大的行动。用公式表示为：$A = pv$。简单地说，行动是由成功和价值共同决定的。总之，这些行为动机理论的探索表明，城市公共空间建设主体的行为归根结底由主体的价值观决定的。也可以认为，城市空间意义的主体选择也是动机诠释的过程。

城市设计在环境行为方面的研究主要是通过对人的行为、目的、喜好、欲望、需求等方面作出诠释。动机诠释抓住人的行为和活动的根本特点，但在现实的行为中，引起人的行为的动机往往不是单一的，而是复杂和多元的，对人的行为意义的诠释也不能只考虑行为者的意向。为了诠释有着多种动机的活动，社会科学家往往需要寻求并求助于普遍定律，从而其诠释方式也表现出定律诠释的特征。例如，在哈尔滨历史与文化因素对市民在公共空间活动的环境行为研究中，研究者通过对公共空间中人们的各种活动实证的数据统计与分析（定律诠释的特征），试图通过历史与文化因素对人的环境行为方式的影响做出合理的诠释。其研究的方法可以说是通过一种实践的观点来理解、诠释人的行为，考虑人的意向、目的的研究，城市设计在环境行为方面的很多研究都属于这一项。但是，这种研究方法也颇受争议，这是因为诠释理论认为，对人的行动、活动或者其他结果的诠释，如果不指涉人的目的、信念、理想、意向等，这种诠释往往是不能令人满意的，是非历史的，是不完备的（图4-9）。

在众多的城市设计研究中，"诠释"往往都具有这种"不完备"的特点，所以人们也努力寻找可以合理说明诠释的动机模式来证明城市设计研究方法的科学性、有效性。例如，在人的行为分析中引入数学模型、城市空间研究中社会学研究方法的改进，或仅将城市设计视为纯粹技术手段的技术性研究等。但是，无论人们怎样试图证明其研究结果的客观性，城市设计始终无法摆脱人的存在因素，以及其所具有的人文、社会科学的诠释学特征，即任何

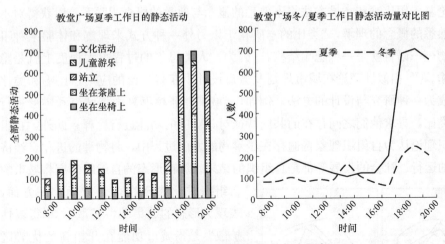

图 4-9　哈尔滨公共空间中人的行为研究

相对客观的研究方法都避免不了人主观的认识与解读。进而，作为人文、社会科学诠释结构之一的动机诠释在城市设计的方法论与认识论体系中找到了自己的位置。认识到了这一点，我们就能够明确城市设计研究行为的动机，及其所要研究的主要方向，并更加主动的、有目的性、科学性的进行城市空间的研究。因此，作为科学的城市设计研究方法，城市设计的"动机诠释"的研究过程、手段等都应该加以重视并深入研究。

### 4.2.3　城市设计的功能诠释

所谓"功能诠释"是通过指明被诠释对象在维持或实现它所属的系统的某些特征方面具有或履行的一个或多个功能（或功能失调），或者阐明它在导致某个目标中所起的作用对之进行诠释的诠释形式。在人文、社会科学和生物学、地理学等自然科学学科中，功能诠释常常被用于文化、经济学、人类事务、生物有机体等一类复杂功能系统内某种因素或部分过程的发生的诠释。如根据上海作为中国的金融中心、作为大都市、作为制造中心、作为港口等功能对上海及其发展进行诠释就是这样。一般地，城镇、区域、通讯系统、生物有机体（包括其器官）等复杂系统都可以根据它们的功能来诠释。

城市设计的功能诠释不同于动机诠释。功能诠释注重城市空间中作为主体的人，它主要是作为主体的人对城市客体进行的一种诠释方式。而城市对人来说具有物质功能，精神功能及使用功能，人们对城市的研究也就是充分挖掘其功能的价值尺度。在城市设计意义诠释的研究过程中，对城市客体的诠释方式基本上都属于功能诠释。例如，基于生物学的有机理论将城市看作是有机体，有机体的诠释模式将"新陈代谢、动态演化、有机整体"的概念引入，对城市的形态规模、人与自然的共生关系加以诠释；又如，相似性理论基于用比喻和类推方法将不熟悉的概念与熟悉的概念相联系，以获得对不熟悉的概念的理解，"类比的本质在于以另外一种方式来理解和体验某种事物……语言就是一种隐喻结构，（因为）人类思想的过程很大程度上就是隐喻。"[76]相似性理论在城市规划及城市设计中获得广泛的应用，比喻和类比成为一种研究与设计的方法。例如，《城市并非树形》中将城市和树形进行类比，寻求他们之间存在的共同特征对其对应的功能进行诠释；此外，自组织理论认为自组织现象普遍存在于事物的发展过程中，将物种的进化、经济的运行、社会的发展等都是自组织的结果。城市形态的自组织研究将城市的自组织进化表现在两个方面：一方面，表现为形态的"集聚性扩散"，"集聚性扩散"是指城市功能在开拓新的优势区位过程中的扩散后的重新集聚，结果是形成新的城镇或扩大城市区域。另一方面，表现为形态的"有机性更新"，是指城市形态的细胞和组织连续不断的、渐进的、遵循既有城市肌理及进化规律的演化过程（图4-10）。

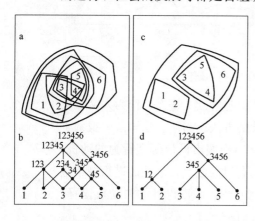

图 4-10　亚历山大的网络结构[29]

结合以上三个例证我们可以看出，这些城市设计的研究方法都是将不同的理论概念与城市的相应机能进行类似性研究，进而对城市客体自身进行功能的诠释。这种城市设计的诠释方式显然不同于自然科学研究的定律诠释。因为定律诠释是科学的、因果的、必然的；而功能诠释则反映出其理论概念与城市之间的诠释关系只是或然的、可能的，而不是必然的、唯一的。可以认为，城市设计的功能诠释也是城市设计诠释的逻辑结构的基本方式之一，功能诠释体现了人文、社会学科领域研究城市设计的逻辑必然性及科学有效性。

## 4.3　城市设计诠释的审美结构

城市设计诠释的审美结构是在城市进行审美活动的基础上形成的城市设计诠释思维结构。根据城市主体的认知深度不同，审美结构可分为城市形态化的表层审美结构、城市文本化的中层审美结构和城市表现化的深层审美结构等三个层次。

### 4.3.1　城市形态化的表层审美结构

城市的形态化是人们认知城市最表层的审美结构。因为，城市的物质形态被认为是城市物质、文化、社会因素的外显形态。物质因素是相对表层、外在的，是城市最基本的空间元素的组合。此外，从城市设计的发生阶段来考察，城市设计并不是一种独创性的设计，而是一种延续性的设计。这里的独创性概念是指完全不同的、全新的设计形式，比如工业设计可以创造一个全新的、革命性的产品（如蒸汽机的发明）来改变人的生活方式；而城市设计则必须考虑城市现有的结构、文化、背景等，从城市文脉的角度来分析，也就是合情合理地理解、理顺整个城市整体的上下文关系。当然，独创性和原创性是两个概念，城市设计的延续性仍应强调设计的原创性，也强调其创作的独特性、创新性。在这种上下文关系中，对城市的审美体验往往是城市设计创作的初始阶段，审美体验也成为城市形态化的表层审美结构基本的审美方式（图4-11）。

图 4-11　北京城的城市形态[17]

城市形态化的表层审美结构提出了人们认知城市基本的认识论问题，或者说是如何对城市审美的态度问题。审美——也是诠释者对"意谓的客体"的一种实践形式。在城市设计的方法体系中，如何从美学的高度，以审美的方式研究城市形态的生成、延续、嬗变，寻求城市本质、本原、本体的回归，以及对城市意义的理解、解读、诠释等这一系列问题是城市空间诠释美学所要关注并解决的基本问题。

当然，对城市形态化的表层审美结构的研究要深入城市的深层结构中，包括物质的、精神的、社会层面的深层结构。其研究方面主要有：一方面是城市规划的研究。从城市规划的角度对城市形态的研究焦点在于社会发展与城市空间格局的关系问题。城市规划注重社会经济、技术进步、政治变迁等因素对城市空间结构的影响，包括城市用地结构、功能格局、空间演替等。另一方面是从社会文化的角度进行分析。这一方面成为城市设计的研究热点，城市设计力求从社会文化的角度去讨论一种新的城市发展范型（Paradigm）[42]。两者相比，城市设计的形态概念比较具象，它涉及的是作为城市文化表象的实体与内空的意义结构，偏重于建筑学领域的空间分析；城市规划的形态概念则相对抽象，它更是对城市结构（政治结构、经济结构、社会结构）的抽象化、意识形态化的表达，偏重于宏观领域的空间分析。当然，在实际的研究中，两种视角多有交叉，互为影响，彼此补充，共同呈现于城市的外显形态。因此，这两个方面的研究由于侧重点的不同而形成了对城市形态的不同角度的理解和不同的诠释结果。

### 4.3.2　城市文本化的中层审美结构

城市文本化是城市设计诠释的审美结构的第二个层面。城市文本化反映的是精神层面城市所体现的东西，它反映在城市文本之中。城市文本包括城市客体的似文本和城市（规划）设计文本两个概念（在第七章中详细探讨），它们在城市设计的不同指称、不同阶段对城市客体产生作用，是城市的诠释主体与城市客体的中介形式。在城市文本化的过程中，城市的意义在不断的深化中被拓展，人们理解城市的途径往往是从城市文本中获取知识，城市（规划）设计文本以理解和诠释等方式形成其基本的审美形态。城市（规划）设计文本的作用在于塑造城市意义的深层形象，开拓主体对城市体验的心理

图 4-12　虚拟城市

空间，以实现主体对城市的通过想象和联想在头脑中唤起的一系列具体可感的城市形象所构成的艺术形式。因此，中层的审美结构主要是通过文本所呈现的感觉、联想、移情、认同、控制等形式作用于城市，是在人心理上构成一种貌似真实而实则虚幻的城市形象，所以我们称之为城市文本化的中层审美结构（图 4-12）。

城市文本化的中层审美结构是城市设计诠释美学的最显著特征。首先，城市设计文本构成了从诠释主体到城市客体的中介，具有对诠释主体的表达功用和对城市客体的指称功用；其次，文本化的审美形态是城市设计区别于建筑设计的本质区别。城市设计文本的诠释过程与建筑设计的创作过程是彼此对应的前后相继的两个阶段，城市设计的成果形式是城市设计的导则与图则，而建筑设计的成果形式是空间作品的真实体验；最后，文本化形式是从对城市的审美体验过程形成的、未经加工的设计文本，它是城市设计师初始性的创作结果。而文本只有经过读者的阅读与欣赏才能成为名副其实的作品。城市设计文本必然经历一个全新的、再诠释的创作活动，走向一种深层意义建构的表现化结构，即城市表现化的深层审美结构。

此外，城市的文本化也是城市设计诠释方法及其诠释过程的具体体现，在本文第七章城市设计表意过程的文本诠释中将对城市设计文本进行深入分析与方法体系的建构。

### 4.3.3　城市表现化的深层审美结构

城市的表现化属于城市设计的深层审美结构。在美学关系上的城市设计原则只是在城市精神层面的设计体现，属于中层的审美结构。然而，城市之美绝不是仅仅满足人们精神需求的城市文化和设计理念的超然性，城市更是社会生活的容器，是表现城市真实存在的"诗意的栖居"。因此，反映城市真实状态的审美形式必然是具有深层审美的表现化结构。

所谓表现化是指城市设计的意蕴层面，即蕴含在形象的指向性和包容性中的历史态度和社会倾向。也就是说，在城市设计的操作阶段，城市设计的诠释主体很难以一种超然审美的态度去面对城市社会的复杂问题。因此，我们需要研究更为深层的、反映空间复杂性与真实性的思维与方法。这一问题的出现也使得城市设计在相关交叉学科和政策实施层面的研究方向成为很多学者关注的热点。

城市的表现化体现在城市设计的诠释主体在创作阶段对城市存在的真实把握。城市不仅仅是物质的、精神的，更是社会的。社会性的城市总是充满欲望、功利的目的和实用的追求，如果完全没有这些，那么城市也就无需存在了。对城市设计来说，关键问题在于如何通过设计使得城市的日常生活审美化，就是将城市这种狂野的甚至是疯狂的欲望、功利跟实用需求沉静化、深度化。正如海德格尔所言，"空间是生存性的"，"空间不是外在的实体，也不是内在的经验，不能把人除外后还有空间。"空间是社会生活属性的所在——生存空间（图 4-13）。

图 4-13　欲望都市[17]

此外，城市设计的表现功能和认知功能一样，都需要主体的创造性诠释过程。由于本文只限于在城市审美与创作阶段的诠释理论研究，并不涉及城市设计实施管理与政策研究层面，因此，城市表现化的深层审美结构涉及的主要内容可包括：①揭示城市空间存在的本质属性；②探讨城市设计诠释主体的创作特性；③探讨城市设计主体诠释可能的诠释方法等几方面。在城市设计创作实践的主体诠释中，本文试图通过对以上内容的研究来反映城市表现化的主体创作过程，并通过主体的再诠释活动创作出能被社会所接纳的、具有生命力的城市设计作品。本文将在论文第八章进行此方面的深入研究。

## 4.4 本章小结

城市设计的诠释结构从认识论结构、逻辑结构和审美结构三方面进行研究，分别基于认识论、本体论和主体论三个角度探讨城市设计诠释理论所具有的内在结构。

（1）城市设计的认识论结构包括：主客体结构、意义结构、循环结构。主客体结构是基本的认识论结构，包括主体、客体的诠释构成及其诠释方式，它是诠释的主体、科学文本、诠释客体在诠释活动中形成的诠释性关联的反思；意义结构反映了诠释理论自身的表征关系，它是诠释理论的核心问题，城市设计的思维与方法体系的建构也将围绕其意义结构展开。意义结构包括语形学、语义学和语用学三种结构关系；诠释学的循环结构构建认识论结构的认识语境，人们只有进入这个循环，才能获得理解的可能性，并不断获得科学的认识。

（2）城市设计的定律诠释、动机诠释和功能诠释分别是对城市的本体、客体—主体、主体—客体的诠释过程所呈现的逻辑结构。城市设计诠释的逻辑结构的研究反映了作为人文、社会学科视域中城市设计的基本诠释关系，是对人文主义与美学主义城市设计研究方法的科学性、有效性和合理性的本体论研究。文中指出，城市设计的定律诠释、动机诠释和功能诠释都是城市设计重要的诠释方式，是城市设计诠释的基本构成结构。这样的本体论认识为城市设计诠释方法体系的研究提供了理论依据。

（3）城市设计诠释的审美结构包括从城市形态化的表层审美结构、城市文本化的中层审美结构到城市表现化的深层审美结构。这是从主体审美的角度，体现了城市设计从物质的、精神和文化的、社会的三个层面的审美结构，是人的基本认知方式的深化过程。审美结构所反映的城市设计的诠释过程也是城市设计诠释方法体系所要研究的重点内容。

# 第5章 城市设计的诠释维度

　　人类思维有形象——情境思维、行为——对象思维、词语——逻辑思维三个基本形式。形象——情境思维，是人类发生史上最早的思维形式，它主要是凭借事物的感性具体形象、情境及其在主观世界形成的意境、意象，在心理学而非认识论的意义上进行思维活动。行为——对象思维，主要是凭借人的动作、工具、对象性事物以及这些因素的模型，并一定程度地借助形象——情境因素、进行具有实践倾向的思维。词语——逻辑思维，是理性思维的基本形式，它主要以概念、范畴、理性观念等方面的指谓语言和判断、推理等逻辑格式中的运动，去进行思维和表达。

——胡潇《意识的起源与结构》

　　人类思维有形象——情境思维、行为——对象思维、词语——逻辑思维三个基本形式[77]。城市设计诠释思维的建构过程也体现了这三种思维的特征和关系。此前，在第三章中我们探讨了城市设计的诠释情境，进入了形象——情境思维的思维模式，形成了对于学科交叉的形象思维；在第四章中再从行为——对象思维，即对诠释的结构性进行了认识，降低了思维的直观性，提高了它的抽象性和逻辑性的理性品质；在本章中我们将深入探讨城市设计诠释理论的词语——逻辑思维，以形成城市设计诠释思维的维度认知。

　　维度的认知进入到了逻辑思维的深层结构之中。本章将从空间维度、意义维度和类型维度展开诠释思维的理论研究，这些维度的研究分别是从城市设计的本体论（空间）、认识论（意义）和方法论（类型）等三个层面全方位的了解城市设计诠释思维的理性品质。

## 5.1 城市设计诠释的空间维度

　　情境思维属于一种认识性思维，感觉性居于其主导地位。从对象性思维过渡到逻辑思维的阶段，人类思维就开始进入了一种逻辑的理性品质。作为认知的起点，我们首先从城市设计的"空间"及"空间性"（对象性）出发，切入城市设计诠释思维的研究体系之中。城市设计的研究对象是城市空间，因而我们需要了解城市空间的本体性特征，即了解对城市设计的空间性在诠释思维的维度认知上是如何界定的。以下的研究让我们思考这样的问题，我们生活的城市空间是什么？我们用何种方式进入并理解这个空间？对于这个被诠释的空间，我们用怎样的思维并运用我们所熟悉的知识来解读、实践这个空间？

对于"空间"的重视与研究，这是后现代风潮的主要特征与贡献之一。原本就归属于空间学科的建筑学、城市设计和地理学，对于后现代理论之空间意涵的探讨也格外丰富，其中又以人文地理学的发展最有启发性，使得后现代论辩与人文地理学都提升了理论的深度。美国当代著名后现代地理学家爱德华·索亚（Edward W. Soja）对第三空间理论的研究，以及空间生产理论的提出者亨利·列斐伏尔的空间理论研究为我们认知城市空间提供了很好的哲学思考。

索亚的第三空间理论认为，长期以来，反思性思想及哲学都注重二元关系。例如，干与湿，大与小，有限与无限，这是古希腊贤哲的分类。然而，列斐伏尔在其《空间的生产》中"不只是一味地接受二元化的问题，他对空间的认识彻底开放，不断积累新知"。他在对城市的空间性（Spatiality）与社会性（Sociality）、历史性（Historicality）进行研究而发表的多篇著作中提出，西方确定的哲学范型的概念：主体—客体，开放—封闭，能指—所指，中心—边缘等二元项之外，终究有必要引入第三项……这个第三项就是他者——所谓他者，即第三化的问题，这是我们理解空间的先决条件……通过对第三化问题的认识，索亚将第三空间理论的三个空间概念界定为：

第一空间——空间实践（感知的空间）（Perceived Space）；

第二空间——空间的再现（构想的空间）（Conceived Space）；

第三空间——再现的空间（实际的空间）（Representational Spaces）。

下面我们将通过人文地理学对空间的启发性研究，深入认识第三空间理论，探讨三个空间的诠释维度及其对城市设计空间性内涵的理解。

### 5.1.1 第一空间的客观诠释

第一空间是我们所熟知的长期以来居于主流支配的空间思维和分析，是城市设计师所习惯的空间思考方法。索亚指出，第一空间认识论偏重于客观性和物质性，力求建立关于空间的形式科学。它是人与自然的关系，发展与环境的地理学，因此作为一种经验文本在两个层面上被人阅读：一是空间分析的原始方法，直接就对象的表象进行集中的、准确的描绘；另一个则主要在外在的社会、心理和生物物理过程中来寻求空间的解释。

第一空间的共同特征是通过原始的空间分析或社会、心理和生物物理过程中找到空间物质形式的根源来分析城市空间。它是科学家、城市设计师、城市社会学家、人文地理学家的空间，是我们可以感知的现实空间。从城市地理学领域到城市设计的研究，空间分析可以归纳为数量计算、形态识别、行与列变化的关联模型以及它们的"区域"结构等，这些空间分析的方法为实证论的"空间科学"提供了理论基础。实证主义认识论的空间研究在其他学科更加科学的研究手段中、在城市空间的研究中形式不一地支配着主流的空间思维和分析。如图所表现的是等用地面积和建筑面积塔式楼与围合式楼的形式比较，以及数学图形关系与格网地块的建筑布局手法分析（图5-1）。

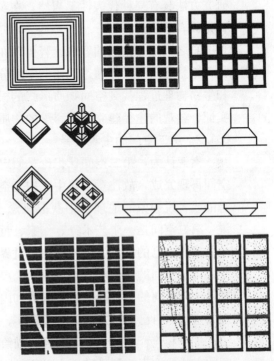

图 5-1　寻找结构秩序与格网关系的思维方式[78]

在第一空间的分析中，人们也对空间形式的历史性和社会性进行探索，虽然人的空间性仍然主要通过其物质形态并在物质形态中来界定，但空间研究已经从表面描绘转向对其社会成因进行探索。比如，有着丰富传统的历史地理学已经把理性理解和诠释的根基从实证科学转向了历史想象和历史叙述的方式上来。第一空间的社会生产被看作是历史的展开，是不断变化着的地理的演化序列，是人与其建筑物包括自然环境的能动关系的产物。一些研究领域，如行为性的和批判性的人文地理——通常受到 20 世纪各种形式结构主义的重大影响——试图在个体和集体的心理中，或更直接地在社会进程和实践（他们认为，这是物质空间性生产的结构基础）中寻求理解第一空间社会生产的出发点。例如，具有人文色彩的文化地理学家借鉴吸收现象学和诠释学的知识，试图在文化信仰的特征和人性的自由表现中找到空间物质形式的根源。

对第一空间的认识直接影响我们对空间分析所要采取的途径问题。第一空间的这种基于相对客观的、实证主义的观点至今仍然影响着我们的设计方式。例如，同济大学研究者在研究上海南京东路消费者空间选择的行为研究中，研究者通过问卷调查收集数据，建立离散选择模型来揭示商业空间中消费者的空间行为规律，以使我们对商业空间的规划设计具有较好的前瞻力。研究中将吸引力要素和空间要素设为自变量，并假设总效用是各因素产生的分效用之和来计算消费者的效用构成。该研究通过引用国外较成熟的数学模型对上海南京东路上的人的空间行为进行模型建构，对数据进行拟合与分析，试图建立具有客观标准的"空间科学"的评价模式。这种客观、实证的研究方法具有某种代表性。当然，在实际的情况中模型建构的有效性问题一直是具有争议的。

总之，第一空间的客观诠释体现在：这种实证论的科学主义认知方式使得无论是形式科学的通过原始的空间分析的研究方法，还是通过社会、心理和生物物理过程找到空间物质形式的根源来分析城市空间的方法，都是通过实证、客观的途径建立空间科学的物质属性。

### 5.1.2 第二空间的主观诠释

索亚认为，第二空间认识论是假定知识的生产，主要是通过话语建构的空间再现完成，故注意力集中在构想空间而非感知空间。第二空间形式从构想的或者说想象的地理学中获取概念，进而将观念投射向经验世界。可以说，第二空间是一个艺术家、作家、哲学家以叙事的手法表现的一个空间，他们按照自己的主观想象的形象把世界用图像和文字表现出来。

第二空间的认识至少也分为两个层面，一个是内倾的和内因的，另一个则是比较外向的和外因的。内倾的和内因的掌握第二空间认识的方式是以构想的空间以自己的方式描绘城市现实，对物质和社会世界来说，精神上的描绘、生产和诠释要优于准确的经验描绘；比较高级的、外因性的把握第二空间的方式要么直接源于唯心主义哲学（比如黑格尔主义），要么源于对认识论的理想化。相信这种认识论能够出色而周到的再现现实。

在空间对抗中，第二空间认识论试图对占据主流的第一空间分析的过分封闭与强制的客观性进行反驳，他们用艺术家对抗科学家或工程师，唯心主义对抗唯物主义，主观诠释对抗客观诠释。

第二空间的主观诠释强调空间知识的生产主要是通过话语构建式的空间再现、通过精神性的空间活动来完成的。这种主观主义把空间知识缩减为一种关于话语的话语，它富有潜在的洞察力，同时又充满虚幻的假定，认为想象的、表现的就是对社会空间现实的解说。第二空间是观念性的，这并不是说第二空间不存在物质现实，不存在第一空间，而是说物质现实的知识本质上要通过思维，准确地说是"思维的事物"，去获得理解。由于赋予了精神如此权力，诠释就成为更为反思的、主体的、内省的、哲学的、个性化的活动。

从第一空间到第二空间，我们所关注的是：第一，物理的，自然，宇宙；第二，精神的，也包括逻辑抽象与形式抽象。易言之，我们关心的是逻辑—认识论的空间，社会实践的空间，感觉现象所占有的空间，包括想象的产物，如规划与设计、象征、乌托邦等。事实上，我们正是以这样的空间认知方式进行空间研究的，例如，乌托邦式的城市学家通过实践先进思想、良好意愿和进步的社会知识来寻求社会、空间公正；有哲学头脑的地理学家凭借科学知识对世界进行沉思；空间符号学家将第二空间重建为"符号"空间，认为这是一个可以进行理性诠释的意义世界；造型理论家通过一些抽象的精神概念来捕捉空间形式的意义（图 5-2）。

图 5-2　介于放射状城市和某种幻象之间的
修行—城市[79]

与此同时，关于第一空间和第二空间，在认识论的边界上呈现出模糊性，诸如实证主义、结构主义、后结构主义以及存在主义、现象学、诠释学等思想和方法的融合，促使第一空间分析家更多地求诸观念。反之，第二空间的分析家们，也非常乐于徜徉在具体的物质空间形式之间[65]。

### 5.1.3　第三空间的辩证诠释

第三空间的空间属性是社会的，这样我们从物理的感知空间、精神的构想空间走向了社会的实际空间。列斐伏尔将（客观的）物理空间和（主观的）精神空间融合为社会空间，这正是列斐伏尔第三空间概念要赋予社会空间的多重含义，它是一个区别于其他空间（物理的、精神的）的空间，又是所有空间的混合物。列斐伏尔认为，一切形式的简单化论，都源于二元论的诱惑，后者将意义缩减成两个术语、概念和要素之间封闭的、非此即彼的对立。列斐伏尔努力打破他们，使其呈现为开放的姿态。爱德华·索亚（Edward Soja）发展的第三空间认识论也是对第一空间、第二空间认识论的肯定性解构和启发性重构，第三空间正是他所指出的他者化——第三化的例证。索亚强调在第三空间里，一切都汇聚在一起：主体性与客体性、抽象与具象、真实与想象、可知与不可知、重复与差异、精神与肉体、意识与无意识、学科与跨学科等。无论第三空间本身还是第三空间认识论，都将永远保持开放的姿态。例如，索亚在探讨第三空间的意义时，以洛杉矶（L. A.）为例，说明洛杉矶如何，可能，为何提供了作为第三空间的基础与现象，并论述惟有增加对于女性，移民等不同族群的开放性（社会的），才能落实第三空间真正的意义。

在索亚对列斐伏尔的解读里，大部分有关空间性的讨论局限于以下几个领域之一：①"空间实践"（Spatial Practice），索亚称为"第一空间"的客观性和物体特性的空间，包括了空间性的生产与再生产，以及作为每个社会形构之特征的特殊区位和空间组合；②"空间的再现"（Representation of Space），索亚称为"第二空间"，它是表意作用和主观特性的空间，指涉对空间的感知与呈现、制图、视觉再现等；③"再现的空间"（Representational Spaces），第三空间的再现兼有政治和文化的意涵，指涉有关空间的想象、空间诗学、欲望之空间等。"第三空间"是具有颠覆、激进，甚至是革命性的潜力。[80]

第三空间理论凸现了一个重要的问题，空间不仅仅是形式的、文本化的、更是开放性的。人类思考空间的每一种方式，人类的每一个空间性"领域"——物质的，精神的，社会的——都要同时被看作是真实和想象的、具体和抽象的、实在的和隐喻的。只要每一种空间思维都保持"真实和想象"的同时性及重新组合的开放姿态，那么就没有哪一种思维形式具有天生的优先权和"优势"。

在本文即将进行的以空间"替代物"解构城市设计文本来分析城市空间的研究中，就是受到了第三空间理论的启发，以"描述性"与"表现性"的城市设计文本形式来表现城市空间的物理、精神与社会的等不同层次的需求。这样，通过不同的文本表现形式就更有利于城市设计师表达与发掘具有美学价值的空间意义，并能够帮助我们理解三个空间的不同诠释思维方式。

### 5.1.4　城市设计的空间维思考

**1. 空间化**　空间理论研究是现代城市设计研究的重要组成部分。第二次世界大战后逐渐成熟起来的城市地理学对空间问题的研究和城市社会学的研究相交汇，使我们对传统的空间对象产生了新的认识，即城市"是空间向度的社会化和社会关系的空间化。"[81]第三空间理论指出，非语言的表意系列应该包括音乐、绘画、雕刻、建筑，当然还有戏剧，后者在文本和脚本外还包括动作、脸谱、服装、舞台、布景道具——简而言之，空间。非语言系列的特性就在于空间性，它实际上是不可缩减为精神领域的。[65]亨利·列斐伏尔认为，不管选择何种诠释途径，空间化都是对付理论僵化及简化论思想的一种行之有效的方法。"空间生产就是空间被开发、设计、使用和改造的全过程。空间的形成不是设计师个人创造的结果，而是社会生产的一部分，受到某些社会驱动力的控制"[82]。

城市设计的过程即是空间化的过程。空间化的问题认知让我们产生思考，在历史主义态度中是否应该转变思路：放弃将"一味历史化"作为"所有辩证思维唯一的超历史任务"，进而转向另一个视角：在对社会性历史化的同时，总也对它空间化。[65]这种空间化思考导致了不同历史观的城市设计态度：其一是，历史保护主义的，通过恢复和保留空间的历史来恢复我们自身，正如凯文·林奇所说的"选择一段过去是为了帮助我们建构一个未来"，空间的历史化是把已形成的城市地理历史化保存下来，这主要是空间还原主义问题，包括对历史建筑的修复与保护。通过保留城市的历史我们得以恢复历史的记忆，这是我们得以延续的重要前提。其二则首先提出一个疑问，我们可以通过重新设计来改造环境，我们就一定会重新解释过去并以严谨的态度对待过去吗？相对于第一个观点，是将已形成的地理学历史化保留下来，而第二个观点，则是使历史及编史过程空间化，空间化的过程就是在"特定的时间和地点展开的过去了的事件"，类似于后现代城市的争论，"在对社会性历史化的同时，将其空间化"。如果认同这样的问题，我们会认真思考在历史的空间化过程中，我们应该采取何

图 5-3　空间的历史化　威尼斯[17]

种态度以保证续写历史（我们的实践活动也可以认为是编史的过程）的过程中的正确性。在历史的空间化中我们必须留有这样一种态度，我们的设计活动可以要关照过去，也必须要联系未来。历史的空间化可能通过多种思路来解决，包括象征的、隐喻的、拓扑的、建构的、解构的等等（图5-3，图5-4）。

**2. 产品—过程的转变**　空间生产理论打破了传统的空间性认识。它包括两方面的转变，第一，从"产品研究"到"过程研究"的转变。它将空间从一种终极产品的设计转变成对"空间生产过程"的研

图 5-4　历史的空间化　哈尔滨

究，如果我们承认空间是一种产品，我们自然就希望诠释这一产品的生产过程；第二，从"过程研究"到"过程驱力研究"的转变。[83]空间生产驱动力的变化必然引起空间形态的变化，这是城市自然发展的过程。然而人为规划的介入曾一度改变了这个生产关系，城市设计师似乎成了空间生产的驱动力，因为他们有能力改变空间形态。然而，空间生产理论认为"空间实践"则是"空间生产"的驱动力，列斐伏尔指出，"空间实践是发生在某一个特定社会，参与生产属于这个社会的空间的实践活动。"[82]人们的日常生活实践作为空间实践的形式之一，成为控制空间生产的重要力量。因此，空间生产的过程驱动力的主体应为"日常平凡市民的生活体验"。

我们所熟悉的城市设计产品—过程理论，也是基于这一空间生产知识思想的转变而产生的。传统城市设计成果以"产品"为主要特征形态，其渊源来自于"自上而下"的集权制度，来自于城市设计所继承的艺术设计传统。在城市设计初期所遇到的城市问题相对简单，为设计师对纯艺术的追求提供了宽松的环境，因此具有"产品设计"特征的城市设计思维模式通常比较理想化，强调终极的完整形态，例如巴西利亚的首都规划就是这样的一个典型例证，只有凭借强大的政治力量也能够完成建设。第二，对现实问题考虑不够全面，即使解决了某一突出矛盾，但在其他问题上采取消极态度。

城市设计学科在传统城市设计产品论的基础上发展为强调"过程"的现代城市设计。"过程"特征集中表现为——非终极的可变性，主要通过设计导则来引导和控制物质空间环境的建设，运用政策与法律手段来保障城市设计的实施。"过程"特征的城市设计在实施过程中具有灵活的机制，导控的成果借助于具有法律效力的导则与图则来实现，导则与图则规定开发建设的基本标准和基本问题。"过程"特征的城市设计创造出一种宽松的政策环境，为下一步的建筑设计或环境设计预留出创作的空间。

产品—过程论从城市设计的成果与设计过程导控性提出的设计思维方法，是长期以来城市设计学科发展从终极蓝图式到弹性控制式的思维方式转变的集中体现（图5-5，图5-6）。

**3. 三元辩证的设计思维**　当人们逐渐认识到城市空间的复杂性（如索亚所说空间性、社会性、历史性的

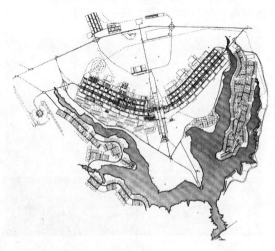

图5-5　巴西利亚规划[84]

图 5-6　城市是产品？还是过程？[17]

统一）的时候，对城市空间单纯的物理性分析或空间单一的美学分析思维就显得力不从心了。第三空间的辩证思维打破了传统的二元对立的思维模式，从而展现了一种全新的城市设计的思维方式。

三元辩证这个词由美国地理学家索亚提出，指"一种辩证推理的模式，比起黑格尔或马克思传统上由时间界定的辩证法，更具固有的空间特性"。据此，"三元辩证"有赖于传统辩证法的超越性：它辨认出三种元素（而非两种），每一种都蕴含其他元素。索亚的意图在于坚持任何三元辩证里，"第三项"的重要性，以便"防止任何形式的二元化约论或整体化"。

索亚在《第三空间》（*Thirdspace*）里的目标可以这样描述："这本书是要鼓励你用不同的方式思考空间，并且思考构成人类生活固有之空间性（Spatiality）的那些概念，例如地方、区位（Location）、地域性（Locality）、地景、环境、家园、城市、区域、领域和地理等的意义和意蕴。为了鼓励你有不同的想法，我不会要你抛弃原来熟悉的思考空间和空间性的方式，而是请你用新的角度质疑它们，以便开启和扩张你已经建立的空间或地理想象的范围，以及批判的敏感度"（图 5-7）。

图 5-7　第三空间的多重意义[65]

在我们所从事的城市设计学科关于空间的研究中，要么是描述性的——这些描述既不具有分析意义，更不具有理论意义；要么就是截面研究，这种截面研究更多是关于设计层面建筑与环境关系的处理，或将空间肢解的支离破碎或产生一些毫无意义的空间话语。这些描述性的或截面研究的片面性导致了它们都无法产生真实的"空间的知识"，而没有这些"知识"我们就注定要将大部分本属于社会空间的一些属性和特征转移到话语层面上来，转移到语言的本身层面上来，即精神空间层面上来。更进一步说，在城市设计的某些固有思维中，我们把在文本中形成的符码运用到城市空间中，我们仍停留在纯粹的描述层面上，社会的真实属性难以反映在文本的符码之中。任何试图用这种符码去译解社会空间的做法必然会将空间本身降格为一个"信息"，将其"栖居性"降格为一种"读物"。因此，索亚提出的第三空间的理论将帮助我们建立了一种新的城市空间思维方式，如何去思考、表现一种实际的城市空间。

三元辩证的设计思维是城市设计空间的复杂性思维的具体体现。区别于传统的思维模式，我们所面对的城市设计的空间研究已经不单纯是对空间某个截面的研究。并且，对城市空间复杂性的认识也促使城市设计师不断探索城市设计与其他复杂性学科交叉研究的可能性，诸如与非线性科学的混沌理论、模糊理论、复杂性理论、自组织理论等学科的交叉。可以说，现代城市设计是社会、经济、技术、文化等多方面因素的综合，它允许新旧冲突、传统与现代对抗等矛盾性因素同时存在。现代城市设计不应是乌托邦式的幻想，也不应是怀旧的传统模式的重复。用一个单一、具体的模式来适应复杂的城市系统是片面且不切实际的。因此，城市设计的空间研究是综合了物理的、精神和文化的、社会的三个层面辩证的思考空间的存在性问题。在这种思想的引导下，城市设计师正努力探寻可以反映城市物质形态的，符合人的精神文化需求的，反映社会现实的综合的城市设计思维与方法，挖掘城市内涵的意义，创作具有生命力的城市设计作品。

## 5.2 城市设计诠释的意义维度

此前，在第四章的意义结构的研究中，我们了解了意义的语形、语义、语用的不同结构形式。本节我们将结合意义结构的这种表征关系来指涉城市设计实践过程中形成的诠释思维的意义维度，即形成对城市设计语形思维、语义思维和语用思维等思维范式的认识。

在城市设计诠释思维的意义维度的认识中，范·弗拉森指出，诠释不仅仅是逻辑和意义的事情，不仅仅是句法学（语形学）和语义学的事情，它更多的是一种语用学（Pragmatics）的事务，是人们在语言实践环境中根据心理意象使用语言的问题；仅仅在事实陈述之间寻求独立于人类语境的客观逻辑关系，并仅仅以这样的逻辑关系来对事物进行诠释不具实际的诠释效用[33]。曹志平先生在其著作《论解释学视野中的科学文本》中也认为，将保罗·利科的文本条件运用于科学的基本文本，即形式系统和科学事实就可以发掘科学文本的诠释学意义。这样，我们可以站在诠释学的角度发现科学文本与科学对象以意义相联系：科学对象是科学文本意义的基础，科学文本以建构在语用分析的行为整体性基础上的意义结构形式来表征科学对象[49]。因此可以认为，意义是语用在特定语境中的生成结果。

　　城市设计的实践历程反映了意义结构的特定关系。因为，人们对城市的认识与实践过程同时也是对城市意义诠释的认识过程。从现代主义城市设计到后现代城市设计的实践过程中，人们认识到：城市作为特定人群的聚居形态记忆着场所、领域感与文化地理学特征，任何以单纯的语形思维、语义思维进行意义分析都是片面的；现代城市设计的思维方式必然深入到语用的维度，形成一种综合而全面的城市设计思维方式。

### 5.2.1　语形思维的城市设计

　　斯克鲁登认为，建筑学有时候类似于语言。作为语言，必然有两种不同的语言特性——语法和意向。以此理解，我们借用语言学的语形、语义、语用关系的概念表征城市设计，那么传统思维的城市设计则可称之为语形思维的城市设计观。

　　语形思维的城市设计观有着丰富的实践过程，具有代表性的就是功能主义和机器美学时代的现代主义城市设计。早在现代主义时期，受功能主义、结构主义影响，勒·柯布西邢和格罗皮乌斯都试图创造一种建立在图像符号之上的"世界语"，建立一种超文化的纯粹主义。我们称之为机器美学时代的城市设计——一种类似解决语法自身结构问题的城市意义表达方式。现代主义建筑思潮的发展造成了城市特色的丧失，城市意义的失语。在城市规划方面，随着内燃机的发明和完善，汽车逐渐成了主要的交通工具，为了适应这种变化，城市的街道必须变宽，交叉口的距离要加大，城市广场需要得到改进……一种完全区别于历史上任何时期的新的城市规划思想诞生了。1937年 CIAM（国际现代建筑协会，International Congress of Modern Architecture）发表的《雅典宪章》将城市功能分为居住（Dwelling）、工作（Work）、休闲（Recreation）和交通（Traffic）四大项，确定了"功能城市"（Functional City）的理念。现代主义时期和 CIAM 影响下的传统城市规划注重土地的使用性质、开发强度、高度、间距以及城市的功能、交通结构等技术性问题。对这一时期语形思维的城市规划（设计）的基本认识是：城市规划（设计）是解决城市技术文本自身关系、问题的科学，它具有功能主义和超文化纯粹主义的城市设计思想。

虽然现代主义倡导的用科学进步满足人们需要的功能主义的确把人们从中世纪拥挤而黑暗的城市空间中解放出来了，但是规划的严格功能分区而漠视了人的心理需求。现代主义的主要特征就是将功能技术凌驾于意义之上，詹克斯称之为单一的形式主义和粗心大意的象征主义者。直至 CIAM 的解体，人们才逐渐意识到城市设计的有机性与多元意义。因此可以看出，现代主义影响下的城市规划理论的发展所形成的城市设计观是一种注重城市文本自身句法结构的问题，可称之为语形思维的城市设计（图 5-8）。

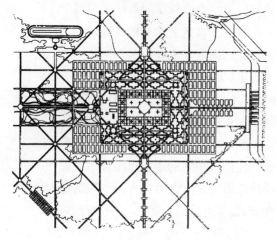

图 5-8　机器美学时代的城市设计[84]

### 5.2.2　语义思维的城市设计

随着结构主义方法的观念和实践渗透到城市设计领域以及 CIAM 的解体，在语义学成分上探讨结构化模式的思维方式逐渐影响着后现代的城市设计思维方法，此一时期的城市与建筑设计的符号表达基本是一个语义学的问题。在语义学的研究中，建筑师深刻认识和了解人们感知周围世界的过程以及对事物的诠释过程，认识到建筑怎样对人们的感官产生作用，人们会对此作出什么样的反映是必要的。[69]人们将建筑符号学中的意义视为后现代主义精神之所在。在城市空间的领域内，人们面临的是各个公共领域空间的意识形态化。这是空间符号系统的符号所指，经由符号系统而符码化的意义建构。这一时期出现了许多具有代表性的后现代设计作品与理论，如文丘里的母亲住宅、约翰逊的电报电话大楼、格雷夫斯的波特兰大厦，理论文献有詹克斯的著作《后现代建筑语言》等。总之，这些后现代的设计作品与理论都注重语义学的符号及其所代表的概念间的关系，将"似语言"结构的各种符号的表意行为指称城市、建筑、艺术等（图 5-9）。

后现代的城市设计理论在空间与场所等方面的研究也有着语义思维的特征。Team10 提出的场所结构分析的主张认为，城市设计涉及城市空间的环境个性和人的基本需要的情感。场所感是由场所和场合构成的，在人们的意向里，场所是空间，场合就是时间，人必须融入到时间和空间的意义中去，这种永恒的场所感被现代主义者所抛弃，必须重新加以认识和反省。[85]Team10 的场所理论具有积极的意义，它将场所与特定的社会、文化、历史

事件、人的活动及所在区域的特定
条件相联系，它所提出的文脉意义
与场所精神被后继城市设计者所争
相效仿与引用。虽然 Team10 寻找
决定城市结构的基本要素——人的
活动，但是却指出："无论何时何
地，人都是相同的，但是他们以不
同的方式作用于同样事物，也就形
成了转换"。Team10 的许多观点受

图 5-9  文丘里的母亲住宅[17]

结构主义语言学的影响非常深刻，结构主义强调的结构具有不以人的意志为
转移的客观作用，即一切社会现象和文化现象的性质和意义都是由其先验的
结构决定的，全体只是结构中的一个"符号"和"代码"，人的一切行为都
无意识的受结构的支配。这种忽视人的主体性作用的观点体现了语义维度的
城市设计思维范式。例如，Team10 是要建立一个宽松的结构，让今后的发
展能够在这个结构上随时间的推移逐渐产生。而图卢兹扩建区规划正是谢德
拉克·伍兹基于这一"有机"规划学派思想而设计的。图卢兹扩建区规划的
主干是一条公共交通支持的步行道。住宅呈线形，插接到主干上。相互交织
的主干形成一个无中心的网
格，在使用的过程中逐渐发展
出某些高密度的焦点部位。具
有讽刺意味的是，虽然设计者
提出关于城市应该"是步行者
的领地，规划师应该尊重步行
尺度"，但是，其现实是在荒
芜的绿地上的巨大的多层折板
形住宅楼，以及穿行其间的不
承担任何步行行为的内部街道
系统（图 5-10）。

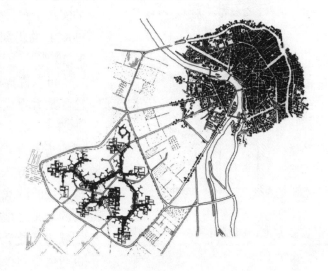

此外，克里尔兄弟的城市
类型学和亚历山大的模式语言
也是具有类似结构分析观点的

图 5-10  谢德拉克·伍兹的图卢兹规划[29]

城市设计理论。其中，城市类型学是"抽象产物的形式基础之上的历史的设
计方法，历史信息的传达来自这些抽象产物形式的深层结构——类型"。类
型学分析城市现存实体所具有的含义和特征，类型思想将城市形体环境的秩

序结构作为具有意义的实体来感知。城市类型学努力寻找城市形体环境组织的恒定法则，这是一种不为人规定的，而是在历史发展中形成的法则（类型）。另外，亚历山大的模式语言就是一种场所结构分析的方法。所谓模式就是用语言来描写与活动一致的场所形态。每个图式是一个场（Field），是一组不固定的关系，足以容纳生活的多样化。虽然亚历山大强调的生活、文化多元论，场所和特定的文脉、意义相联系等都具有诠释学的倾向性，并且罗西的类似性城市理论也指出，"类型与现实具体表现形式不构成重复制作的关系，它能够促使各种彼此不相似的创作结果，而又一脉相承"。但是模式语言与城市类型学研究仍显现出了相同的问题——模式语言和类型学研究将城市空间场所模式化、类型化，然而类型是无法穷举的，这种通过对类型的选择和转换来获取城市形态的连续、和谐，来维持城市秩序可持续性的设计思想仅仅是对城市居民集体记忆的一种符号演绎。正如"任何预测其实都是对过去的总结"一样，模式化与类型化思维仍属于语义思维的单纯演绎。笔者认为，虽然场所结构分析、城市类型学、模式语言等城市设计理论都具有积极的实践价值，但就其在城市设计意义研究的维度来说仍属于语义思维的城市设计（图5-11）。

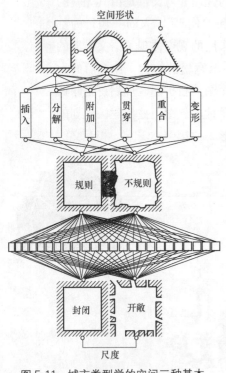

图 5-11 城市类型学的空间三种基本
类型及其衍生[28]

可以说，将城市作为形式系统进行语义诠释是后现代城市设计符号学研究的重要特征之一，语义思维成为这一时期人们思考空间的基本方式。例如，彼得·埃森曼、阿尔多·罗西等人就在语义学角度倾心于符号结构自身的游戏而无心于意义的创造。虽然他们的语义思维方式是无可厚非的，并且建筑领域的符号学研究对建筑与城市设计的发展也产生了积极的影响，但是现代城市设计的思维方式应该是语形、语义、语用思维的辩证统一。特别是当后现代的建筑语言进入中国，这些"符号"和"代码"失去了特定的文化语境，形成了纯形式化的单纯指称，造成了我国现阶段城市建设的风格混乱与语义迷失。因此，在城市设计意义维度的研究中，语义思维方式代表了后现代城市设计的重要特征，也是城市设计重要的思维方式之一。但是，随着人们对意义维度的深入认识，语义思维的城市设计观必然走向语用的实践。

### 5.2.3 语用思维的城市设计

语用思维是现代城市设计一个重要的思维范式。对语用思维的理解如同维特根斯坦的"语言游戏"（Language Game）中所指出的，进入任何一种语言游戏，就是进入一种隐性的社会契约形式中，在人类活动的特殊脉络中，这种形式决定着词语的用法。[53]也就是说，正是因为现代城市设计的发展使人们意识到文化差异性的重要意义，因而人们更加注重城市设计的地域化、本土化、主体性等方面的因素。在这些方面中，更具有革命性品质的是人们意识到了城市社会中人的主体性在城市设计的实践过程中的重要意义。

当然，后现代城市设计思想与实践对城市设计的语用思维模式具有先导性作用。其主要体现在后现代城市设计的生命论、有机论；讲求对人的关怀，重视领域性和环境认同；在城市功用上，强调城市的多样性与复杂性；在城市设计决策方面，强调公众参与；在城市意向层面，讲求场所性、地方性、可识别性；在城市意义层面，重视文化、传统和历史因素；在美学取向上讲求以小为美、大众口味、反形式、反正统、反权威、反功利；强调模糊性和不定性等。[86]一些后现代的城市设计学者认为：意义不能封闭在符号里。"符号不存在所谓恒定的意义，只存在不断分延着的符号语境中流动的意义。"[86]这些观点逐渐突破了语义的思维方式转向了语用的研究。需要指出的是，语义思维与语用思维并不是非此即彼的思维范式，它们需要有机融合、相辅相成。

美国人类学著名学者阿摩斯·拉普卜特在城市设计语用实践的方面作出了深入的研究。从语言学的角度讲，即使能指与所指的关系是同一的，而能指的具体表现形式也会因为地域的不同而存在差异性。拉普卜特认为，句法学（语形学）层次上是最为抽象的，然而符号分析对语用学却几乎完全未加以注意。语用学是通过考察要素的功能在具体情境中以何种方式、如何影响情绪、态度、偏爱和行为，能够最好的理解和研究的。"我们所关切的是对日常的环境以何种方式表达意义以及怎样影响行为方面所作的解释，所以语用学的各方面就更为重要，至少在开始阶段是最重要的"。拉普卜特就对忽视语用学——"关于产生言语的世界文化前提"，有着越来越多的批评。拉普卜特指出语用学是符号与人们行为反应之间的关系，即某些人的符号效应。所以，也就涉及符号和系统对系统以外的现实事物的关系——一句话，符号的意义。他指出，任何特定的言语活动都可能随着参与者、社会背景、社会脉络、情境的性质而改变[45]。从而，拉普卜特在语用学的维度对环境的意义展开了深入研究。拉普卜特强调《建成环境的意义》一书"论述的正是语用学"[45]。

对语用思维的重视让人们意识到空间环境中情境与脉络的重要作用。情境与脉络阐明事件，特定事件的意义在一定程度上能够根据脉络来解释。不同城市的脉络，人们的注意力都首先被与脉络不同的要素所吸引，因为这些要素引人注意强烈暗示着他们所具有的特殊意味。因为，人们是以他们获得的环境的意义来对环境作出反应的，异化现象往往与原有社会的脉络产生冲突。城市的任何变化都脱离不了这个规律，这个规律反映了特定聚落文化的核心价值所在。

总之，城市设计的语用思维突破了符号学能指与所指的局限，强调了诠释者自身固有的文化背景、理解能力、个人特质及其信仰，强调了科学诠释的语境、诠释者的主体性作用等。语用思维采用社会语言的、脉络的、语用学的探讨，而非以前形式的、句法的（语形的）、抽象的探讨。语用思维注重考察要素的功能在具体的情境中以何种方式、如何影响情绪、态度、偏爱和行为，能够最好地得以理解和研究的方法。

拉普卜特认为设计要表达出恰当的意义，就必须反映出社会语言的、脉络的、语用的线索。拉普卜特举例，在魁北克，人们对乡土建筑和"新魁北克风格"（Style Neo-Quebecois）用作郊区住宅有着浓厚的兴趣，采用特别的屋顶形式、门廊、窗户、正立面等乡土因素。然而，为理解其意义，而不至曲解，就要有文化知识——即认识流行的文化脉络、民族意识、隔离政策（Separatism），为维护民族成员及语言的同一性所作的努力等。同样，拉普卜特也指出，对波士顿地区发展的影响，如比肯山（Beacon Hill）及一些圣地，如，波士顿公地、教堂、墓地（Firey，1961 年）也要求具有环境线索在其中交流的文化脉络方面的知识。[45]反观中国的情况，在抄袭之风与拿来主义盛行的尴尬现象影响下，很多建筑师没有兴趣去研究那些所谓脉络的、语用的问题，快餐式的设计造成了设计的原创性不足；一些地方所谓的公众参与规划充其量只是政治事件而不能称之为文化现象。通过上述比较我们可以看出，只有语用思维才是一种真正具有本土性、实践性的和可持续品质的城市设计思维方式。符号学意义上的城市设计的思维应该是语形、语义和语用思维的辩证统一（图 5-12）。

我们可以对城市设计的语用思维在方法论上的必然性作如下的理论陈述：城市设计的语用思维是基于科学诠释的语用学理论，主要包括三个实质性论点。其一，科学诠释是满足人们特定愿望的一种科学应用。由于"科学诠释的条件主要地是由语境和说话者的兴趣所决定的"，所以，在不考虑语言使用者的语形学与语义学层面上的诠释活动不具现实性。[87]其二，科学诠

104

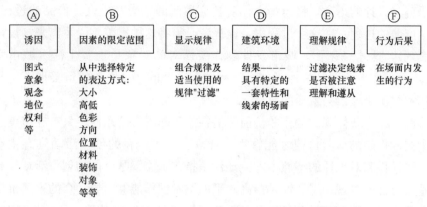

| Ⓐ | Ⓑ | Ⓒ | Ⓓ | Ⓔ | Ⓕ |
|---|---|---|---|---|---|
| 诱因 | 因素的限定范围 | 显示规律 | 建筑环境 | 理解规律 | 行为后果 |
| 图式<br>意象<br>观念<br>地位<br>权利<br>等 | 从中选择特定<br>的表达方式:<br>大小<br>高低<br>色彩<br>方向<br>位置<br>材料<br>装饰<br>对象<br>等等 | 组合规律及<br>适当使用的<br>规律"过滤" | 结果————<br>具有特定的<br>一套特性和<br>线索的场面 | 过滤决定线索<br>是否被注意<br>理解和遵从 | 在场面内发<br>生的行为 |

图 5-12　拉普卜特的非语言表达模式[45]

释的真理性依赖于语用学维度上以言取效行为的真正实现。即通过以言取效的言语行为使用科学理论获取"同化疑难"的效果。在对事件的多个正确诠释中什么是科学的诠释,本质上是由语用因素实现的。其三,科学诠释是把一个"未明事件"融于主体的视域,是作为主体的诠释者和求解者的视界融合。这一过程是通过意向性的语言交流和构造经验实现的。因此,科学诠释的实现过程是由特定主体拥有一个自己的特定语言域,一个言语行为是否构成对事件的科学诠释,本质上是在于其在语用学维度上介入主体特定语言域的程度。

## 5.3　城市设计诠释的类型维度

此前,我们建立了对城市设计诠释空间维度与意义维度的认识,它们分别是形成城市设计诠释思维方式的本体论与认识论的知识形态构建。在这一节中我们将从城市设计的实践活动的基本策略出发,分析城市设计可能具有的诠释活动的类型维度,本节也是下章开始对城市设计诠释方法的理论体系探索的理论准备。

### 5.3.1　按城市设计诠释主体的不同

城市设计诠释的类型维度按诠释主体的不同可包括艺术诠释和审美诠释两种。艺术诠释是指城市设计师(作者)的创作过程的文本诠释(艺术极),审美诠释则是指由读者完成的现实化的反思诠释(审美极)。艺术诠释和审美诠释代表了城市设计作为艺术作品实现的两极。这两极的实现意味着城市设计创作活动的最终完成。以此二分法研究城市设计诠释的类型维度的目的:一是基于美学基础上的设计创作,二是能更有效地进行审美。

**1. 艺术诠释**　城市设计的艺术诠释具有主体的创作特征。艺术创作是用语言（设计的语言）将诠释主体对社会生活的感受变成设计作品的过程，即生产美的过程。在这个过程中，诠释者必须将这种审美感受写出来（设计及表现），这才是创作。城市设计创作要面对的对象是现实生活（城市生活），而现实生活则是未加工的、粗糙的、分散的，是原初的审美形态，其创作素材源于城市与生活的原型。

艺术诠释所体现的创作的价值是潜在的、非现实的东西，只有在审美过程中艺术作品的审美价值才能够得以体现。艺术诠释的创作活动具有主动性、引导性和对象性的特性。即主动性是指艺术诠释是个体的创作活动，具有主体特征的表现；引导性是指高水平的艺术创作能够引导大众的审美价值及审美水平；同时，对象特性是指创作活动是针对特定对象的目的性活动，无法满足接受者的审美需求的设计作品最终不能完成。正如美国哲学家 G.桑塔耶纳（George Santayana）所说："当创作天才忽视了大众的兴趣，他就很难创作出具有广泛深远影响的作品。想象需要根植在历史、传统和人类的根本信念中，否则它只是漫无边际的生长而不会产生什么影响，就跟那些微不足道的旋律一样，很快就过时了。"[89]

因此，城市设计的艺术诠释是指在城市设计创作过程中将城市原初的审美形态经过城市设计师的艺术创造，塑造出符合社会的、现实的以及符合人们审美情趣要求的设计文本，并且设计文本是只有经过大众的审美过程才能真正呈现的设计作品。缺少任何一个环节，其设计的作品都是残缺的（图 5-13）。

图 5-13　里约热内卢鸟瞰[88]

**2. 审美诠释**　是读者（艺术诠释的接受者）在阅读和感受作品时所进行的全心灵的审美享受活动。城市设计的审美诠释与一般性认知城市的行为和带有特定目的解读城市的行为是相区别的，城市设计的审美诠释是以情感和形象的审美形态呈现出来的，它的阅读，不带有实用目的，而只是为了审美，获得心灵的愉悦，运用的是形象思维的方式。城市设计的审美诠释面对的是城市设计作品，它是已加工好了的审美形态，是精制的、集中的。审美诠释是不需要使用语言的创作过程，它是一种心灵的阅读，是一种"消费"过程。

文学接受理论认为，文学作品只有在阅读阶段即消费阶段其价值才能够得以实现，审美的作用也同时得到了实现，整个的艺术活动才能够最终完成。城市设计的审美诠释活动是城市设计作品实现其审美价值，发挥其审美作用的基本前提。与此同时，审美诠释活动也为城市设计的艺术诠释提供审美需求，影响与引导艺术诠释的发展方向。

可见，城市设计的艺术诠释与审美诠释是一个双向建构的过程，它们相互依托，互为前提。从一个城市设计的实例我们可以理解这种双向建构的过程，位于伦敦的特拉法加广场的城市雕塑作品反映了创作者的艺术诠释与审美者的审美诠释的不同内涵。作品中符合人体尺度的雕塑却与底座的尺度不相称，如果要符合底座的尺度，雕塑将需要大很多。在这个设计案例中，雕塑家使用的尺度是想传达这一点，生活的救世主是人而不是神——这种艺术诠释与未经诠释的接受者的审美期待形成反差。由此可见，艺术诠释与审美诠释存在不同的诠释美学态度（期待视野）。正如伊瑟尔所认为的，"文学作品是两者（文本与具体化）之间相互作用的结果。"[21]

正是在这两种诠释关系的双向建构下，城市设计的诠释活动将城市设计师的创作文本与读者（艺术诠释接受者的审美诠释）的审美视域相融合，生成了具体化意义的城市设计作品——作品的意义才被真正的发掘出来了（图5-14）。

### 5.3.2 按城市设计文本属性的不同

罗兰·巴特基于对本文所包含的两种成分的解析，提出了诠释文本诠释所包含的两种不同的诠释方法：一种是独断型诠释，认知的本质是读者不断接近作者的原意。其中读者不断趋近作者的原意的过程又分为两个层次，一是趋近作者所要表现的客观对象，称为知识型诠释；二是趋近作者自身的主观感觉，称为感觉性诠释。另一种是探究型诠释：探究型诠释即指理解的本质不是更好的理解，而是"不同的理解"。

图 5-14　伦敦特拉法加广场的雕塑[90]

城市设计在阅读城市文本的过程中也应呈现相似的类型划分，这样的划分有助于在解读城市设计文本过程中理解作者的创作意图，并能够形成城市设计文本诠释的类型化思维。

**1. 独断型诠释**　所谓独断型诠释是指旨在把文献中早已众所周知的固定了的意义应用于我们所欲要解决的问题，即使独断的知识内容应用于具体现实问题上，它的前提就是文献中的意义是早已固定和清楚明了的，无须我们重新加以探究。我们的任务只不过是把这种意义内容应用于我们当前的问题。

（1）知识型诠释　在本质上是通过知识的传播使我们理解环境。城市设计的知识型诠释形成了城市设计文本的基本表述形式。其特征就是通过城市设计文本的表现形式努力塑造人们可以认知的形象对象，人们必须遵从并理解这个对象的文本环境。例如，城市设计控制中的对建筑高度、建筑密度、容积率、绿地率等的控制要求，以及城市的形态控制、风格控制、色彩控制等控制要素的规定，都是为加强控制对象自身的客观描述，以形成对对象认知的知识形态，即知识型诠释。

知识型诠释可以是控制性的和指导性的，它包括了城市设计文本中总体城市设计和详细城市设计控制性成果的全部内容及其诠释方式。虽然知识型诠释也具有主观特性，但是其仍是不断趋近作者所要表现的客观对象的诠释方式。知识型诠释属于限制性诠释，它是依据特定形式的文本控制满足特定对象的客观要求的城市设计诠释。

（2）感觉型诠释　包括我们的情绪都会影响我们对环境的认知，同样，对环境的认知也影响我们的情绪。在城市设计的诠释活动中，趋近客观对象的知识型诠释代表了相对客观的城市设计的控制方式。而在实际的情况中，情感因素往往占据了主导性的作用，诸如场所感、认同感、可识别性等要素表现出主体因素的形成对城市空间的最直接评价，这些反映出城市设计控制的主观性因素。因此，当单纯的技术性控制不能达到目的时，情感因素和形象因素的融入弹性控制就成为城市设计文本表现的最大特点。情感因素与形象因素也是城市设计文本所具有的审美形态。

感觉型诠释是对知识型诠释的完善与补充。首先，主体在认知空间并对其进行诠释的时候应有所作为，主体有着很大的主观感觉特性，称之为感觉结构。按照格式塔心理学的研究结果，主体表现的感知能力具有将基本成分整合成一个完全独立于这些成分的全新整体，即完形能力；在认知的过程中，主体会无意识的忽略一些感觉因素，而强调另一些感觉因素，即抽象能力；同时，主体具有将外物形态改造为完美简洁图形的倾向，如对图形中缺口的填补，将不规则形看成是几何图形等，即简化能力。因此，感觉型诠释应结合主体的认知力与主体的文化背景相结合，以形成对城市空间认知诠释的能动反应。其次，感觉型诠释表现诠释者自身的主观感觉，多表现在创作阶段的创造过程，其文本的表现形式可以更加灵活。

感觉型诠释属于创造型诠释。因为，城市设计的法定文本反映的是城市设计共性的规则，它是对事物一般意义上的抽象。而个体的城市设计案例则是共性的规范与个性案例的结合。城市设计师必须进行创造性的整合，并对城市设计文本进行创造性的理解，进而在城市设计美学框架内塑造出具有自我表现力的城市设计作品。

**2. 探究型诠释**　日本法学家棚濑孝雄认为，"学术视野收敛于制度或强制命令式的规范具有很大的片面性，往往会忽略推动现实发展的个人的群体效应。普遍性的规范的实现必须转化为现实的行为，归根到底它们是在特殊状况下，为实现特定的目的，由个人来操作的。"因此，在诠释学的研究中，独断型诠释的价值观已独木难支，一种整合的诠释观点，即探究型诠释，打破了独断型诠释的意义的固定性与独断性，强调了诠释的多元特征。

探究型诠释的出发点源于人对价值的判断、对审美的偏爱、对是非的伦理评判。这种判断是诠释性的，包含了环境的意义和联想。在理解信息的时候我们把记忆作为比较和判断的出发点。探究的结果不是需求诠释的更好理解，而是强调不同的理解。

探究型诠释打破了传统城市设计诠释的思维方式。那种自上而下的、政令性的、计划经济时代的城市设计方式忽略了城市意义与主体的多元内涵。可以说，计划经济时期的城市设计缺乏对语用思维的深入认识，并表现出对独断型诠释的过分诠释现象。而对探究型诠释的认识使得人们对城市设计的理解更趋于多元与真实。事实上，在城市设计创作阶段寻求对不同社会阶层、不同种族、不同社群以及不同文化的共同接纳是每个城市设计师都不断追求的目标，异质性与多元化正是城市得以存在的和谐状态。

探究型城市设计诠释方式在城市设计的创作过程中有着多样的实践形式。具有代表性的是考虑社会因素与人的主体性因素的公众参与设计。城市设计从过去以"等级为中心"的政令体制转向到了以"公民为中心"的形式变革，公众参与设计提供了一种在尊重与平等中进行交流的机会。当然，公众参与的目的是在权衡利益与诠释主体的共同接纳，这就需要具有一个可以良性发展的互动结构，它是公众参与的动力基础。在这个互动结构的基础上，公众参与设计的探究型诠释特性表现在：城市设计师通过满足公众认同、需求与意向的基础上，提出若干可行的设计方案，并通过公示的形式最终确定实施方案；在城市设计的实施过程中可以通过城市设计辅导的形式与规划部门、开发部门、设计部门的各个方面进行沟通、协调；向开发部门以及设计人员、建筑师解释城市设计要点；提供城市设计指导建议等。城市设计的实施过程是确保城市设计总体结构和理念的落实，其诠释过程也是探究型的。公众参与设计并不是城市设计语用思维与探究型诠释的唯一表现，但却具有代表性意义（图5-15）。

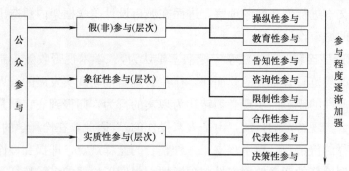

图 5-15 谢莉·安斯汀的公众参与层次图[17]

### 5.3.3 按城市设计实践层面的不同

人们进行审美时，无外乎通过人的感官与心灵客体进行审美。而人的感觉是处理审美的最前沿，没有了感官的功能，那么审美就无从谈起，因此，审美有必要通过特定的有效途径来实现。在城市设计的实践层面，城市设计的空间诠释美学的认识视角也提出了同样的问题——如何实践的途径？

通过对城市设计诠释思维及其理论的研究，笔者认为，城市设计诠释理论的实践过程涉及城市文本、城市设计文本及城市设计主体三个方面。或者根据城市设计的诠释特性和城市设计学科特点的相关研究，城市设计的类型可划分为：概念型城市设计、导控型城市设计和实施型城市设计三种，分别指涉城市设计注重形态概念、注重表意过程、注重创作实践等在城市设计各个阶段不同的思维特性。概念型城市设计可称之为理念层面的城市设计，导控型城市设计（管束性城市设计）和实施型城市设计（开发性城市设计）可称之为操作层面的城市设计。在城市设计诠释的实践过程中，它们分别表现为城市设计在类型和阶段层面上的不同诠释途径，城市设计的诠释类型则可划分为三个层次：在理念层面的意义诠释、在表意过程的文本诠释和在创作实践的主体诠释等（图 5-16）。

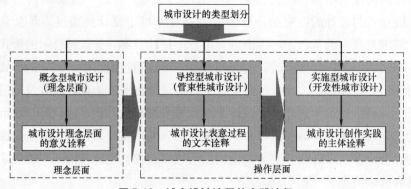

图 5-16　城市设计诠释的实践途径

**1. 意义诠释**　是城市设计诠释理论研究的核心问题，即城市文本分析。城市设计理念层面的研究过程其实就是城市意义的诠释过程。在城市设计的理念层面，城市设计挖掘城市的意义，城市设计师阅读城市文本，并通过文本化的形式使其成果得到理解并创造多重理解的可能性。在意义生成的过程中，城市的意义随着社会的发展及诠释者的主体认识活动的升华从而生成了多重意义的城市复合空间。因此，城市设计在理念层面的意义研究是论文需要重点探讨的内容，意义诠释是城市设计诠释理论的实践层面需要解决的首要问题。

**2. 文本诠释**　在城市设计的表意过程中，城市设计师通过文本性成果指导、控制城市设计的实施，并通过文本控制体现城市文本化的中层审美结构。城市设计文本是城市设计表意过程的成果形式，这与建筑设计具象的空间构成的成果形式有着显著的区别。因此，城市设计的文本分析是城市设计意义生成、文本控制与表现方式的重要媒介。同时，城市设计文本化的表意形式也使得城市设计与文学诠释学的文本研究具有某种同一性——通过文本的自律性与表现性展现设计作品，或者两者都将文本视为作者创作的艺术作品，通过文本自身的诠释属性，来探讨文本创作活动的内在规律性。

**3. 主体诠释**　在城市设计的具体实施阶段（即操作层面的开发型城市设计阶段），城市设计师的创作实践活动（具体城市物质空间的设计）突出体现了主体创作活动的审美经验及诠释主体的自我表现等内在性问题。此时的城市设计诠释是在理念层面对城市意义研究的指导下，在表意过程中文本控制的框架内，充分发挥主体诠释的创作特性，根据城市设计诠释方法的规则体系，来实现城市设计创作的问题。城市设计主体诠释的结果是创作出了具象化的城市设计作品，其诠释过程反映的是主体对城市存在的真实把握。因此，城市设计主体诠释的主要内容可划分为：①揭示城市空间存在的本质属性；②探讨城市设计诠释主体的创作特性；③探讨城市设计主体诠释可能的诠释方法等几方面（图5-17）。

图 5-17　库哈斯的主体诠释[17]

按城市设计实践层面的不同的诠释类型划分与城市设计审美结构的层面划分相对应。在接下来的第6～第8章的内容中，论文将进入到城市设计主体创作的诠释方法体系之中，重点展开以城市设计过程层面划分的类型维度中城市设计的理念层面的意义诠释、城市设计表意过程的文本诠释以及城市设计创作实践的主体诠释等知识形态的构建。

## 5.4 本章小结

本章从本体论、认识论和方法论的角度（即空间维度、意义维度和类型维度）形成了城市设计诠释思维理论的知识形态，揭示了城市设计诠释的词语—逻辑思维的理性品质。

（1）城市设计的空间维度是本体论的诠释思维建构。在空间维度中，第一空间的客观诠释、第二空间的主观诠释、第三空间的辩证诠释的维度划分形成了对城市设计诠释理论的空间性认识。首先，空间化将空间的复杂性与矛盾性表现为非语言的表意形式，增强了空间的可读性；其次，在空间的生产过程中，形成了强调"过程"的现代城市设计理论；最后，三元辩证城市设计思维可以理解为，只有从空间性、历史性、社会性的辩证统一中才能寻找到一种众多包容性与同时性的城市空间。

（2）城市设计的意义维度是认识论的诠释思维建构。在意义维度中，符号学城市设计的意义研究展现了一种维度研究的新角度，即形成了语形思维的城市设计、语义思维的城市设计和语用思维的城市设计的观点。本章明确指出，语义思维的城市设计必然走向语用的实践，现代城市设计的思维方式应该是语形思维、语义思维与语用思维的辩证统一，缺失了任何一个侧面的研究必然会失去对空间存在的真实性把握。

（3）城市设计的类型维度是方法论的诠释思维建构，是从思维体系走向方法体系的过渡性研究。空间维度与意义维度是一种认识性研究，而类型维度的研究则直接切入到主体创作的各个不同侧面。本文结合城市设计的类型划分，提出理念层面概念型城市设计的意义诠释、操作层面管束型（导控型）城市设计的文本诠释、开发型（实施型）城市设计的主体诠释的概念认知。

# 第6章　城市设计理念层面的意义诠释

如果城市可以由文本代表，那么这个城市是什么呢？又是哪一种文本呢？文本的隐喻提出了城市是（它的人民的）记忆的问题，换言之，城市是持久的踪迹和可能擦抹的记录。城市不仅是另一种形式的书写（书写自我，作为记忆的补充），也不仅是对其他文化文本的补充，更特定而言，它是一种书写机械，近似于神秘的书写体……

——马里奥·甘德尔索纳斯《X－城市主义》

理念层面的城市设计关注意义的生产、呈现和解读，诸如城市空间、城市环境、城市景观的意义都是被诠释和生产出来的。城市建成环境的意义伴随着社会价值观的发展而变化，以适应社会的经济组织模式和生活方式。城市空间的价值就在于人们如何认知、评价城市以及如何从中抽取意义和赋予其意义。

对城市意义的解读过程，也是对城市文本的阅读行为，我们的研究方法称为城市文本分析。所谓"文本分析"（Text Analysis）是符号学的分析方法，是将城市空间的一切社会文化现象，都视为富含意义的文本（text），犹如语言文字所构成的文本一般，透过类似语言学分析文法、句构、词义、语用等意义生成规则的方法，来加以研究。"城市文本"的概念是指"城市不仅是形体结构可感知的形态，而且是文本的建构——视觉话语"；[91]城市文本具有形态性和空间性，并且能够呈现各个部分形态之间的固有关系（互文性）。城市不同时期的形态被看成是一部文学著作的不同版本，城市空间的组成要素被看成是具有一定意义的句法空间通过特定的语法规则组成的意义系统。对城市空间的文本理论界定使得我们对城市空间的研究能够同时在"知识话语"（文本层面）和空间形式（建造层面）两个层面上同时加以阐述。

在对城市文本意义的研究中，我们将城市文本系统的互文关系进行解构，从城市的深层结构、显性形态、描述物、表现物等多侧面建立城市文本的要素组合。这些概念分别指涉城市的隐性结构、城市的显性形态、城市空间的实体与内空等的空间句法关系。"解构（Deconstruction）"的方法也"主要理解为一种文本性的分析——这种分析强调语言的使用、文本的在场与不在场、话语权威的始源等"。[64]

总之，城市设计理念层面的意义诠释（即城市文本分析）是从城市基本形态的文本性阅读入手，探求城市意义生成的美学途径问题。

## 6.1 城市结构的文本分析

### 6.1.1 诠释学的结构概念

**1. 结构的概念**　结构的一般含义是指：一个整体的各部分相互构成的方式，如人体结构、建筑结构等。以语言学为缘起的结构主义给结构赋予的另一含义却与此不同。结构主义的"结构"不是具体可以描述的构造，它既是一个现实的框架，又是一种理论的方法——正是人的感知使结构成为一种存在。[42]在诠释学看来，只有借助语言学表达方式和构造活动才能把握这些结构，因为结构主义包含着诠释学的成分，没有任何可行的或可靠的知识不是由作为精神和物质之间使者的"赫尔墨斯"所创造的。[92]

诠释学的结构概念是指一种超脱表层的，一种在表象背后观察现实的视点（这是胡塞尔强化其先验还原现象学时的用语），只有在非表面的层次上是可认知的时候，这种视点才具有其哲学意义。结构主义的代表人物，法国的列维·施特劳斯将外在世界整个的统摄到结构之中，不管形式也好，内容也罢，都在结构这个自足的系统之中。结构蕴涵着独立性、自主性、封闭性，其中，整体性是结构或系统的首要特性，结构的整体性蕴涵着一种秩序哲学，正是这种"结构"和"秩序"的联系使我们从本体的宇宙论过渡到一种主张因子之间相互联系的宇宙论。秩序一旦建立就具有了系统的相对稳定性，使其完成一定的功能。结构同时也具有转换性和自身调整性。结构的转换性表明，结构不仅规定了整体，是联络整体的各组成部分，同时结构还构成了整体，具有自组织性；结构的自身调整性表明，结构始终处于一个动态的稳定之中，结构是一个过程，具有历史性，结构自身成为"发展"的一个框架，是一个"时间"和"空间"的综合体。

为了与形式结构的概念相区别，这里我们暂且不理会那些熟悉的结构概念，诸如"艾多斯"（Eidos）、"格式塔"、"复合形"、"系统"、"状态"、"构造物"等，这些概念属于形式上的结构观点。形式结构显得客观实在、直接明了，而诠释学的结构概念则显得抽象、隐晦。诠释学结构的概念提出源于在结构的认识性活动中对主体活动的重视。在认识层次上说（也许如同在道德价值或美学价值等的层次上一样），要求有一个连续不断的除中心作用过程来把主体从自发的心理方面的自我中心现象里解放出来，这样做并不是为了要得到一个外在于他的完备的普遍性，而是为了有利于一个协调的和建立互反关系的连续不断的过程；正是这个过程本身是结构的产生者，它使种种结构处于不断的构造和再构造的过程之中。后现代时期结构主义的研究也为我们提供了一个对结构概念的不同理解——整体与局部的认识。对比于局部结构概念的具体化来说，需要对结构概念的结构性提出新的解释，需要认识到结构并不是一个核心，一个中心，一个在现实表象中重复自身的事物（Res）。我们思考相反的方面，强调其开放性，或以有限制的方式把握其本质，导致一种具有现象学本质意涵的结论：结构主义从对结构的自然理解演化到对结构的先验理解。人们必须反复强调作为一个结构之特性的结构性，不是一个称作结构的事物的性质，而是一个指向先验理解的词语，即先验的结构[92]。

可见，诠释学所理解的结构概念并不是具体可以描述的构造，它更是研究者为了了解所观察的事实而确定的一种理论模式。这个非具体构造物的结构并不是不可认知的，对它的认识过程正是通过人的感知与诠释过程。进而，结构的结构性在不断的诠释过程中而"不断的构造和再构造"，结构的意义因此而呈现。

**2. 结构与构形**　对诠释学结构概念的理解并不是要使简单的问题复杂化，在本文的研究中对这一概念的理解非常重要。与之相联系的另一个重要的概念是"构形"（Configuration）的概念。比尔·希列尔（Bill Hillier）在对"构形"概念的解释中以房屋的构形为例指出，房屋不仅仅是庇护的空间——一种物质的分析，它也同时产生了社会的分离——具有社会学意义。房屋通过两种方式产生居于其物质功能之上的重要社会意义：①将空间完善为某些可操作的社会模式，以产生和抑制一些社会认可的——既而是规范性的——片面和回避的模式；②将实体形态完善为表达文化和艺术认同的模式。即使最初级的房屋也体现为这两种二元性，即实体形态与空间形态，和物质功能与社会文化功能。当实体和空间完善为某种模式，即我们所说的构形时，这样才产生社会文化功能。又如，语言的概念可以区分为两种：一种是我们思考着的字词及其表达的对象，另一种是我们思考所运用的句法和语义规则，后者来支配如何让字词的配置产生意义。我们思考所运用的隐藏结构，则具有构形法则的本性，它告诉我们事物是如何组织起来的，是下意识层面的。因此，构形是房屋与生俱来的属性，也是连接物质属性与社会文化属性的中介，构形是一种普遍存在的现象。很多有形的物质形态，甚至是语言等非物质形态，当我们将其作为关系系统看待时，都会发现其构形的存在。

对"结构"概念与"构形"概念的认识过程要求我们不断挖掘深藏于物质形态背后的空间形态的社会文化功能。对这两个概念的研究也体现了城市设计诠释的方法体系的研究中所运用的研究方法，即文本分析的方法。

**3. 结构与形态**　城市结构是经过历史的演化而具有稳定的生命力。结构与形态的概念的区别在于结构的概念更富于"传统性"，很少出现深层结构自身的繁复变化和突然变异。无论城市的表层多么强烈的变化，但其深层结构却顽固的抵抗着变化。阿尔多·罗西认为，弄清楚城市形态背后的比较"稳定"的图状，是认知城市的出发点。

因为任何一个城市都有一个历史上存在的稳定的结构，而其长时间的演化与变异表现在形态上的变化。城市自身生长的"叙事性"决定了城市设计师并不是写入（Writing）某种特定的形式，而恰恰相反是解读（Reading）城市的固有形式。此时，文本的概念就是特指某一城市所特有的规律之后的线索或框架。

总之，本文提出的对城市空间（结构、形态、实体、内空）的认知方式是一种文本分析的方法，是区别于科学主义的物理分析、数理统计等方法，与经验主义的经验描述、感官识别等研究方式也有着异同，它更接近于诠释学文本理论的研究方法——理解与解释的科学方法论。城市设计学科对空间研究的大多数方式属于此种——包括对"城市文本"的分析和"城市设计文本"表意过程的研究等。

### 6.1.2　城市结构的文本解构

**1. 物质性与非物质性的文本解构**　一个关于城市结构的通常定义是：城市结构是指一定时期内，城市诸组成要素（如自然、社会、经济、文化、政治等）间、各要素内部诸特征间的组合关系。它反映了各城市间的相似性和差异性，通常以相对比例数和图示表示。城市一般具有多种结构，自然、社会、经济等学科分别按各自不同领域的侧重点研究城市的结构。按不同研究目的的要求与指标，城市结构分为：自然结构、产业结构、经济结构（包括工业结构、农业结构、交通运输结构）、人口结构、劳动力结构、政治结构、生态环境结构、地域结构、土地利用结构等。

这一城市结构概念的定义所展示的比例数与图示关系等代表着直观的、科学主义的认知方式，这是必要的，它是一种显性的城市结构。但是，在通常的情况下，通过直观形式展现的城市结构是可改变的、表象的，然而，现实中复杂的城市系统往往确定不了一种可言状的、明确的显性结构。因此，从城市设计对城市意义研究的需求来看，城市设计的创作与审美活动则需要一种完全不同的结构概念——一种诠释学的结构概念——"它是一种隐性的城市结构"。[93]

这种隐性的城市结构包括了物质的和非物质的：自然的、社会的、经济的、文化的因素共同参与了城市结构的建构和城市精神的塑造。国内学者王富臣认为，"城市结构可表述为组成城市的各要素之间的相互关系及其相互作用。'关系的表现'与'作用的机制'成为城市结构的核心内容。它与一定的文化相对应，与特定的事件相关联，隐含在建构的历史之中，作用于整体连续的城市过程。"特别是在复杂性与多样性的条件下，城市结构的秩序性弱化，那种几何形态的、单中心或多中心的结构观无法应对现代城市深层的结构内涵。因此，城市结构的中心感的弱化强调了其开放性，城市不再是单一的秩序，它也同时具有人文属性。

可见，对诠释学的结构概念的理解使得我们对城市结构的研究具有了理论的可行性。城市是一个复杂开放的巨系统，城市存在于结构，城市的机体在沿着自身的结构生长，呈现肌理，产生意义。可以说，对城市结构的理解是作为一种精神和物质之间的创造（知识的），是主体对于客体非语言的意义诠释过程。同时，城市结构的概念也涉及城市的整体结构与城市局部结构的联系，是一个在有限的认识论环境中部分与现实的关系问题。

**2. 自然规定性与文化内在性的文本约束**　城市处于自然与人为因素之间，既是自然的客体，也是文化的主体（Object of Nature and Subject of Culture）。自然与文化的整合规定了城市结构的基本属性。自然的约束是城市结构形成的前提，文化的内涵是城市结构形成的根本。自然的规定性和文化的内在性构成了城市结构复杂性的本质。

在自然的规定性方面，也是从地域的结构角度出发。作为自然生成的城市，其结构复杂性的形成也是自然过程的结果。作为一种自然过程，其环境的完整性对城市结构的形成产生很大的影响。城市作为人类文明的策源地，人类与环境结合的空间系统，其空间结构的构成体现着环境完整的要求和生态平衡的原则。城市环境是一定时间、空间中的环境因素，通过物质交换、能量流动、信息交流等多种形式，相互联系，相互作用，使城市形成具有一定结构、发挥特定功能、处于某种状态的系统整体。与之相适应，环境完整可描述为：特定时空条件下，系统内部要素的结构稳定、功能正常、组织有机、系统开放的一种相对景气状态。表征为各元素之间的、不可或缺和相互和谐的，体现出一种共生共处、相互关联、整体有机的生态原则。由此，城市结构就表现为一种主动地去适应、补偿、调整和完善自然的过程，在此过程中结构自身成为了自然的组成部分。

在文化的内在性方面，也是从时空发展的角度出发，每一个城市都有自己的结构构成原则，在原则上它根植于其特有的文化系统。如果把城市结构理解为一种文化现象，那么城市结构所表现出的外在形式、空间特征以及人对空间的使用方式等都是显性文化的构成部分，而它们之间所表现出的"关系"则作为一种"隐型式样"存在于城市结构的构成之中。而这种"关系"恰恰就是城市结构的本质所在，并且在一般情况下，这种"关系"多表现出模糊性和不确定性，具有非线性、混沌的特点。也正是这种"关系"的复杂性，才使得城市结构不断地寻求与之相适应的契合点。由此，结构所具有的活力得到充分的表露。认识城市形态的一种比较有效的方法，就是发掘出在表露得不够完全的城市形态的表层背后隐藏着的深层结构。这种深层结构就是一种设计准则，一种文化精神。

**3. 历史性与现代性的文本整合**　历史上的城市结构表现在自然的规定性及朴素的宇宙观形成的单纯城市结构之中。历史上理想的城市结构常常停留在理论层面，纸上的理想城市要比建成的多得多。正是这个原因，古代的城市理想往往更具有其结构的表现意义。例如，借助于完整的几何形设计，如圆形、聚焦的方形，以及各种各样的多边形等代表着乌托邦和理想城市的城市概念；那些专门的圣地式的城市通常都通过可见的设计来表现象征性，在东南亚和南亚的一些圣城中，类似的宇宙图形从一开始就决定了城市规划的图形；明清北京城的结构模式体现的是礼教文化的政治图形，"惟王建国，辨方正位，体国经野，设官分职，以为民极"；中世纪城市体现了有机形态的城市结构关系；巴洛克城市设计的城市结构改变了中世纪街道的意义，直线的街道、整齐的街区、放射的广场、位于城市焦点的方尖碑等，是中央集权政治和寡头政治及几何美学的集中体现。此外，霍华德的"田园城市"、赖特的"广亩城市"、戛涅的"工业城市"、马塔的"带形城市"、柯布西耶的"光明城市"等城市理论都体现了城市不同的结构特性及其意义（图 6-1）。

现代城市结构的研究更要综合考虑自然的规定性和文化的内在性两个方面的因素。吴良镛先生的《北京旧城和菊儿胡同》的城市设计实践是具有代表意义的对城市结构意义的继承与有机延续的例子。吴良镛先生从城市的结构入手，首先对北京旧城的结构进行了深入的分析，发掘出了城市结构的本原意义与设计原则。根据这一城市深层结构的分析，在 1979～1980 年，由吴良镛先生主持的什刹海地区保护与整治规划研究中提出了"有机更新"的设想，吴良镛先生指出：①城市整体的有机性：城市从总体到细部都应当是一个有机整体（Organic Wholeness），城市的各部分亦当如此。有机更新理论的主旨是，"按照城市的内在发展规律，顺应城市肌理，在可持续发展的基础上探求城市的更新与发展"（见图 6-2）。

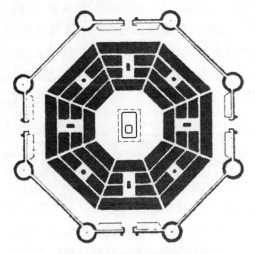
图 6-1　维特鲁威的理想城市[29]

图 6-2　北京菊儿胡同设计[94]

## 6.2　城市形态的文本分析

### 6.2.1　形态概念及城市形态分析

**1. 形态的概念**　　"形态"一词来源于希腊语 Morphe（形）和 Loqos（逻辑），意指形式的构成逻辑。"形态学"（Morphology）始于生物研究方法，是生物学研究的术语，它是生物学中关于生物结构特征的一门分支科学，研究动物及微生物的结构、尺寸、形状和各组成部分的关系。[95]

形态概念（Morphological Concepts）的形成根植于西方古典哲学和由其衍生出的经验主义哲学（Empiricism）。其中包含两点重要的思路：一是从局部（Components）到整体（Wholeness）的分析过程，复杂的整体被认为是由特定的简单元素构成；二是强调客观事物的演变过程（Evolution），事物的存在有其时间意义上的关系（Chain of Being），历史的方法可以帮助理解研究对象包括过去、现在和未来在内的完整的序列关系。[96]

**2. 城市形态及形态分析**　　形态的方法用以分析城市的社会和物质环境可以被称为城市形态学。其英文为 Urban Morphology、Urban Form 或 Urban Landscape。索尔（Sauer，1925年）指出，形态的方法是一个综合的过程，包括归纳和描述形态的结构元素，并在动态发展的过程中恰当的安排新的结构元素。相对于可以具化、物化、视觉化的形态概念，城市形态远远超过了人们简单化的、固有的形态概念，对城市形态的研究方法也有其特定的方法。

广义的城市形态研究包括社会形态和物质环境形态两个主要方面。在城市设计领域，城市形态是在各种城市活动作用力下，城市物质环境演变的学科。城市形态可以定义为："城市形态是指城市整体和内部各组成部分在空间地域的分布状态，城市形态研究的是聚居地的形态和形式。"[97]齐康先生编著的《城市环境规划设计与方法》中认为，城市的形态是统称，也是具体的形象特征，它包含着肌理和结构状态，又以其"形"显示城市的特色。它包括以下层次。

城市的肌理——城市的肌理结构
城市的结构——城市的结构形态
城市的形态——城市的体系形态[98]

形态分析（Morphological Analysis），包括从城市历史研究、市镇规划分析、建筑学的方法和空间形态研究等几个方面。[96]城市设计的形态分析依靠从二维到三维的城市地图、规划与建筑设计及城市实体研究。城市形态分析的目的是诠释城市现象和剖析其中隐含的规划管理、建筑师、业主和各种相关专业人员在城市形态变化中的作用及责任（图6-3）。

文脉主义的城市设计观将城市形态分为显性形态和隐性形态。显性形态是指城市的显性组成要素。这些要素可以概括为人、地、物三者。[28]"人"是城市的主角，城市形态所呈现的意义特征充分体现了人的伦理、道德、人性的特征。城市的真正价值必然与人的使用价值联系起来，无法与城市生活紧密联系的城市形态缺乏审美意义。"地"反映出城市形态的场所概念，如何感知城市的形态空间影响着城市的意义，也影响着城市的使用功能。在熟悉的街道和公共领域进行活动，其场所的环境意义能够得到人们的认同。人们就是通过认知和体验获得城市的意义，并按照他们的理解做出修补。因而，在有机和缓慢发展中的城市形态更具有生命力。"物"是指环境中的物质要素。物质要素构成空间的组合关系，呈现城市的具体形象。对空间物质要素的形态研究主要表现在空间句法和复杂性思维的空间整合研究方法上。总之，人与地、物的基本关系构成了显性的城市形态表达。在显性形态上，人们强调对城市空间的体验和感知，并在心理、生理等角度对城市形态进行各种"观"与"景"分析。

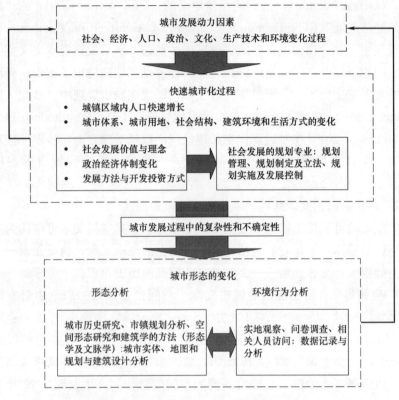

图 6-3　城市形态的变化和形态分析[96]

隐性的城市形态是指城市的文化形态,是指那些对城市形成和发展具有潜在的深刻影响的因素[28]。城市形态是文化积淀的历史反映。在城市文脉中,人们的价值观、信仰、交往模式、生活方式,即城市的群体文化和社会组织影响着隐性的城市形态;社会的政治体制、经济关系、社会制度、文化观念等因素的影响也具有重大影响。如我国学者郑莘在 2001 年综合 1990 年以来大量国内文献后把城市形态转换的动力因素归纳为七点:即历史发展、地理环境、交通运输条件、经济发展与技术进步、社会文化因素、城市职能规模及结构、政策与规划控制;把造成城市形态转换的动力归结为政策力、经济力和社会力;把城市形态转换的演化机制归结为功能和形态的互相适应机制[95]。

这些论点的异同直接体现在城市形态研究方法的多样性及其研究视域的多学科性。例如,Manuel Castells 的“城市社会变革的过程”(The Process of Urban Social Change)试图在城市形态转变与社会变革之间建立一种关联,通过探讨其中的作用机制来揭示城市空间结构如何发生转变以及“城市意义"（Urban Meaning）是如何重新定义的；Paul Walter Clarke 的"建筑美学的经济流通"（The Economic Currency of Architectural Aesthetics）通过从现代主义到后现代主义建筑哲学转向的探讨，揭示发达资本主义空间生产与空间控制以及空间关系的深刻转变。作者批判性地检视了城市、经济和建筑的发展演变历史，分析经济的转变如何展现在城市景观中；沙朗·佐京（Sharon Zukin）的"对城市形态的后现代思辨"（The Postmodern Debate over Urban Form）。在对后现代主义理论广泛梳理基础之上，沙朗·佐京将其作为一个社会过程，对城市空间的生产与消费、后现代城市形态展开探讨。

### 6.2.2 城市形态的文本解构

将城市的可见形态以文本性的形式加以分析，其空间文本可解构为三种元素组织的整体脉络，它们包括：人——自由的流动元素；物质元素——固化的空间要素；文脉元素——文化与社会层面的历史再现。

**1. 空间句法：自由流动的城市文本** 空间形态研究的理论中最有影响力的是空间句法的研究。空间句法（Space Syntax）理论由比尔·希列尔（Bill Hillier）教授及其同事于三十年前在伦敦大学创立，其要旨可以概括为"空间的社会逻辑"。早在 1974 年，希列尔就用"句法"一词来代指某种法则，以解释基本的但又是根本不同的空间安排如何产生。到 1977 年，空间句法研究则略具雏形。经过二十余年的发展，空间句法理论已经深入到对建筑和城市的空间本质与功能的细致研究之中，并得到不断完善；由此开发出的一整套计算机软件，可用于建成环境各个尺度的空间分析，并且在建筑和城市设计中进行了广泛的应用。

空间句法模型是进行城市空间结构分析的理论和工具，是一种新的描述现代城市空间模式的计算机语言，对城市空间环境进行拓扑学分析。空间句法提出的一个基本问题，也是城市设计师不断努力解决的问题，即"空间和社会存在着怎样的联系"。空间句法基本观点认为：任何一个城市系统都由两部分组成，即空间物体和自由空间。空间物体主要是建筑物，而自由空间是指由空间物体隔开的、人可以在其中自由活动的空间。空间具有连续性的特征，即从任何一点可以到达空间的任何其他点。空间句法就是对自由空间的表示。[99]空间句法所指空间并不是欧氏几何所描述的可用数学方法来量测的对象，而是描述的以拓扑关系为代表的一种关系。

空间句法主要通过轴线模型的分析而进行理性的空间评价，给城市设计提供理论上的依据。空间句法在城市中的应用主要体现在如下方面：城市空间结构及其演变、城市交通中人流与车流流量、流向的预测和分析、城市土地利用、城市犯罪制图、城市建筑的结构布局与社会及文化的关联等。[100]这一方法不仅强调分析空间集合的几何特性，更重要的是蕴含期间的社会学与人类学意义（Hillier，1983 年）。

空间句法在城市形态中的应用主要关注于城市的空间结构及其演变。Jose Julio Lima 运用空间句法理论分析了柏林在 20 世纪 90 年代末城市空间结构所反映出的社会联系特征；近些年来，国内学者也开始涉足空间句法作为对城市空间结构的研究方法。而空间句法在对城市空间结构的集成度和智能性的研究是城市规划前瞻性发展的动态之一。

空间句法的应用程序为：

① 进行详尽的场地调查核实；

② 通过计算机模型对方案的空间结构进行分析和推敲；

③ 最后提出优化方案。[101]

空间句法研究城市形态的分析变量为：

（1）连接值 $C_i$。连接值作为一个局部变量表示空间系统中与第 $i$ 个空间相交的空间数。从图论的角度来说，连接值表示在连接图上，与第 $i$ 个结点相连的结点数。连接值与邻近区域的数目有关。换言之，它表示一个人站在每个空间里所能见到的邻近空间的数目（Hillier，1996 年：p129）。其计算公式为：$C_i = k$。其中，$k$ 表示与第 $i$ 个结点直接相连的结点数。在实际空间系统中，某个空间的连接值越高，则表示其空间渗透性越好。

（2）深度值 $D$。深度值是指系统中某一空间到达其他空间所需经过的最小连接数。在连接图中，$D$ 表示某一结点距其他所有结点的最短距离（即任意两点之间的通达性）。空间句法假设连接图是非加权的且无指向的，即假定所有相邻空间的深度值均为 1，并且把 3 个步长作为局部深度值。深度值表达的是节点在拓扑意义上的可达性，即节点在空间系统中的便捷度。深度是空间句法中最重要的概念之一，它蕴涵着重要的社会和文化意义。人们常说的"酒好不怕巷子深"、"庭院深深"，这其中的"深"就有局部深度的含义，它主要表达空间转换的次数，而不是指实际距离。

（3）集成度 $I_i$。集成度描述了系统中某一空间与其他空间集聚或离散的程度。$I_i$ 反映了从一点出发，途经空间中所有其他各点所需的总步数。可用相对对称或真实相对对称来表示集成度。一般地，当 $I_i > 1$ 时，空间对象的集聚性程度越高；当时 $0.4 < I_i < 0.6$，空间对象的布局较分散。考虑到结点研究选择范围的大小，$I_i$ 可分为局部集成度与整体集成度，局部集成度只考虑某一空间与距其几步（通常是 3 步）范围内空间之间的相互关系。其计算公式为（式 6-1，式 6-2）：

$$I_i = 1/R_{(n)} = \frac{m\left[\log_2\left(\frac{m+2}{3}-1\right)+1\right]}{(m-1)\,|\,\overline{D}-1\,|} \qquad (6-1)$$

$$\overline{D} = \frac{\sum_{d=1}^{s} d \times Nd}{m-1} \qquad (6-2)$$

式中 $R_{(n)}$——实际相对不对称值;

$\overline{D}$——局部平均深度值,指空间任一点到其他结点最短路程的平均值;

$m$——城市空间单元空间个数和;

$d$——空间任意结点与其他任意结点的最短步距离,最小值为 1,最大值为 s。

(4) 智能值 $R^2$。$R^2$ 表述了局部空间与整个系统相互关系。如果局部范围内连接值较高的空间,在整体集成度也较高,那么认为这个空间系统是清晰的、容易理解的,从而也是智能的。智能意味着可以从局部感知整体,而非智能就很难有整体的概念。智能值的实质是,主体通过对局部范围内空间连接值的观察进一步获得整体空间可达性信息多少的程度。其计算公式为(式 6-3):

$$R^2 = \frac{\left[\sum(C_i - \overline{C})(I_i - \overline{I})\right]^2}{\sum(C_i - \overline{C})^2 \sum(I_i - \overline{I})^2} \qquad (6-3)$$

式中 $\overline{C}$——所有空间连接值的均值;

$\overline{I}$——所有空间整体集成度的均值;

$R^2$——介于 0~1 之间的数。

以上这些变量定量地描述了节点之间,以及节点与整个结构之间的关系,或者定量描述了整个结构的特征。此外,在具体的构形分析中,为说明特定问题,还会根据上述五个基本变量导出很多参数,在此就不一一列出了。

空间句法分析城市空间结构的步骤为:

第一步:首先对城市空间进行分割,任一城市系统均由空间物体和自由空间两部分组成。通过对城市空间的分割可提取出城市形态的基本特征。分割方法有三种:当城市系统内建筑或建筑群体比较密集时,一般采用轴线方法;当城市自由空间呈现出非线性布局时,则采用凸多边形方法,或采用第三种方法视区分割法。现在比较常用的是轴线方法。

第二步:空间分割的目的是导出代表城市空间形态结构特征的连接图。包括基于轴线地图的方法和基于特征点的方法。轴线图是用一系列覆盖了整个空间的彼此相交的轴线来表达和描述城市形态。通常轴线图是由最少数目的最长直线所组成的。特征点的空间表示方法是通过提取整个空间中的特征点，包括道路的拐点和交接点等，判断每点的可视性，计算其形态变量值即连接值、深度值、集成度、智能值来描述和表达空间的形态结构关系。连接图导出的过程为：首先将所有轴线的交叉点提取出来作为连接图的结点，在按结点之间能否相连（即是否可达）来将这些结点连接起来，最后形成轴线地图的连接图。特征点图是将特征点作为连接图中的结点，按每一点是否与其他点可视来判断二结点间能否有连线，最终得出其相应的连接图。

第三步：计算其形态变量值即连接值、深度值、集成度、智能值来描述和表达空间的形态结构关系。

第四步：结合计算结果分析。

总之，空间句法的研究开辟了对城市文本中自由空间要素研究的不同思路。但是空间句法的研究也有其局限性，空间句法在城市结构形态中的研究仍依赖于经验并具有不确定性。因此，空间句法的研究仍是对实际空间的辅助应用，对城市结构、形态的研究仍依赖于社会的权力、文化、主体的经验等因素的影响。

**2. 要素整合：视觉话语的城市文本**　研究城市物质空间要素的相互作用机制是城市空间作为描述物的认知方法之一。针对城市的文本性研究，"互文性"是指城市视觉话语的相互作用，那么城市设计也可视为城市空间要素（视觉话语）的整合机制研究。城市设计的创作主要建立在要素的关系组合上，城市的多样性、有序性、和谐性来源于诸要素的结合。早在 1953 年，英国 F·吉伯德在《市镇设计》（Town Design）中指出："城市设计的基本特征是将不同物体联合，使之成为新的设计，设计者不仅必须考虑物体本身的设计，而且要考虑一个物体与其他物体之间的关系。"这里所指的物体即城市要素。美国城市设计学者 Gerald Crane 在《城市设计的实践》中也指出："城市设计是研究城市组织中各主要要素互相关系的那一级设计"。

同济大学卢济威教授认为，整合是个宽泛的概念，城市要素在复杂的大系统中形成不同层次的整合关系，一般可分为：实体要素整合、空间要素整合、城市区域整合等。从城市物质空间的组成要素来分析，作为整体的空间形态可分解为五个层次：建筑物（Building/Lot）、街道（The Street/Block）、街坊（The Neighborhood or District）、城市（The City）、区域（The Region）。[102]具体包括建筑、市政工程物、城市雕塑、绿化林木、自然山体等。城市空间元素是人们赖以生存、进行生活和社会活动的环境。这些视觉话语的要素整合涉及：地上与地下空间、自然与人造空间、历史传统

与新建环境、建筑与公共空间、建筑与交通空间等。空间要素整合以城市公
共行为为主要取向，当然也受经济、生态和美学等因素的影响（图 6-4）。

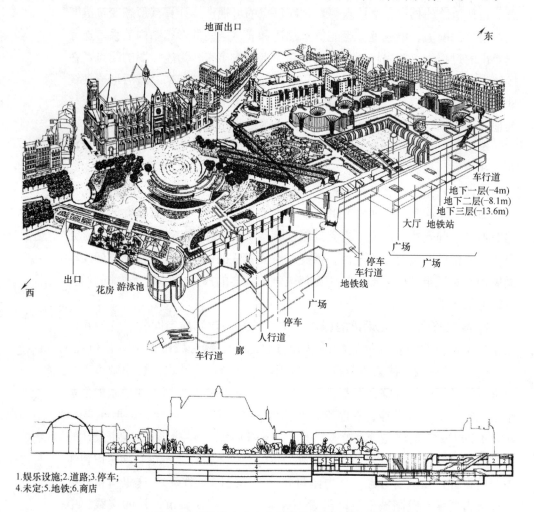

1.娱乐设施;2.道路;3.停车;
4.未定;5.地铁;6.商店

图 6-4 巴黎市中心中央商场地区城市设计的要素整合

　　城市的区域整合主要是从城市总体规划开始，包括分区规划、控制性详
细规划开始对城市形态进行空间构想。形态控制要求加强对历史文化遗存的
保护和对空间形态艺术质量的研究[103]。主要研究包括：王建国提出的基地
分析、心智地图、标志性节点空间分析、序列视景分析、空间注记分析、空
间分析辅助技术、电脑分析技术等七种城市空间形态的分析方法;[104]此外，
城市形态的文献分析方法认为，可以通过分析城市历史文献资料来研究城市
形态的历史演变，并作出未来城市形态演化的趋势研究。
　　实体与空间要素整合的研究侧重点使其更加关注中观与微观层面的城市

形态研究。因为，城市设计的形态概念具有强烈的外显性，是一种空间形态研究的方法。空间形态研究（Space Morphology Studies）的理论认为城市由基本的空间要素组成，它们构成了不同的开放与围合空间和各种交通走廊等，空间形态分析从不同规模层次分析城市的基础几何要素，其目的是试图描述和定量化这些基本要素和它们之间的关系[96]。

需要指出的是，对城市宏观层面的区域整合的研究方法往往突破了城市的文本性分析方法，需要相关学科的交叉研究，比如几何分形学、系统动力学、数理统计学的研究等。这些研究将城市系统视为数学、系统动力学模型，属于科学主义认知方式对城市描述物的研究，而本文强调的文本分析方法则属于经验主义的分析途径。这些科学主义的审美尺度也同时丰富了经验主义认知方式的审美经验。例如，复杂性理论认为，城市形态的非线性特征表现在其形态构成的复杂性上，形式多样、功能混合、联系有机是一个充满活了的城市的基本特征。城市复杂性理论作用于异质性、混合着不同元素、非连续的、开放的城市结构，此时的城市区别于现代主义的英雄时代，区别于柯布西耶、密斯、格罗皮乌斯等试图通过一个有着整体结构的城市确立一个有控制力的系统。在复杂性理论视野下，城市不再是一个单一的、连续的、纯粹的系统。因此，城市设计要素整合所遵循的原则应该是局部的；各要素对城市形态的作用是连续的，有时也是突变的；城市的审美也不再寻求终极的诠释，而是强调不同的趣味与大众审美；社会、经济、政治、文化的整合作用是城市物质空间要素整合的动力机制等。

**3. 文脉体系——时间性的城市文本**　文学文本的艺术感受性是逗留在艺术的时间结构中对艺术作品进行感受。只有以这种方式，我们才能获得这个作品向我们表现的自身意义，并提升我们对生命的情感。在艺术经验中我们必须学会以一种特殊的方式栖居于作品中。我们栖居于作品中时，就不会感觉到单调无聊。因为我们栖居于作品中的时间越长，作品向我们展示的东西就越丰富。我们对艺术时间经验的本质就在于学会如何以这种方式去逗留。

文脉研究（Contextual Studies）将城市文本提升到一部作品、一种艺术文本的形式、一种时间性的研究框架之中。文脉研究是重要的城市文本分析的视角，它从历史关联性（即时间性）形成城市形态的研究方向。文脉研究注重对物质环境的自然和人文特色的分析。自然的规定性和文化的内在性塑造了城市不同的形态。任何城市形态与现实环境的意义都存在深层结构。当这种形态的深层结构与环境、文脉相关联，会产生一种特殊含义。对于这种形式、文脉和含义三者之间的相互关系，邦塔（J. P. Bonta）提出了一个组合模式。模式中文脉被分为位置的文脉（横的组合关系）和体系的文脉（纵的聚合关系）。

① 形式的文脉。单词的含义（Lexical Meaning），这些词的含义如同在词典中那样，都单独解释，不受其他词义的影响。

② 位置的文脉。位置的含义（Positional Meaning），含义的位置成分要适应形式所在的环境且相对的独立于形式本身。

③ 体系的文脉。含义的体系成分则依赖于形式所属的体系，但相对独立[105]。

文脉中的意义，更多的是以情感的方式得以体现的，它是从形式到结构再到意义的分析过程。首先，文脉是意义的承接，而形式只能作为手段。其次，对于文脉的理解，大都集中于历史文化性质的承接，而忽略了"空间"的上下文关系。空间上的文脉不仅包含事物所处的自然物理环境，也包括此时的文化背景。广义来讲，文脉应当理解为"与事物相关的外部条件的总和"而不是个继承传统的问题。最后，文脉是上下文的界面，而它更应关注的是下文，即创造新的文化。当文化存在的"语境"已改变时，我们便需要设计师去创造新的文化了。在城市历史区域上下文关系的文脉研究中，包括以下几种主要观点：

① 文脉统合。文脉统合意味着复制和模仿周围的建筑风格，对街区特点的直接模仿，就是力求保护曾经存在的过去。这种保护也有可能削弱或淡化被保护物的价值，或者只是对传统过于表面化的复制，"模糊了真实和虚假历史之间的界限，使人在歪曲的文脉中欣赏和理解真实"（图 6-5）。

图 6-5　文脉统合（哈尔滨）

② 文脉并置。文脉并置的观点认为，"不同时代建筑的并置，其中每个都是自身时代的表达"（罗杰斯）。例如，罗杰斯多次引用威尼斯圣马可广场的例子：在那里，"人们的远见使得他们敢于把一座新的高品质的建筑放在

一座已臻完美的建筑旁，并因此完全改变了本已完善的空间文脉"。

③ 文脉的延续性。这种观点强调各个时代之间的延续性。在文脉的连续性研究中，模仿和隐喻历史的手法因其过于肤浅而被大加斥责，这被认为是对已逝过去的简单重复。如果以一种积极的观点看待不同时代之间文脉的连续性，则传统的文脉适合于诠释，而非模仿——这是一种介于统合与并置之间的设计方法。

当然，如果在非历史区域中的延续性研究，则应该强调一种全新的创作方法来记忆当代的文脉话语，以形成不同区域文化特征的对比与并置。

## 6.3 城市实体的文本阅读

### 6.3.1 实体（Mass）与内空（Space）的界定

城市空间的视觉话语包括实体与内空。实体与内空这两个词取自丹麦建筑教育家拉斯穆生（S. E. Rasmussen）的著作《体验建筑》（台湾译本）。[106]实体主要包括城市的建筑群体，它为城市空间服务。在建筑领域，建筑实体是一种语言、一种符号，是个体的空间构成；在城市的尺度上，实体则是一种语汇、一种象征，是城市形态的构成因子。一个街区，一片区域，实体用不同的语言与符号的集合表达城市的意义。城市通过建筑这类的实体要素的聚集，产生街道、广场这种城市内部空间。实体的概念是局部的，具有"形象性"，并不覆盖整个城市，然而正是这种局部的秩序性构筑了整个城市的意象系统。

虽然建筑符号都由能指与所指构成，相当于形式与意义，具有指称功能，但是城市的实体秩序所要传达的意义远非单一建筑符号的能指与所指的象征性所能解决的。在城市的尺度上，实体秩序所要传达的意义可以理解为适宜性、可达性、控制、肌理、形态、文脉、拼贴等具有整体性概念的词语。如里昂·克里尔关于城市共性与个性的图示，图中实体的概念可以理解为体量与符号的整体集合。在实体概念中符号的所指并不重要，重要的是这些符号集合所代表的城市共性与个性的关系（图 6-6）。

图 6-6　里昂·克里尔关于城市共性与个性的图示[107]

实体与内空是城市矛盾统一体的两个方面。实体是一种文化，具有象征意义；内空则是意义的空白，具有表现性。吉伯德（Fredderik Gibberd）在他的《市镇设计》一书中提到了"空间体"（Space Body）一词，他认为这是建筑的雕塑体（Plastic Body）的反面，呈"封闭性"而区别于开敞空间，其意不是为了从建筑去观看它，或是为了从一块空地去观看建筑，它的存在具有它的理由，是城市设计的主要素材之一[106]。从某种意义上说，城市内空的表现性更接近城市空间的意义表达实质。

城市设计对内空的重视如同吴良镛先生在《广义建筑学》中对建筑环境的重视。城市内空具有"感受性"，不再局限于封闭、围合这类的直接的形容。本文之所以特别强调内空的重要性，就是为了通过文学诠释学与接受美学中对文本空白的意义研究来理解城市空间中内空空白的"感受性"的不同表现方式，以形成城市文本空间创作的表现性、目的性的思维。

通过上述的概念界定，我们很容易识别图中巴黎城市鸟瞰照片中所展现的城市形态。我们看到的城市无非是实体与内空所构成的，无论实体是具有庞大的体量，还是形成了拥挤的街区或是产生了强烈的突变，巴黎的城市形态展现出了和谐、有机的秩序，这种秩序很容易在图中得以识别。"欧洲城市在城市对立要素的转化和变异中演进，建筑或肌理是城市的实体，街道和广场是城市的虚体。城市的句法取决于城市平面的挤压，取决于中心与边缘的对立（城墙），和改变城市的线型切割（如文艺复兴的直交街道或巴洛克时代的斜交街道）。"[91]我们也可以借鉴凯文·林奇的城市意象要素或者其他方式进行认知，但是实体与内空的界定仍是最为直观有效的办法。我们也可以与之比较哈尔滨哈西地区城市设计方案中体现的城市实体与内空的空间形态界定（图 6-7，图 6-8）。

图 6-7　巴黎实体与内空建构的城市形态[17]

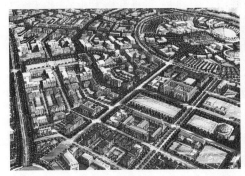

图 6-8　哈尔滨哈西地区城市设计方案

### 6.3.2　实体秩序产生意义

实体的秩序构成了一种意义。实体的秩序具备了感性形象的要求，而其表征的抽象观念或意蕴就是我们所需要诠释的意义。我们对城市空间的阅读与体验对象首先来自于实体。因为实体是城市结构秩序的显性表达，而城市秩序的建立则是城市设计一直追求的目标。可以说，无论任何城市的意义表达都需要其整体秩序的彰显。

实体作为空间的描述物体现了城市各要素间位置及其空间关系的合理性以及人对城市意义的感知。如同伊利尔·沙里宁所言，"如果把建筑史中许多漂亮和最著名的建筑物重新建造起来，放在一条街道上。如果只靠漂亮的建筑物就能组成美丽的街景，那么这条街道就是最美丽的街道了，可是实际上却不是这样的，因为这条街道将成为许多互不相干的房屋所组成的大杂烩。"[108] "城市展现给建筑的是在无限的形态场中差异性的开放式演出。由于这个场排斥闭合，城市成为建筑试图控制演出并建立整体秩序的障碍。"[91]

古代城市的实体秩序是传达一种精神敬畏的感受，城市需要用虔诚和明确的意图来建造。人类聚落社会的开始是通过某个地域性的首领或仪式，把人们吸引到这里，这里逐渐成为永久性的仪典中心，祭司们把朝圣仪式和物质环境结合起来建设这个中心。在这种背景下，"实体环境起着关键的作用，它是宗教思想的物质基础，是把农民拴捆在这种制度下的精神刺激物。"[109] 归纳起来，古代城市分为三种原型，第一个是宇宙秩序的城市，如中国的北京城和印度的玛杜利（Maduri），它们是"显示权力的冷酷工具"，"显露宇宙的伟大"；第二个是机器秩序的城市，如公元前四五世纪一些希腊殖民地城市、罗马兵营的规则平面，这种秩序表明"一个城市是由很多小的、自治的、无区别的局部构成的，这些局部围合起来组成巨大的机器，有着不同的

131

功能和运动"；第三个是有机秩序的城市，有机概念的思想发生在 18 世纪，在 19 世纪欧内斯特·赫克尔（Ernest Haeckel）和赫伯特·斯潘瑟（Herbert Spencer）的作品中第一次表现出来，它表现的是乌托邦思想、浪漫的风景设计理念、社会改革者的作品、自然主义者的思想、地方学生的追求等，如芬兰的泰泊拉（Tapiola）新城、美国的莱德伯恩（Radburn）和查塔姆村（Chatham Village）等[109]。

随着现代城市的发展，多元、复杂的现代城市秩序逐渐产生，也随之产生了古老城市的肌理与现代城市肌理的冲突。随着城市的不断发展城市实体尺度的不断扩大，新的建筑、新的街道等设施对城市原有的实体秩序产生了破坏。很多大城市（如巴黎）采取新建新区（德方斯新区）来缓解这些矛盾，城市形态也在这种协调与冲突中不断演进与发展。科林·罗的《拼贴城市》中 Parma 和 Saint-die 的图底关系比较。这些图底关系图显示了城市空间的传统模式和现代模式的不同。在传统模式中，实体作为统一的充分联系的群体（城市街区）的组成要素，建筑定义并围合空间。在现代模式中，代表现代建筑实体，它是现代通常呈现的形式——开放的、大尺度的街区，建筑点缀其中，作为空间内的物体。总之，传统模式的实体完全融入了城市的肌理，而现代模式则通过实体与内空共同构成现代城市的组织肌理（图 6-9，图 6-10）。

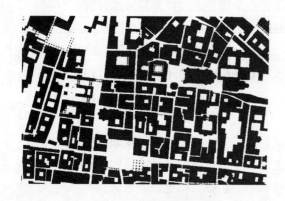 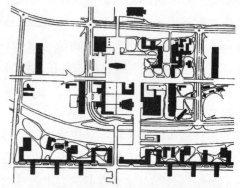

图 6-9　帕尔玛的图底关系[68]　　　　　图 6-10　勒·柯布西耶，圣迪耶方案[68]

可见，传统和现代的实体秩序传达着不同的美学倾向，在多元与复杂的城市实体关系中，不同的城市结构、不同的社会背景、不同的人文环境共同塑造了不同的城市意义。本文接下来的研究就是在逐步探索城市的阅读方式及其意义的表现方式，进而我们就可以在被诠释了的城市空间中获得城市的意义、融入设计的理念。当然，这种诠释的方式仅仅是一种尝试的框架，城市多元的深层意义及其表现方式仍需诠释者在对城市的不断阅读中创造与发展。

### 6.3.3 实体秩序的阅读方式

在阅读了历史上宇宙的、机器的、有机的、现代的城市实体秩序之后，挖掘传统与现代城市实体秩序的艺术价值尤为重要。这里不是要确立什么艺术原则，也不是要建立审美的评判标准，而是要文本分析角度对城市文本的实体秩序进行诠释与审美。

**1. 格网艺术的基底限定**　城市是格网的艺术，格网也是一种文本形式。本文所指称的城市格网是基于城市结构所反映的城市实体与内空的骨架关系，或者说是城市形态的内在秩序。不同的城市具有不同的格网形式，包括自由式、规则式、混合式等。

城市格网的形成是城市发展的载体，或成为城市的基底。"格网的二维结构所形成的句法，从开始就预示着一个平面的策略"。[91]正如 Martin 所说，格网是一个发生器（Martin，2000 年），我们可以灵活地对其内部的各个"零件"进行组装从而形成丰富多样的城市空间结构。[110]城市的实体就像是城市结构的"零件"，"零件"安装于结构之上形成了秩序。现代城市的发展产生了新的形态，或者另建新城，形成现代城市的格网形式；或者在原有的格网形式上产生冲突与协调。但是无论怎样，特定的格网形式上的任何改变都需要对原有的城市结构在现代城市建设中的重新理解与诠释，使之更具有符合现代理念的人文和生态的内涵。

甘德尔索纳斯指出，我们"将城市以文本的形式进行阅读"、"城市是持久的踪迹和可能擦抹的记录。"城市不仅是自我形式的书写，也不仅是对其他文化的补充，更特定而言，"它是一种书写机械，近似于神秘的书写本"。城市格网限定着城市的基底，城市格网秩序对城市实体秩序的作用在欧洲和美国的城市有着不同的反映。对于欧洲城市而言，城市是持久的，城市的肌理反映着实体的秩序，其城市文本是复制的（历史保护），不易擦抹的；对于美国的城市而言，格网是相对稳定的，而城市的建筑物在长期的尺度上，已经被多次删除，然而它的城市平面却拒绝变化。美国城市的实体不断地变化，摩天城市的出现代表着一种新的类型，这种新的类型给城市的实体秩序带来裂痕，"它摆脱原有的肌理却坐落于肌理之上"。甘德尔索纳斯认为，虽然美国的城市格网并不是一种城市肌理，它和欧洲的建筑格网（文艺复兴时期几何图画式空间）相去甚远，但它仍然和欧洲城市格网存在某种联系。格网城市隐含着肌理，摩天城市试图摆脱平面的束缚，寻求一种场。这种场正是其后的城市形式带来的。可以说，欧洲与美国的城市代表着两种不同的实体秩序，两个由城市的基底衍生的不同的书写形式。城市是通过两种矛盾力量推动的过程：一方面是通过认同建立一种秩序，（对美国城市而言）体现在模仿欧洲城市的倾向中；另一方面，则是试图通过城市平面和建筑类型的创新，建立根本的差异，来创造新的城市识别性。这两种不同的书写形式可以为很多古老与新兴的城市建设加以借鉴，在阅读中，以过去为源泉，"改写过去的不和谐之音"。

在中国，许多新兴城市的实体秩序具有特殊的形式，它基本不受原有格网和城市肌理的约束。新城市的某个特点就是某种"单一文化"。在这一问题上，新兴城市在物质意义上的联系要强于文化意义上的联系。因此，新兴城市也产生了其自身的问题，那就是由于大规模的开发建设导致城市的可识别性和时间性的问题。可识别性是指城市实体秩序的地域特征与文化认同问题，大多数中国的新兴城市都存在这样的问题。时间性则反映了城市发展的时间过程与建筑实体建造的整体性的矛盾。因为，城市内空与实体（建筑）互为客体，矛盾统一。城市是生活的容器，它试图建立生活的秩序；建筑则努力建立实体的秩序——空间性、整体性，两者是相互矛盾的。而"当建筑的关注对象转向城市时，城市的形态成为焦点，开启了城市符号化的过程。"[91]这样，城市从生活的舞台变成了建筑的舞台，空间性和整体性占据了主导地位。然而，城市却试图永远反抗建筑的力量，"城市作为一个过程，经济的发动机，一个物质和非物质因素交换的场所，永远反抗着时间、差异、意外和将其缩小为建筑的力量"。[91]因此，建筑不可能在城市的演出中强加给它一个整体秩序，尽管人们仍然不断地进行建立整体秩序的努力并不断的失败。然而，华盛顿却是个例外，它是美国唯一不断书写建筑的实体秩序所建立的城市，它的识别性来源于实体秩序，但是这种实体秩序的书写只能在类似华盛顿这样一个特定的政治性环境中才能实现。

在城市格网的基底之上，对城市实体秩序的阅读过程其实就是一个矛盾运动的过程。肌理、格网、持久性、可擦抹性以及我们接下来所要探讨的文化秩序。城市就像一本书，它的实体内容不断地变异，不论是通过自身的复制、外来的补充、抑或来自社会文化的变革力量。总之，我们可以以这样的方式来阅读城市文本的实体秩序，并通过这样的方式来规范我们的行为——城市的格网秩序是城市实体秩序的产生与存在的基底。

**2. 文化空间的控制模式**　社会和文化层面是协调城市文本的持久性与可擦抹性的决定层面。社会和文化力量决定着二者的实践和制度层面，这个层面控制着城市基底和单体变化的可能，使时间到空间的转化，历史到地理的转化成为可能。也正是这个层面的影响并导致我国现代城市形态根本性的制度性、文化性变迁。因此，以文化特征阅读城市的实体秩序成为了一种可能。

　　文化特征的实体秩序的形成需要对城市的文脉与肌理进行合理的诠释。实体秩序所代表的特有文化特征形成一种秩序，或者说，城市是"拼贴"的。城市是一个历史的沉淀物，每个历史时期都在这个城市留下了自己的印迹（沉淀）。从历史上来看，不同时代的风格能够协调的例子并不罕见，意大利圣马可广场建造了1000年（从9~19世纪拿破仑统治时期），圣马可教堂是拜占庭风格的、总督宫是哥特风格的、桑索维诺设计的图书馆则属于意大利文艺复兴时期风格。在漫长的历史中，意大利人为我们带来了这一完美的城市设计作品。在历史的空间化的过程中，圣马可广场既延续了历史又塑造了空间。

　　现代城市中西班牙毕尔巴鄂的城市文化的空间秩序具有典型意义。在城市复兴规划中，毕尔巴鄂市政府希望毕尔巴鄂市能够向西班牙的巴塞罗那那样——以建筑作为手段去定义和开放其文化。许多世界知名的建筑师如弗兰克·盖里（Frank Gehry）设计的古根海姆博物馆（Museo Guggenheim）、西萨·佩里设计的商务区（2000年完成）、费德里科 & 索里阿诺设计的艾乌斯卡杜纳音乐厅（1999年完成）、矶崎新设计的办公楼建筑群、扎哈·哈迪德设计的耐尔比翁河（Nervion River）下游的中心岛规划方案等，这些先锋派的建筑师所设计的不同的建筑、规划作品及其形成的城市空间与古老的城市形态一起建构了毕尔巴鄂丰富的城市文化空间秩序（图6-11）。

　　与毕尔巴鄂相比，哈尔滨城市空间拓展的矛盾却复杂得多。在这个变化过程中，当我们没有意识到保护的重要性的时候，破坏已经造成了；而当我们意识到错误之后，却在"过去的艺术财富旁边建造沉闷不堪的成排房屋和令人生烦的'方盒子'"（卡米诺·西特语）。因而，如何建立城市空间的文化秩序，就成为城市设计需要面对的现实问题。从历史上看，哈尔滨的城市规划与19世纪末欧洲新的城市规划有着一定的传承关系，哈尔滨早期的城市规划体现了巴洛克城市设计的特点。比如，放射性的广场、笔直的街道、星型的道路网结构等。但是在后来的发展中这些历史文脉已经逐渐消逝，一些地区的星形路网结构已不复存在，部分虽然保持了原有规划结构，但是城市建设已经呈现出混乱的状态，违背了当初的城市设计思想。例如，在哈尔滨南岗区（早期哈尔滨秦家岗区域），巴洛克的建筑文化被毫无特色的建筑所替代，放射性的街道空间被随意设置的高层建筑所破坏，放射性焦点的广场被建筑所占据……又如哈尔滨的道里区，道里区的中央大街自身虽然保持了较好的历史风貌，但是它的周边地段已经被高层建筑所填满。从文化秩序的整体性来看，人们已经找不到道里区城市实体整体的、可识别的文化秩序了……与之相比，波士顿城市空间形态的发展却尊重了原有城市肌理的历史积淀，从而形成了城市特有的文化空间（图 6-12～图 6-14）。

图 6-11 毕尔巴鄂的城市文化秩序

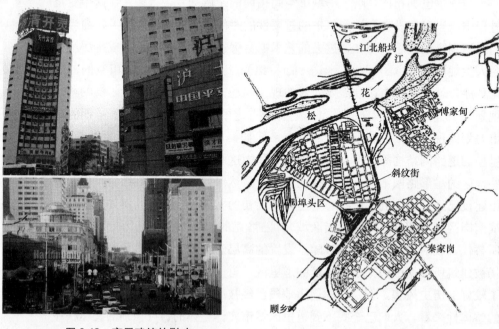

图 6-12 高层建筑的影响

图 6-13 早期的哈尔滨规划

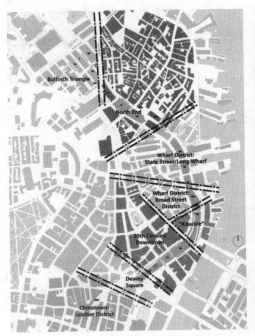

图 6-14　波士顿的城市肌理和城市形态[111]

可以说，文化（包括社会文化、制度文化等）是形成秩序的一个基本前提。城市不同的实体秩序代表着不同的文化特征，因为城市是遵循文化的脉络而逐步发展的。不同文化的更新首先在那些富裕的、交通方便的城市区域出现，这样就必然带来城市实体秩序的更新与变化。不同时代的文化也建立了不同时代特征的实体秩序。如果以"突变论"的观点看待城市的文化更新，则城市文化的急速突变往往带来城市实体秩序的迅速变异。然而，在文化方面，这样的变异往往缺乏时间的磨合，城市的实体特征容易出现程式化的倾向，速度越快的变异其文化特征越不明显。此外，全球化的快速发展、工程技术的普及也导致在不同地域范围内、在较短的时间内的程式化倾向。但是，无论是缓慢的还是快速的文化变异，城市的实体秩序都是以一种整体的状态出现的，单个建筑的突变代表不了一种文化现象。上段列举的哈尔滨巴洛克街区现状问题的例子，就是在一种文化缺失的状态下的程式化与突变的实体变化，其结果是导致了城市原有结构的破坏、城市形态的异化。

清华大学黄鹤博士在其《文化规划：运用文化资源促进城市整体发展的途径》的博士学位论文中提出了文化规划的地标—基质模式、集中—分散模式、标准—需求模式和混合模式等四种空间模式控制方法。地标—基质模式是指城市中作为地标（Landmark）存在的旗舰项目的示范性作用和作为

"无名的城市基质"（Anonymous Urban Fabric）的大量质朴和谐的民居街巷的文化控制；集中—分散模式是指促进经济、文化资源空间聚集的城市文化地区形成集中的城市面貌和促进认同的文化资源分散以服务更大地区的两种模式；标准—需求模式是指以人口规模和空间距离为标准的文化控制方法和依据需求的规划布局所依托的文化标绘的方法（Cultural Mapping）；混合发展是在城市分区造成割裂城市生活的状况下形成的多样化应对策略。[112]

　　总之，城市实体是人类城市文明史的物质记载，以文化秩序控制的城市实体认知模式主导我们以一种"软空间"的视野去看待城市的物质形态。文化秩序的最大特性是其包容性，能够容纳多元的与异质的事物，在毕尔巴鄂与哈尔滨文化空间的对比认知中我们可以深刻体会到这一点。可以说，当代城市在经历了后现代文化的洗礼之后，城市文化所具有的消费特性和城市实体的展示特性使得社会的文化价值观逐渐主导着城市的审美尺度。

　　**3. 感觉结构的认知途径**　　"以往的城市取决于城市的平面，而19世纪末和20世纪初建设的一座美国新城，立面可以独立于平面，这就是摩天城市"。[91]在今天的城市中，实体的空间秩序成为主导城市形态的重要因素。空间关系是独立于格网秩序和文化秩序的另一实体秩序要素。格网秩序和文化秩序规定了城市实体的自身肌理的和内在文化的动因，空间秩序则脱离了城市本体而转移到了观察者的视角。

图 6-15　雅典卫城[38]

　　传统空间关系的实体秩序体现在道路、广场、眺望点、感受区等呈现视觉关系的要素上面。人们游走于城市，感受着城市，认知着城市。人与城市的尺度关系形成了不间断的对话。例如，在古希腊，通过道路关系，雅典卫城的实体秩序组织考虑到游行队伍的组织序列。游行队伍绕卫城一周，上山后又穿过它的全部。人们在每段路程里都能看到优美的建筑景象，它们相继出现，前呼后应，建筑物和雕刻交替成为画面的中心。建筑物有型制和大小的变化，柱式也不同……建筑群因为突出了帕提农而统一成整体。它位置最高、体积最大、形制最庄严、装饰最华丽、风格最雄伟。其他的建筑物装饰性强于纪念性，起着陪衬烘托的作用。建筑群体的布局体现了对立统一的构图原则（图6-15）。

　　传统城市"易读"，最高大、最引人注目的往往就是最重要的公共建筑或宗教建筑；而现代城市的"不易阅读"使得对城市空间的研究方法逐渐从单纯的物质空间研究深入到社会文化方面的文化地理学、政治经济学、系统方法论等方面的探索。这些多学科的探索使得对城市阅读的努力不仅来自建筑师，而且也来自社会科学领域中以城市为对象的观察者，包括行为学者、社会学者和规划师等，如凯文·林奇的无方向性主体和可阅读性的问题，梅尔文·韦伯（Melvin Webber）的非具象郊区和新兴电子技术引发的无场所问题等。这些社会科学领域问题的研究是在现代复杂的社会中，经济因素、权力因素、文化因素对城市的空间秩序的形成产生的影响，因为没有几个城市可以忽略这样的影响而遵循纯粹的形式美原则。

从研究的出发点看，这些综合性学科的研究都比较强调设计师"感觉结构"的运用。马克思主义文化研究的重要人物威廉姆斯（Williams）认为，"感觉结构"是文化文本和社会真实的中介关系的定义。文化文本与意义组织、社会真实及生活经验以及社会组织和权力的"客观"结构之间，存有一连串的相同性[64]。在某种意义上，这种感觉结构就是一个时期的文化，而对城市空间的阅读可以视为一种交往活动，它的核心是审美沟通，而审美沟通的主客体则是人与城市。

通过感觉结构的研究途径城市空间秩序的简单目的是要形成"景观"。所谓"观"是指人是感受的主体，主体感官的认知既是一种生物物理的活动也是有意识的主观能动因素；"景"是不依赖我们主观感觉而变化的客观存在，是个体视觉景观感觉的基础[113]。城市的形态仍需要控制在"观"与"景"两者的主导之下的。可以说，城市设计师创作活动的基础就是凭借对城市文本阅读的感觉结构进行的（图6-16）。

在感觉结构的主导下，城市的实体秩序要以何种方式去感觉、阅读、去控制？在具体的设计方法中，我们的感觉结构是否能够得到有效的结果？库哈斯却认为，我们精心规划的城市今天看来仍然是一片混乱，那我们不如去营造一种随意建设，用旧了就放弃的普通城市。库哈斯似乎走向了极端，已经从对城市空间的批判滑向了对整个城市的解构，变成了一种城市虚无主义[29]。诚然，在缺少简单匀质的城市结构与千姿百态的建筑特征之间的关系的情况下，单纯的实体控制似乎成为一项不可能的工

图6-16　罗马波波洛广场[106]

作。我们生活的城市很少出现令人满意的状态，面对复杂的城市形态，我们既需要不同审美倾向的建筑学研究，又需要规划理性与市场效率兼顾的政治、经济学研究，也需要关注社会群体与个体的文化人类学研究等。因此，城市设计师的工作需要适应不同的角色，兼顾不同的利益，那种终极蓝图式的城市理想也就过渡到了"隐性控制的社会框架"之内——现代城市空间秩序的控制也就具有了明显的政策导向性——我们称之为"空间秩序政策"。城市设计师对空间要素控制的感觉结构转化成为政策控制的有效性，即城市设计从感觉结构到设计语言的转化工作——一种城市设计文本的生成过程（将在第7章进行深入探讨，图6-17）。

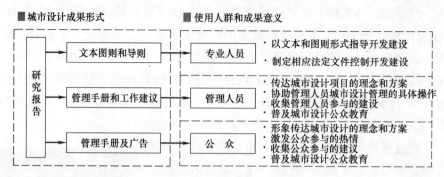

图 6-17　政策导向的城市设计成果转化[114]

## 6.4　城市内空的文本表现

### 6.4.1　空白的概念及其意义

"空白"也叫未定性、未定点，是文学诠释学（或接受美学）中研究文本意义的词语。所谓空白是作家没有写进本文的部分，是指在艺术作品中存在的空缺、虚空或不确定的部分，是一种无法表达的表达。因为文学语言不像科学语言那样是确定的、是描写性的，它本身就有许多言外之意，这是其一，再者作家在描写生活时也不能将生活的全部写进本文之中，这是其二。因此，在文本或本文的各个部分之间就留下了许多空白或未定点，它需要读者在阅读时将其填补起来。

正是作品中的空白和不确定性，蕴含了丰富深刻的意义留待读者去发现和挖掘。文学作品中的空白包括语义空白、句法空白和结构空白三种方式。语义空白是指文学语言中的语词在表达字面意义的同时，在具体的语境中具有多重含义，形成了词语含义的空白与未定性。句法空白是指文学语言中的句子常常打破日常语言中的语法规则，如句子主谓宾成分的缺失或者反常搭配，句子节奏韵律的变化等，都可以形成句法上的空白。结构空白是指文学语言打破固有的结构方式，通过结构章法的跳跃、穿插、空缺反叙等手法的运用形成大量空白留待接受者填充。[115]

从文本的理论来看，城市文本是一个由语词与句法形成的空间，既非常感性，又非常具有美学意义。文本通过语言和句法去营造它的结构，而城市则通过建筑、街道、广场等城市语句来塑造自身的形象。在城市文本研究方面，罗西的城市类型学研究为城市文本的语言转换创造了条件，整个城市有可能被当作语言的纯粹形式结构做语句和语义的处理。在城市意义上，城市文本的字、词、句含义可以理解为建筑、街道、广场等城市的基本构成单位及其组合关系。语义是指城市基本单位（建筑、街道、广场等）的形式意义，句法是指城市基本单位（建筑、街道、广场等）相互间的组合关系，城市结构是指城市语义与句法空间组合关系的整体秩序。

在城市空间中，相对于实体的内空就是城市文本的艺术空白。在普遍的研究中，人们大多将城市空间视为研究对象，将建筑视为形成空间的重要表现要素。其结果往往是空间的形成必然要与建筑的围合产生联系，城市空间的生产及表达无不是简单的加法。此时的城市空间表现的是类型化与机械化的空间，人们忽略了作为表现艺术的最本质表达——空白意义的表现。我们将研究的对象反转就会发现：实体相对于内空是缺乏空间的表现力的，实体表现的主要是可见的秩序，而内空却极易强化空间的表现性——一种由感知、想象和联想填补的城市空间。

城市内空空白的表现方式是根据城市文本的语词关系界定的，具有表现性。表现论美学代表人物克罗齐认为，所谓表现即是心灵赋予物质以形式使之对象化产生具体形象的过程。里德认为，"当一定的客体对于想象而言完美的表现了意义（也就是说它恰到好处，既不过分也无不足地表现了意义）时，我们就说它的表现是完美的。在这种情况下，形式就变成为整体和意义的一个部分，这种复杂的自我完成的表现，我们就称之为'美'"。[116]城市内空空白的美学表现意义体现在：首先，内空空白是经过人工设计的思维成果，未经人思维过程的自然景观中的空间场景不具有意义；其次，内空空白是实体的对立面，空白的表现离不开实体的限定，但空白又不仅仅局限于实体的限定，空白是人们想象与联想所填补的城市空间；最后，城市空间的诠释美学理论认为，意义是经过诠释的，美来自多元的诠释立场，而当人们对城市空间无意识时，就需要设计的整合力量从而生成意义。

## 6.4.2　内空空白的表现方式

内空作为空间的表现物，内空空白具有的三个表现方式包括：语义空白、句法空白和结构空白。文本的语义阅读是以文本为中心，通过语义分析把握作品意义，并重视语境对语义分析的影响。简单说，语义学就是从字、词、句含义的解读入手。城市文本的语义解读要从城市的基本单位（建筑、街道、广场等）入手，去挖掘其深层涵义。句法分析是指运用词序或其他信息，分析每个句子的主语、谓语、宾语以及连接主谓宾语的其他成分的关系。在语言学里，"句法"一词意指可以创造意义的词的组合排列方式，相类似的，我们相信空间的组织和安排所形成的一种序列或类型可以创造空间的意义。城市空间句法是指城市文本的语词要素所组成的句子结构，一种可以创造意义的词的组合排列方式。比如城市的街区、交通系统、绿化系统、步道系统、空间序列等。

这三个内空表现方式的划分并不是要将城市空间对号入座，而是要鼓励人们通过不同的表现方式对城市内空进行创造性阅读，发现、诠释多维意义的城市空间。以这样的方式介入城市空间可以获得更加具有启发性的空间思考方式，一种全新的创作途径的努力。需要指出的是，城市的内空与实体是紧密联系的，内空是相对的，实体是绝对的。因此，城市空间意义的生成是相辅相成的。

**1. 语义空白**　语义空白是指文学语言中的语词在表达字面意义的同时，在具体的语境中具有多重含义，形成了词语含义的空白与未定性。城市内空语义的未定性多发生在城市文本的语词（即实体与空间的限定）的模糊性中。城市的建筑和场所所具有的象征与隐喻定义了语义空白的思维属性。格式塔心理学对图形的不完全与空白造成的心理效果的独特解释，揭示了空白填补的心理依据。基于空间句法中对于"形构"概念的解释，我们也可以将语义空白理解为外在于实体形态的空间形态的意义空白，即外在物质功能的社会文化功能所形成的意义空间。正如汪坦先生指出，"形式本质并不具有什么'表现'的本领，富于表情来自表意的形式和解释信码的辩证关系。"[105]

例如，在圆明园遗址公园的规划中，北京市政府于 2000 年、2002 年先后公布了《圆明园遗址公园规划》和《圆明园遗址保护专项规划》。在这两份规划中，提出了"整体保护，科学修整，合理利用"的方针，将圆明园定位为遗址公园，以"爱国主义教育"和"历史见证"为主旨。遗址内不进行新的构思，不增加新的景观，重点修复原有的山形水系，允许复建长春园含经堂、正觉寺和圆明园大宫门等部分景点，但须严格按原样恢复。经过重新修缮的遗址公园所具有的特殊的审美意义决定了其语义规则的多重含义与未定性。在特定的历史、独特的审美、现代的视角下，每个人对其都具有不同的感觉，圆明园遗址公园的残缺美向人们展示了一个多维的未定意义。残缺，即通过想象与联想对空白语义的未定性进行填补，唤起了读者的期待视野。残缺美的运用是空间设计中常用的手法之一（图6-18）。

最著名的例子是朗香教堂在人们心理感受的研究。朗香教堂是实体形态的建筑，但是人们对它的审美阅读已经超越了实体范畴，并与其空白意义紧密联系着。正如希列尔所说，对建筑仅仅是功能的诠释掩盖了其蕴涵着本质上是逻辑的"关系"的概念，也正是"关系"的逻辑性，导致了建筑在社会上的千差万别，不同建筑的意义空间是不同的。据柯布西耶自己的解释，他是想将教堂设计成为"形式领域的声学元件"。而黑勒尔·肖肯（Heilar Jorken）却将其想象成祈祷的双手、一艘轮船、浮水的鸭子、牧师的投影、并肩的两个修女等……朗香教堂为人们带来想象和联想的空间是没有穷尽的（图6-19）。

图 6-18　圆明园大水法[17]

图 6-19　朗香教堂，柯布西耶[17]

又如，通过文脉的并置产生语义空白的例子。罗杰斯在捷克共和国布拉格设计的尼德兰大厦（Ginger Rogers and Fred Astaire），该建筑的传统立面形式有着与城市区域的整体建筑特点相似的风格特征。然而，像布拉格这样的古老的城市仍被不断的改变，被允许进行当代设计的修补。因此，作者应对这一问题，在建筑的处理上突破了传统的审美模式，将传统与现代、规则与扭曲、实与虚的空间进行对比、文脉并置。并置的结果使读者的阅读活动产生了审美距离，也就形成了意义空白。这是一个有趣的表达方式，尽管有些人认为这种文脉并置是一种极端的、"灾难性"的表现形式。但是，作者表达城市意义和表现语义空间的折中式的处理技巧反映了城市文本运用的穿插与反叙的写作手法，在这方面看来，该建筑对于城市来说确实具有特殊的美学意义（图6-20）。

可以说，对城市空间的语义阅读是阅读城市的基本形式，是对城市基本单位的理解。因为，人们首先关注的往往是城市中产生特异变化的基本单位，然后再寻找这些变化与整体的联系，这就形成了从语义到句法、结构的阅读次序。城市是一个隐含着并需要意义和价值的符号结构，语义阅读不仅仅是对实体的阅读，更重要的是对其"构形"的诠释，内空也是空白的生成对象。因为空白产生意义，通过语义分析来把握城市文本的意义就必然会产生语义的多义与未定性。因此，在特定语境中，语义空白形成了城市内空基本的认知结构。

图 6-20 布拉格尼德兰大厦[17]

**2. 句法空白** 句法空白是指文学语言中的句子常常打破日常语言中的语法规则，如句子主谓宾成分的缺失或者反常搭配，句子节奏韵律的变化等，都可以形成句法的空白。句法空白是语义单位间连接的"空缺"，或者句法存在着对读者习惯视野的否定，这种否定会引起读者心理上的"空白"。语义空白与句法空白的区别，就是一个是外显的句法，一个是内在的语义联系去填补语句本身的"留空"。

城市内空的句法空白可以理解为城市文本中各种句法要素的切换、组合和缺失等，这种"切换、组合和缺失"形成了城市内空的意义未定与空白。类似于场所精神的塑造，句法空白的作用就是协调城市语句相互间的存在意义。例如，纽约哥伦布圈的城市设计方案。哥伦布圈在曼哈顿岛处于一个重要的节点位置，其面积不大，但是许多重要的城市片段汇集在这里。包括纽约中央公园的入口，两座意义重大的纪念碑，多条街道，各种基础设施和许多风格各异的建筑。虽然 AOL 时代华纳中心的新建将有助于哥伦布圈几何和空间上的限定，但该中心仅仅涉及了哥伦布圈 1/3 的范围，而其余的部分则得不到很好的限定。因此，这个节点是不同城市句法的交汇点，是不同序列语句的空白处。与中央公园（属于结构空白）相比，哥伦布圈节点需要对其进行空间的界定，并根据"哥伦布圈"这一名称，将其空间界定体现在圈的概念上。这个圈的出现整合了节点周围水平或者垂直的各种要素，是一个理想化的形式。一个直径 340 英尺（约 104 米），空中的光环。光环所覆盖的整体空间由具有象征意义的圆柱来围合，这些圆柱高约 41 米，每根圆柱代表一个著名的城市街区，同时也表征了曼哈顿的地下设施体系。整个圆环空间，白天是以天空和周边建筑物为背景，晚上则通过多层次的灯光来界定空间。哥伦布圈的设计虽然没有实施，但是其对整个城市的贡献具有两个层面，一是哥伦布圈自身的符号意义象征了周边和地下空间；二是，在整个城市尺度，古典的圆形具有深刻的历史涵义。各种有形和无形的冲突都在哥伦布圈的设计中得到了恰当的组织和协调[111]（图 6-21）。

图 6-21　哥伦布圈城市设计[111]

　　在这一城市设计案例中，城市设计师通过哥伦布圈的意义有效整合了各种设计元素。在城市各个街区与区块的连续性中，其句法结构是连续的，然而在各个句法结构相互衔接的部分"语言中止了"，内空空白"消除了符号在我们身上的统治"，城市空间进入了一个意义未定的空白点。这是一个缺乏整合且零散的空间，而哥伦布圈的设计通过弥补意义的缺失与空白，将其自身的符号意义象征于周边和地下空间。"就整个城市的尺度而言，哥伦布圈的设计在城市这一特定的场所确立了一种古典几何形态，这一形态具有深刻的历史涵义。"[111]。因而，无论哥伦布圈所界定的各城市句法要素是缺失了何种主谓宾成分或者其他结构，设计者通过哥伦布圈自身的凝聚与整合将这些未定意义梳理并逐步升华，形成了意义更加的多元化与未定性的句法空白点——哥伦布圈。虽然这一城市设计并未实施，但 AOL 时代华纳中心的实施方案部分体现了其所蕴含的城市设计思想——句法的意义整合。AOL时代华纳中心的设计曼哈顿区三个城市设计要素——城市轴线、斜穿而过的百老汇、中央公园以及哥伦布圆形交通环岛等因素，将建筑群房延续到百老汇大街上，然后沿着哥伦布环岛呈弧线型与城市轴线平行（图 6-22）。

图 6-22　AOL 时代华纳中心[17]

　　德国柏林波茨坦广场（伦佐·皮亚诺）的城市设计也具有句法空白的意义设定。句法空白强调通过句法的缺失加强对城市意义的填补。林波茨坦广场设计的焦点是如何对待城市的历史。林波茨坦广场曾经是柏林最繁华的地区之一，第二次世界大战的战火使德国分裂为东西两个国家。首都柏林也一分为二，中间是柏林墙和大片的军事禁区、城市废地。最先的设计采用了柏林传统的大街区的形式，并恢复了莱比锡广场的八角形形状。并建议用严格控制尺寸的建筑按传统的形式布置。这一方案充分尊重了城市过去的历史，符合内敛的德国文化，但是缺乏积极的创造，缺乏对场所精神的转换，没能表达城市动态的历史过程。而伦佐·皮亚诺的修改方案（奔驰地段），一方面继承了最初方案的街区类型，并在德国著名设计师夏隆设计的不规则的国立图书馆旁边设计了一个同样不规则的音乐剧院，在形态上和国立图书馆相互呼应，并在音乐剧院前形成了具有文化特点的公共广场；另一方面，他遵循"现代化不能破坏城市风貌"的前提下，在继承传统类型的基础上增加了新的城市要素，如增加建筑高度，改变原有的刻板形象，丰富了城市景观。另外，皮亚诺不但延续了原有的波茨坦大街，还设计了一条室内步行街连接一些街区，把地块分成三个部分，增加了该区域的公共空间。

　　笔者针对修改方案与先前方案相比的变化之处，以两个方面解读波茨坦广场意义的生成方式。其一，是对历史的协调性，设计强调历史的继承性与现代城市形象的融合，而广场空间的设置调和了不同句法意义的冲突，新的城市形象与传统的街区在缺失的空白处通过人们进行思维填补、意义整合；其二，是对历史要素的继承性。继承性在最先的方案中得到了最大的体现，但是对历史的尊重不需要完全的复制历史。历史的形态是传统的大街区，早先的设计尊重了这一历史文脉，然而在诠释历史与再创造意义的需求下先前的设计却缺乏认可度。皮亚诺则采用减法的手段——联系各街区的步行街的设计，将不同的句法空间进行有效整合，并辅以加法来增加建筑高度，丰富城市形象。步行街的设计形成了特定区域相互间的内在秩序性及其历史连续性，步行街的顶光设计让人联想到19世纪那有拱廊的街道，是非常受柏林人民欢迎的"公共"空间。这样，城市意义就在其空白的未定性中自然的生成了（图6-23）。

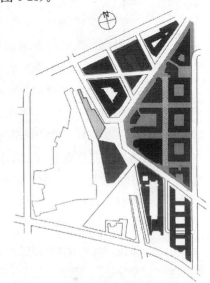

图 6-23　德国波茨坦广场城市设计[85]

　　从以上的案例分析可以认为，城市大部分广场或节点的设置所要表达的城市语句关系都具有句法空白的意义特性。广场是城市的客厅，是城市各种句法空间的接合点。广场的设置不仅仅要考虑到文化的象征和隐喻，它更要考虑到对市民活动的支持，以及空白点的设置与城市结构的关系等。因此，探询城市的句法空白对指导城市设计具有极为重要的意义（图6-24）。

　　**3. 结构空白**　结构空白是指文学语言打破固有的结构方式，通过结构章法的跳跃、穿插、空缺、反叙等手法的运用形成大量空白留待接受者填充（图6-25）。所谓"妙笔全在无字句处"，作品中的空缺和中断为接受者提供了多种可能的解读。城市设计犹如文学创作，在满足其基本功能的前提下，城市空间要富于表现力。城市的重要节

图 6-24　句法空白[117]

点、建筑物等，往往与内空相联系，城市实体填充了城市的结构，城市内空则留出空间让读者进行充分的情感表现。城市内空是城市文本的结构空白，是城市充分表达情感的方式。城市内空的结构空白主要表现在城市特有的自然、人工要素的空间留白处。比如城市公园、河流甬道、交通走廊、历史风貌保护区的空间控制等都可视为城市内空的结构空白。如图中城市道路、河流及建筑的退让与布置方式、城市绿地的设置等形成了城市内空的结构空白。

本文以语义、句法和结构空白划分，目的就是要借助语言学对城市文本的表现形式进行意义的探讨。如果以图底反转的方式考察城市内空的"结构"空白，那么城市的各种空间句法相互搭接所形成的内空空白都可称之为结构上留有的空白。在对城市内空的研究中，城市内空的结构空白也具有特定的意义，城市空间在结构空白的表现性中彰显着城市的精神实质。

具有代表性的城市内空结构空白的表现例子是中国国家奥林匹克公园设计方案对北京城中轴线的处理。北京城的轴线被人们称之为"龙脉"，北京城起源于城市中轴线，北京城的发展也系于城市中轴线。位处中轴线北延长线顶端的奥林匹克公园，将怎样保护与发展这条历史文脉为世人瞩目。在诸多的参选方案中，把中轴线"融化"于湖光山色之中，成为了诸多设计者们的一致追求。方案确定的奥林匹克公园蓝本，在中轴线北顶端，规划了一条2.3公里长的"千年步道"，步道上是中华文明上至三皇五帝，下至宋元明清的各历史时期的标志物。蓝本中，这条古今罕见的城市轮廓线向北"化入山水之中"，则使传统山水文化步入了现代。这条"通向自然的轴线"成为了北京城市精神最具表现力的"意义空白"（图6-26）。

图6-25　城市内空的结构空白[111]

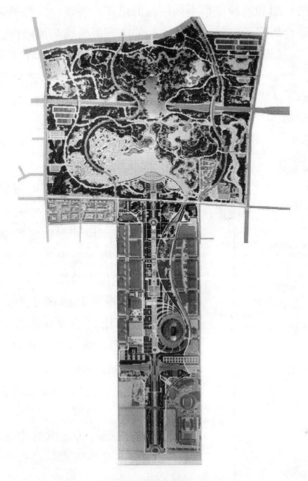

图 6-26 中国国家奥林匹克公园设计[17]

结构空白的意义也是通过城市设计的设计过程展现的。由于城市设计从总体控制、分区控制到详细设计阶段的层次性，城市内空的意义也在不断的诠释过程中得到深化与具体化。在哈尔滨城市建筑风格控制性规划过程中，我们不断寻找对城市内空空白的有效控制与合理诠释，挖掘城市内空意义的生成方式。在设计的层次上，哈尔滨城市建筑风格控制性规划属于非法定的规划，它的设计对象不确定、规划层次不明确，从城市的总体范围到某一重要节点都要进行有效的控制。因此，规划要求既要强调总体的范围控制的宏观性又要强调具体操作指导的有效性。其中，城市蓝轴——马家沟河的风格控制就是一个需要探讨的问题。马家沟河是哈尔滨一条重要的城市内河，虽然其河道极窄，但是却贯穿着哈尔滨几个重要的城市区域，对哈尔滨城市空间形态的形成具有重大的影响。在规划控制中指出，"马家沟河城市蓝轴作为城市区域的界限和连接城市不同区域的纽带，表现出强烈的边界效应。文化的交流与融合界定了建筑的多义性。城市蓝带的建筑风格应强调文化的复合与意义的多解。"因此。在文本控制的过程中，我们将城市内空空白进行意义设定，通过对不同城市意义的区段控制形成城市的空白意义，其意义的设定包括：生态文化区、校园文化区、欧陆文化区、传统文化区、历史文化区等（图6-27）。

道外发展区

中国传统与现代风格协调区

中国传统风格协调区

果戈里大街折衷主义区

中东铁路俄罗斯风情区段

哈工大校区

大学城区段

哈工大科技园区段

历史文化区

传统文化区

欧陆文化区

校园文化区

生态文化区

图 6-27　哈尔滨马家沟河的结构空白

总之，笔者认为在对城市文本的阅读实践中，这样文本化的研究方式对城市空间的认知以及对城市设计创作的思维过程具有启发性的帮助。本文提出的城市内空空白的意义表现的观点与库哈斯（Rem Koolhass）对"空白"的重视及其解释相类似。库哈斯指出，建筑与都市内的空并非真空，他要给你一切的可能性，调动你的激情，幻想虚无。他要创造一种让你有无限欲望，要进去窥视的空，在建筑和大都会的空间里去创造一种拥挤的文化。库哈斯认为这（对空白的丰富想象力）显然是一种艺术的冲动。同时，"也是一个机会主义与诗意的混合体"。"让一片区域空白远比在上面建造什么容易得多"，"空白是某种消除所有压力的主张，而建筑在这种压力中扮演了重要的角色。"[118] 库哈斯的解释提出了对空白的创作特质，而本文所研究的城市内空空白意义的表现方式正是要唤起人们对空白的重视，以及探讨对城市内空的启发性阅读。

## 6.5　本章小结

城市设计理念层面的意义诠释是对城市客体（城市文本）的诠释理论研究。本章首先探讨了城市结构和城市形态的诠释学概念及其理解，并对国内在城市结构与城市形态方面的研究成果作了简要的梳理。本章主要提出了对城市实体的阅读方式与城市内空的表现方式等两种认知城市空间的基本途径，并深入探讨了在理念层面城市设计的城市文本化思维形式及城市设计的案例分析。

（1）对城市实体的阅读方式的研究是一种总括性的研究。文中指出，格网、文化和空间构成了城市实体的表现范畴，格网的有序性、文化的内在性及空间的复杂性形成了我们阅读城市实体文本的基本方式。在城市设计的实践中，我们正是以这种方式不断的介入并接近我们所要表达的实体内容。

（2）对城市内空的表现方式的研究是一种诠释性的研究。本章结合文学理论中对文本空白表现结构的研究，深入阅读城市文本的空白构成，并提出了将其空白意义的研究成果作为城市设计具有启发性、创造性的思维方式。语义、句法、结构分别指涉城市空间的基本构成单位、城市空间句法的整合和城市开放空间系统等。本章对城市内空的表现方式的研究开启了一种更加接近城市文本本质的，更加具有整合力与表现力的空间思考方式。

# 第 7 章　城市设计表意过程的文本诠释

　　文本理论是利科研究的中心问题。诠释学首先是一种研究理解和解释"文本"的哲学，一种"关于与文本相联系的理解过程的理论"。在他看来，文本既是一种符号体系，也是"语义上凝结的生活表现"，或生活意义的客观化。他吸取日常语义学派奥古斯丁等人的语言行为论，认为语言是生活行为的形式。人们理解文本，不只是从心理上重建原作者理智的理性活动，而且是超越作者原意的创造性活动，并最终通达一种"可能的存在"。

——《理解事件与文本意义》

　　"表意"是指创造意义的过程[90]。在城市设计的文本表意过程中，文本化的成果形式是城市设计创作表达的基本特征。首先，在这个过程中我们需要将文本化的设计语言转化为付诸实施的运作计划、引导控制体系及管理程序等内容以及相关的规定、政策等；其次，在城市设计的实践过程中，我们又需要建立一个多维意义的文本空间，通过这个文本空间来探讨城市设计多种设计概念的可能性，探求城市设计理念的实践意义。

　　人们阅读城市的经验更多的是透过文本的空间而得以实现的。文本为城市创造了一个想象空间，使读者能够"透过文字的肌理去感受周遭环境的变化"。在"文字虚构的空间里"，城市的一切往往"显得更加实在"。城市的可读性正是在于文本能够"创造出一个相对于现实的文本想象空间"，让其经营出一种阅读城市的"新经验"。同时，文本"不但实践了作者内在自我对城市的经验，同时也折射了社会、文化种种外在因素对他的撞击和启发"。借用本雅明（Walter Benjamin）的一句话，文本的空间并非为城市设立了一个难以逃逸的框架，相反的，城市经由文字的记载而得以转化成一种"绵延的经验"；换言之，城市经验透过文本的重组而变得清晰，城市本身也透过文字的表述而重获新生[119]。

　　本章将对城市设计表意过程的文本形式进行深入探讨，分别从"设计语言的转化"和"文本空间的设定"等两方面探讨城市设计文本的内涵界定、文本属性、审美形态以及城市设计文本的自律性、表现性结构等诠释特性；

揭示出城市设计文本创作的内在规律；提升城市设计文本表达的目的性、规范性和表现性等理论要求。

## 7.1 城市设计文本的内涵界定

在城市设计诠释结构的意义结构中我们了解到，科学诠释是诠释者与被诠释文本两个视界的融合，城市设计文本作为科学文本是诠释主体对城市客体所掌握知识的文本形式。与此同时，城市客体是通过科学文本（城市设计文本）为其诠释主体所领会和把握的，也是通过科学文本（城市设计文本）来限制诠释主体的意象性活动的。因而，城市设计文本作为科学理论的表现形式，承载着主体与客体的双层构建，对城市设计文本理论内涵的研究具有重要的意义。

### 7.1.1 城市设计文本的创作领域

对城市设计学科对象而言，从宏观的形态结构到微观的空间环境或场所行为，城市设计有着较为宽泛的研究领域——这也必然导致了城市设计多样的研究方法及其不确定的成果表达等问题。同时，业界对城市设计创作思维及其成果表达的理论研究也相对薄弱，主要体现在：人们习惯将城市设计视为一种空间的实践过程和控制的政策措施。因此，无论从实践的运用方面还是从政策的制定方面，抽象的理论对这一实践过程的指导意义是受到质疑的。人们习惯结合某一具体设计成果来尝试某一理论的可行性，或者转向对城市政策、价值的关注而忽略了创作本身的问题。那么，城市设计的文本创作过程仍应被视为建筑学科的"黑箱作业"？还是我们依然可以归纳出某些特有的规律来指导创作实践？笔者认为，城市设计文本作为城市设计创作的成果形式，对其创作过程的共性问题的研究有助于我们做一些理论上的归纳，激发我们的创造性思维。

笔者认为，我们可以在两个方面对城市设计的文本创作过程进行更加深入的研究。一是将创作思维转化为技术控制策略措施的研究；二是在创作过程中对"文本—空间"的思维转化的研究。这两方面问题的提出是针对城市设计文本的创作特性而言的。根据城市设计文本的属性不同，我们可以将城市设计文本的创作形式概括为"在设计语言的转化"和"在文本空间的设定"等文本形式（文本属性）。其中，"在设计语言的转化方面"是指从创作思维过程到文本思维过程的转化，即创作活动转化为技术控制策略，这是城市设计文本的形成阶段；"在文本空间的设定方面"是指从空间思维到文本思维的转化过程，这是城市设计创作思维的形成阶段，是先于设计语言的文本转化阶段的。

**1. 在设计语言的转化方面**　城市设计的表意过程也就是城市设计技术控制层面所研究的问题。城市设计文本的关键词是"城市设计控制"（Urban Design Control）。城市设计控制包含两个层面的内容：其一是设计层面，主要研究如何把城市设计成果——"设计概念模型"转译成用于规划控制的技术文件，实现设计与管理的有效衔接；其二是管理层面，主要研究城市设计概念的方法和技术，探讨技术文件（要控制的内容）和实施方法（怎样控制）之间在概念和操作上联系的重要性。因此，城市设计成果应该包括一系列承上启下的设计政策、指导原则、准则、项目纲要等，作为下一阶段执行和实施城市设计的依据和行动目标；还包含城市空间具体地段的详细设计，进行空间形态的有效控制；公众参与的规划公示，以及长期回访的城市设计辅导等内容（图 7-1）。

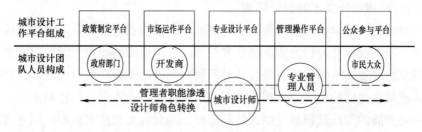

图 7-1　城市设计工作平台示意[3]

例如，美国的区划法就包含了许多城市设计管理政策的条款；有提出综合设计要求的设计指导原则和准则（Principles and Guidelines）；有针对实施过程或设计任务的项目纲要和计划等。

1971 年旧金山的城市设计规划是城市设计实践中向管理制度转化的先例，成为城市设计发展的里程碑。1970 年旧金山城市规划局制定了旧金山的城市设计规划。其研究构架针对城市模式、保护、新开发和邻里环境四大类问题，并在四类问题中分别沿着这样的线索寻求解决问题的答案：人类需求（Human Needs）、总体目标（Objects）、基本原则（Fundamental Principles）、政策（Policies）。旧金山的城市设计规划改变了从前规划设计的做法，不是明确确定具体的设计，而是代之以概括综合的指导原则、适当控制和引导。它是把城市设计转化为方针政策，对未来的行动和决策过程做出引导和规定，以便达到总体控制的要求。这在当时是一种创造性的探索。而现在有些城市已经开始尝试政策型成果的城市设计实践。因此，我们的任务就是将具体的方案设计、宏观的城市设计理念转化为政策行为。这种成果实践的方式是需要我们不断研究和重点探索的专业领域。

**2. 在文本空间的设定方面**　我们的主要观点是：城市设计的文本控制

154

并不是一种纯技术性的文本约束，文本控制的目的是"使诠释的接受者产生理性或理性超越的创造性活动"。在城市设计实践的研究中，城市设计师们所从事的工作往往突破了固有的文本书写形式，文本具有了广泛的内涵，文本成为表现空间的媒介，文本也成了具有创造性的作品。在进行空间思考的时候，"文本—空间"的思维转化是城市设计师必然经历的创作思维过程。如何从文本进入空间（文本创作），如何在空间中写入文本（空间创作），这涉及城市设计更深层的创作方法问题，此时，文本、空间、拟文本、物质、精神、文化、符号、社会等概念都要参与进来，一起建立一个虚构的文本想象空间。因此可以认为：城市设计文本并不仅仅是空间意图的导则与图则的文本表达，其自身应该具有表现性和创造性的作品形式。

例如，许多城市设计师将音乐、文学、绘画和雕塑、戏剧、电影等文本形式作用于表现真实的城市空间；社会学、人类学、文化地理学等学者也从不同学科建构城市的书写系统；城市自身形态结构的"互文性"也产生了深层意义的、多侧面、流动的文本形式（空间要素的文本书写）。在这些相互交涉的"文本空间"中，城市自身也构建了一个从感知的（Perceived Space）、构想的（Conceived Space）、到实际的城市空间（Representational Spaces）。

总之，"设计语言的转化"和"文本空间的设定"等两方面的文本特性是城市设计文本创作的基本范畴。这两方面所涉及的内容可分别包括狭义的城市设计文本和广义的城市设计文本的研究内容。从文本理论来看，这两种城市设计文本范畴都具有相同的文本结构，即科学文本所具有的自律性及其表现性结构，城市设计文本的技术控制属性和空间表现属性也分别展现了这两方面诠释特性——自律性诠释和表现性诠释。本章在接下来的内容将对此进行详细的阐述。

### 7.1.2 狭义的城市设计文本

狭义的城市设计文本是城市设计技术控制层面的文本成果。它包括总体设计、局部设计、系统设计、综合设计、概念设计、实施设计和工程设计等设计编制文件，以及在管理实施过程中的城市设计法律文件、法规文件、政策文件及其他非法定性文件等。具体内容可分述为：其一是对于不同层次的形态环境的设计编制，包括总体城市设计和局部城市设计等各个层面与阶段的城市设计。这些城市设计文本都是以空间形态为研究对象的设计表达；其二是以城市设计的编制成果为纲要，侧重研究公共政策，制定城市建设管理和社会干预能力的内容，即转化为实施工具，为城市设计的实施运作提供依据。[120]此外，狭义的城市设计文本还包括其他非法定性的文本成果，这些文本主要在探讨城市的伦理价值，挖掘城市意义的生成机制方面进行探索，并为城市设计控制提供了美学参考，其文本是诠释性的。

**1. 狭义的城市设计文本构成**　狭义的城市设计文本是城市设计成果的规范表达。在技术控制层面，城市设计的文本成果构成包括（因城市设计的非法定性，这里以法定的城市规划文本作为参考），文本部分、说明书部分、图纸成果以及附件部分等。

（1）文本部分　文本是表达规划设计意图、目标和对规划的相关内容提出规定性要求，文字表达应该规范准确、肯定，含义清楚，属于规定性的语言表述。

（2）说明书部分　说明部分是为了更好地补充、完善与深化文本部分的内容，即分析现状、论证规划意图、解释规划文本。

（3）图纸部分　图纸成果包括现状的资料图、各种规划分析及控制图，及表达设计意图的效果图等。这些图纸往往有着明确的技术规定。

（4）附件部分　附件部分是对设计文本过程中相关的政策性文件、法定性文件或基础资料汇编的汇总。

需要指出的是，城市设计文本中的文本部分和说明书部分有着不同的要求。从文字的详略方面，文本一般不讲过程，只讲结果，简明扼要，而说明书则要详细阐述文本中的相关条文；从表现形式方面，文本是以条文的表现形式，说明书是以章节的表现形式；从法律效力方面，文本具有法律效力，说明书不具有法律效力；从措词用句方面，文本语言比较确定，比较严谨，而说明书的语言则比较随意，没有严格的限制。

**2. 狭义的城市设计文本分类**　如按文本形式分，狭义的城市设计文本可分为：

（1）城市设计的政策文件　指对城市建设和发展的过程进行保护、更新和开发管理的战略性框架，包括城市发展大纲，各类设计的政策，保护、更新和开发中的奖励政策和有关法规、条例等，是成文的地方和地区性法律成果。

一般来说，城市设计涉及的环境范围和尺度越大，则成果的政策—过程性越强，反之则越倾向工程—产品型。因此，城市设计文本的表述的政策性是其文本控制的重要属性。例如，英国环境部（DOE）制定的总体城市设计政策包括城市结构政策、局部城市设计指导政策、建筑设计政策、文脉与地方特色政策、环境敏感地区开发政策、公共艺术政策等内容。

（2）城市设计导则　指对城市设计意图及表达城市设计意图的城市形态环境组成要素和体系的具体构想之描述，是城市设计的实施而建立的一种技术性控制框架和模式。城市设计导则的出现区别于传统城市设计终极蓝图式的控制形式。城市设计导则可分为总体城市设计导则和局部城市设计导则两部分。从关系上看，大体可以分为总则与通则。总则指开发设计项目的设计目标与用途，即一个总体思路，特别是城市开发建设中的价值理念和宏观要求；通则是在总则指导下的具体要求，两者关系类似于文章的主题思想与具体内容（表7-1）。

控制性详细规划与城市设计导则比较[121]　　　　　表 7-1

| | | 控制性详细规划 | 城市设计导则 |
|---|---|---|---|
| 相同点 | | 对局部地段的物质要素进行设计 | |
| 不同点 | 制定理念 | 以物为主 | 以人为本 |
| | 内容 | 用地与工程技术 | 空间布局与环境品质 |
| | 性质 | 二维、具象 | 三维、多层次 |
| | 表达 | 定量成果为主 | 定性、定量并重<br>图文并茂 |
| | 工作深度 | 粗略 | 精细 |

按照弹性原则，城市设计导则一般可分为规定性（Mandatory）和说明性（Explanatory，亦弹性）两类。规定性导则规定了环境要素和体系的基本特征和要求，具有不可变性；说明性导则通过对环境要素和特征的描述，解释和说明对设计的要求，并不具有严格的限制和约束。或者按导控策略可分为，指令性导则，即无条件必须执行的规定，文字表达多为"应"、"应该"、"必须"；选择性导则，即为设计人员提供一种选择权，文字表达多为"宜"、"可"、"适于"；奖励性导则，即达到某一标准可获得某种额外的收益；定性导则，即提供一个选择范围，具体操作由设计人员在此范围内自行安排，如不规定明确的容积率，而指明项目需要的日照数量，设计人员可根据自己的设计与标准进行换算，得出不同的建筑高度与体量。另外，城市设计导则的内容一般有设计目标或意图、设计原理和原则、并辅以必要的图则、图表、图示和意向透视图。

（3）城市设计的法定图则　城市设计的法定性文件。法定图则定位于控制性详细规划阶段，试图以控规为基础，通过提高决策层次、加强公众参与来推动规划的民主化和法制化建设。"法定图则"的主要思路是将规划"地块"作为规划管理的基本控制单元，通过加强"地块"上的建设行为的控制力度，实现规划的法制化管理。

在法定图则编制的过程中，深圳市注重法规体系的完善、科学决策机制的建立、公众参与的强化以及技术准备的加强，法定图则的形式正趋于成熟，编制过程逐渐规范。张苏梅和顾朝林先生对深圳市城市设计法定图则的主要内容与美国及中国香港、台湾等地区进行了比较（表7-2，表7-3）。

**法定图则图表表述比较**[121]　　　　　　　　　　　　　　　表 7-2

| 深圳法定图则技术文件目录<br>（以深圳福田区金三角片区法定图则为例） | | 香港法定分区计划大纲图注释目录（以香港元朗大纲图为例） |
|---|---|---|
| 前言<br>1　规划背景及范围<br>　（1）规划背景<br>　（2）规划范围<br>2　现状概况与分析<br>　（1）自然条件<br>　（2）土地利用现状<br>　（3）土地划拨现状<br>　（4）人口规模及分布<br>　（5）建筑质量评价<br>　（6）配套设施<br>　（7）道路交通<br>　（8）市政公用设施<br>　（9）现状存在的主要问题<br>　（10）相关因素分析<br>3　规划建设的总体评价<br>　（1）有利条件 | 　（2）不利因素<br>　（3）规划研究重点<br>4　规划依据与原则<br>　（1）规划依据<br>　（2）规划原则<br>　（3）规划目标与功能定位<br>5　规划要点<br>　（1）发展规模<br>　（2）规划功能、结构与布局<br>　（3）环境容量与开发强度<br>　（4）城市设计<br>　（5）地块划分与控制要求<br>　（6）配套设施<br>　（7）道路交通规划<br>　（8）给排水工程规划<br>　（9）电力电信工程规划<br>　（10）燃气工程规划 | 综合发展区<br>商业/住宅<br>住宅（甲类）<br>住宅（乙类）<br>乡村式发展<br>工业<br>政府、机构或社区<br>休憩用地<br>其他指定用途<br>绿化地带 |

**法定图则编制内容及成果比较**[121]　　　　　　　　　　　　表 7-3

| | 美国 | 香港地区 | 台湾地区 | 深圳市 |
|---|---|---|---|---|
| 名称 | "区划法"（Zoning） | 法定分区计划大纲图（OutlineZoningPlan） | 土地使用分区管制 | 法定图则 |
| 成果 | 区划图则和区划法规文本 | 分区计划大纲图及其图解、说明、注释或描述 | | 法定文件及技术文件 |
| 内容 | （1）地块（zone）划分；<br>（2）土地作用性质的确定，土地按使用性质一般分为居住用地、商业用地、工业用地和农业用地四种；<br>（3）密度和容积控制；<br>（4）对不靠街面的停车和装货做最低的限制（off-street loading）；<br>（5）对招牌（sign）的管理；<br>（6）对居住建筑和附属建筑物的限定；<br>（7）对违章（Nonconformities）的限制；<br>（8）在美学方面的要求；<br>（9）对开敞空间（Open Space）的保护 | （1）街道、铁路及其他主要交通设施；<br>（2）划出住宅、商业、工业或其他指定用途的地带或区域；<br>（3）供政府、机构或社区使用的保留地；<br>（4）公园、康乐场地及相关休憩用地；<br>（5）划出未决定用途的地带或区域；<br>（6）综合发展区；<br>（7）郊野公园、海岸保护区，具特殊科学价值地点、绿化地带或其他促进环境自然保育或保护的指定用途；<br>（8）划出乡村式发展用途、农业或其他指定乡郊用途的地带或区域；<br>（9）划出露天贮物用途的地带或区域 | （1）土地使用及其使用程度；<br>（2）建筑物的使用、高度、面积，及地面居所所占的基地面积；<br>（3）指定地区内的人口密度；<br>（4）每一住宅基地面积的大小、规定庭院及其他空地的使用；<br>（5）为保持及促进都市人民的卫生、安全、舒适、公德、便利为目的离街停车场（off-StreetParking）及其规模 | （1）土地界址、坐标面积；<br>（2）土地的使用性质（宜按深圳市城市用地分类标准中的中类划分，其中居住用地、政府/团体/社区用地及市政设施用地宜按小类划分）；<br>（3）各块用地的建筑覆盖率、居住人口、容积率和高度控制；<br>（4）市政工程和市政公用设施、公共服务设施的详细布置，应明确指定其位置、用地范围和面积；<br>（5）明确各块用地土地使用的兼容性及非兼容性，土地使用的兼容性通过土地使用的两类用途进行确定 |
| 图纸比例 | | 1：5000～1：10000 | ≥1：1200 | 1：2000～1：5000 |

158

（4）城市设计的计划文件　城市设计计划是一套城市设计执行程序，包括设计编制、建设步骤、管理过程与技术、针对建设项目的具体执行策略、资金的投入与产出分析和对实施过程关键问题的说明等。

（5）城市设计的图纸成果　是对涉及形态环境的文字表达内容的补充和深化，特别是针对定位、定量、定形的内容。图纸成果包括为加强文字表述上的可读性和理解性所增加的图示、意向设计和透视图。

（6）城市设计的其他学术文献　包括各种学术论文（硕、博士论文）、公开出版物及相关学科文献等。

### 7.1.3　广义的城市设计文本

**1. 广义的城市设计文本分类**　广义的城市设计文本是城市设计的文本创作形式。城市文本的概念是将城市系统视为"拟文本"，其形态性和空间性产生"互文性"；同样的，在分析空间的过程中，我们通过文本层面进入空间层面的任何介质可视为广义的城市设计文本——包括真实文本与"拟文本"。在广义的城市设计文本研究中，我们将文本"替代物"的概念引入到对城市设计文本的研究中。所谓"替代物"是源于人们认知客体的两类途径，一是以"实在空间"为认知客体的"直接认知"，一是以其"替代物"为认知客体的"间接认知"。"替代物"又可分为"描述物"和"表现物"两种介质[11]。

从城市设计文本的作用来看，首先，城市设计文本是对城市空间环境的文本控制（狭义上的文本）；其次，城市设计文本是引导人们认知城市的"替代物"（广义上的文本）。人们通过直接认知方式阅读城市（文本），通过间接认知方式阅读城市文本的"替代物"。此时的城市设计文本成为间接认知客体的"替代物"或媒介来指称城市客体（城市文本）。因此，文本"替代物"成为了"文本—空间"思维转化问题的重要研究对象。

以科学方法论的高度来看待"替代物"的文本分类，则可以认为，对空间"描述物"的认知属于"描述的科学"的范畴，对空间"表现物"的认知属于"诠释的科学"的范畴。"描述的科学"以语言描述、具体的可观察的经验事实为方法，去寻找现象的规则性；"诠释的科学"是上升到理论性的科学高度，诠释的科学不是发现新事实或新现象，而是对原先已经知道的一类和一组现象以新的方式做出系统化的诠释。这样的理解就显而易见了，城市设计文本来表现城市的意义，但它并不单纯是对城市的经验描述，因为意义的实现必然要形成具有诠释行为的、具有表现性的新的文本形式，即"表现物"的文本形式。可见，本文将广义的城市设计文本划分为城市空间的文本描述物和文本表现物两种形式，具有方法论的理论基础和重要的研究意义

（图 7-2）。

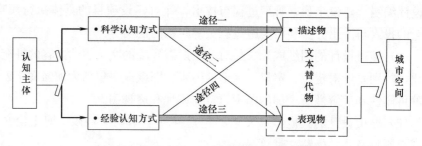

图 7-2  "替代物"的城市设计文本的认知途径

**2. 城市空间的文本描述物**  以"描述物"为媒介来进行城市的文本分析被城市设计师所熟悉，我们所从事的大部分工作与此有关。狭义的城市设计文本所界定的文本类型大多数属于此类。"描述的科学"试图以相对客观的、科学主义的态度进行城市空间研究，其文本形式也主要是从"物质空间设计"的层面来进行空间思考的。

城市设计文本对描述物分类的第一个标准就是介质类型。一是文字，即赋予这些物体各式各样的名词，指代其用途、品质或所有者，例如独立住宅、公共住宅、繁忙的街道、被弃置的教堂、步行商业街、历史建筑保护区等。二是图像，即将这些空间的几何形态和地理分布表现在二维地图上，如地形图、用地分析图、街道标识图等（图 7-3）。

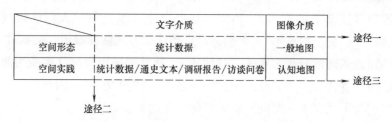

图 7-3  文本描述物描述空间的不同方式[11]

描述物与表现物的文本形式是有区别的。比如，罗兰·巴特所认为，摄影图像虽然不是现实，但是它是完美的相似物，是没有符码的信息。吉布森（Gibson）也指出，"一张图画不是过去影像的模仿，他不是过去的替代品，其所记录的、表达的或整合的是资料信息而不是感觉信息。"可见，描述物与表现物文本形式的最大区别在于，作为城市空间描述物的文本被理解为资料信息，而不是现场的感觉信息。

**3. 城市空间的文本表现物**  随着科技的进步，人们认知城市的途径更加多元化，诸如传播媒介、时装杂志、文学作品、影视创作、摄影、绘画等都成为可以表现城市、认知城市的"替代物",都可以成为城市设计文本的指涉对象。这些多元化的认知途径丰富了城市空间的研究手段,城市空间的真实意义通过文本表现物而不断地被诠释与生产。

表现物作为城市空间研究的媒介,是因为它是城市建构和书写方式的一种社会化了的文本形式。城市在不计其数的电影、绘画、文学作品中呈现,造成了人类生活其间的空间现实与想象。此时,表现物的书写已不仅是如实呈现,亦非虚构空幻,而是积极生产,介入城市意义的维系、协商、冲突与再造。作为人的再感知活动,以表现物的文本形式研究城市空间具有描述物所不能替代的、特定的社会及艺术价值。

(1)文学  文学文本对城市的影响力是无形的,可是城市的文学记忆却可以是具体的。因为人类建造了城市,城市也塑造了人。城市是一种生活方式,一种"思想状态"。而文学则保存并拯救了人对城市的复杂体验。文学对城市的神话化和话语化不断赋予实体的城市以丰富的象征意义和文化内涵,并影响着我们对"真"的城市和城市之真实面貌的认知。

(2)绘画  是对城市认知与批判的空间可读物。绘画在农业文明的情景下产生,随着工业的发展和现代化时代的到来,绘画除了可以描绘自然之美以外,更面临着如何表现都市生活、都市景象、都市人物、都市人的心理的新课题。例如,欧洲19世纪中期之后的油画,逐渐随着城市的发展而改变题材。这是城市生活对艺术家的吸引,城市也通过艺术家的绘画作品而不断的书写自身(图7-4)。

图7-4  约翰-巴尔洛德·容金德《塞纳河和巴黎圣母院》[17]

(3)雕塑  是对城市最为直接的书写形式,是城市空间实在的、相对具象的叙事性语言。雕塑属于描述物的书写还是表现物的再造是充满争议的,或者说它是一个"中间体"。一般认为,雕塑作为书写城市的文本表现物是因为雕塑界于建筑与景观之间,它试图在建筑与非建筑,景观与非景观的概念中寻找到一种清晰的结构与标志。雕塑是介于表象符号意义与抽象符号意义之间的书写体。相对于其他的文本表现物，雕塑文本距离这种中介形式更为抽象。因此，雕塑作为城市空间表现物的文本语言，既反映了其与城市空间的物质实在相联系，又可将其与其他表现物抽象意义的文本形式相类比（图 7-5）。

图 7-5　亨利·摩尔的雕塑文本[17]

（4）影像　是城市视觉语言的真实化的书写形式。影像即文本，影像即信息，影像成为认识城市的文本之一。比如，电影是一种语言，或者至少可以说是一种语法。通常的想法是，镜头具有字符性，在某种意义上它类似于一个词，而且用剪辑法对诸镜头进行连接就是一种句法。摄影与电影一样可以提高自然化的表现性，并可以（甚至几乎必须）将其"书写"入一个虚构的"故事"中去，它似乎使自然性改变了基调。作为"影像城市"的城市，以及其中牵涉的论述、象征、隐喻和幻想，多是对城市视觉层面的书写。影像对城市客体的认知过程主要是通过"再现"的形式。电影、摄影等都是其中的主要表现方式，城市成为各种影像文本的组合，影像积极建构城市，城市借助影像完成自身的书写。对城市影像文本的阅读，应思索影像如何提供了城市的社会范畴的特殊观看方式（Ways of Seeing）。

影像成为人们研究城市和书写城市的文本系统。例如，清华大学建筑学院结合建筑设计 Studio 教学实践中的一个课题"电影北京"。"电影北京"从"公共性"和"城市性"出发，在教学过程中引导学生通过"观察"—"研究"—"策划"的研究方法，借鉴电影艺术中的构思方式和创作手法，拓展电影的外延，诸如传统戏剧、体育竞技、公众展示等，通过从电影的视角诱发对城市生活的介入，并且看到从"电影"视角解读"北京"的多种可能性，从而能从更广的范畴对"公众性"进行探讨[122]（图 7-6）。

（5）其他的文本形式　城市拥有更多的文本形式，比如，行为艺术等形式同样是用视觉语言诠释社会内涵。2005 年在北京举行的"身体与城市"艺术展。艺术家们以独特的艺术观念和视觉语言生动表现了他们对"身体与城市"内涵的剖析和诠释。"身体与城市"是当今艺术最关注的主要话题之一，它不断的引申出对层出不穷的新的社会文化现象的讨论。它作为一个跨

影动北京(设计者：薛从余、罗迪)

市场调研发现，在城市院线疲软与转产的同时，还有众多弱势群体对电影的需求得不到满足。为让更多人更方便地看上电影，设计者提出"可移动影院"概念。设计由几辆可变形、可移动、可装箱的卡车组成，并对影院的视听环境以及车和影院在互化过程中的机械装置与动力设备问题进行了研究。

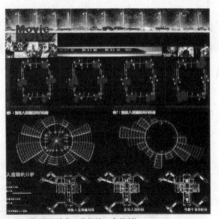

地下电影(设计者：徐煜坤、李善科)

目前北京电影信息量供给不足，而且地面交通状况较差。设计者发掘地铁"信息量大""可达性好"的优势，大胆提出依靠地铁建立影院系统的设想，并根据消费心理提出"30min宣言"。设计依据环线最近可达与最大效率原则进行多次选点与测算，并验证了系统的可行性。

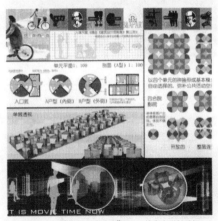

电影北京(2)"向左走 向右走"——单身电影俱乐部公寓(设计者：何仲禹)

设计者从根据几米作品改编的电影《向左走 向右走》中获得灵感，以大都市中孤独的单身个体为关注对象，提出在单身公寓中植入电影俱乐部的设想，通过采用可旋转的居住单元模式组合出多种尺度的观影院落，从而为单身男女们创造出变幻无常的偶遇空间。

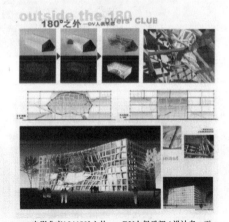

电影北京(2)180°之外——DV人俱乐部(设计者：王伊偶)

方案构思源自韩国电影《空房间》中看不到的空间即在人的180°视角之外的存在，地段选址在学术氛围浓厚的北京电影学院内，设计者希望为那些关注普通人平常视角180°以外生活的DV人建造俱乐部，而建筑本身在应答周边迥然的环境性格同时，亦表现出正反180°不同的表情。

图 7-6 "电影北京"的设计实践[122]

文化的展览主题，旨在分析主体与客体、自我与他（它）者之间的关系。在这种关系中，只有以认识人的身体为前提，才能易于理解城市空间的丰富性和复杂性。也就是说，身体之于城市具有不断书写的意义，即对城市空间的生产性（图 7-7～图 7-9）。

在具体的设计过程中，认知城市的过程往往需要经验主义、科学主义、不同学科的视角、不同文本的综合。本文所列举的文本"表现物"只是较具代表性的文本"替代物"形式，其目的是强调一种方法和创作的可能途径。例如，史库特戏剧花园和曲米拉维莱特公园分别以戏剧、电影文本作为空间创作中建立场所感的有效设计策略。这些设计的共同手法是通过空间的文本"替代物"在形式结构与构成规律等方面的探讨，通过设计的过程唤起人们的感觉、幻想和记忆，在体验空间中获得秩序感、场所感，在体验中艺术的审美经验得以升华。

图 7-7　不同时间的影像文本

图 7-8　史库特戏剧花园[17]

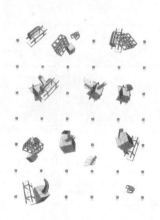

图 7-9　曲米的拉维莱特公园电影
设计文本[17]

**4. "文本←→城市"的诠释模型**　上述以描述物与表现物为文本介质的空间性认识源于一种空间现象学（米勒的空间现象学）的认知观念。描述物与表现物是城市空间中各种符号意义的表象与抽象的表述（包括描述物的表象符号意义、表现物的抽象符号意义）。城市空间作为一个被研究物而言，它的范畴，物质性的，以及种种政治、经济、文化的现象，都指向其自身作为一个被研究客体时，与之相对的主体，以及它与这个主体间的关联。城市是人们活动的空间，而人们对城市所"形构"出的意象则是他们生活与行动的背景。当我们探讨城市空间的意义时，将空间关系文本化，则空间关系的运作就回归到人所存在的空间及其意义的产生过程中，也就是将空间意义的建构过程及所产生的空间意涵放在我们的生活范畴之中来讨论。因而，描述物与表现物的文本形式将城市纳入到一个更为真实与抽象的文本中来——城市空间意义的生产与再生产是复杂而多元的，是多重空间的交错，也是多重文本的会合。

通过对广义城市设计文本的表现范畴的研究，我们可以归纳出"文本←→城市"的诠释框架模型。这是一个统括性的概念模型，从文本描述物到文本表现物的空间表现要素在这个模型框架中清晰可见。从描述物到表现物的文本"替代物"指从表象到抽象的所有介质类型。其中，描述物的文本介质包括具体空间、图像介质、文字介质等——包括了从空间形态到空间实践的诠释过程；表现物的文本介质包括雕塑、影像、文学等——包括了从空间化到社会化的文本认知过程。如果我们注意到这些文本介质表现的内在机制，就会发现我们在参与、解读、实践空间的过程中正是"有意无意"地通过对这些"文本介质"的"中介的"诠释而激发创作情感的。需要指出的是，这些文本介质并不局限于文中所列举的文本类型，凡是可以帮助我们进行空间阅读的介质都可以成为文本的"替代物"。因此，通过上述对文本描述物和文本表现物所做的阐述与例证，我们将对城市设计的创作思维过程的形成有着更加清晰的认识（图7-10）。

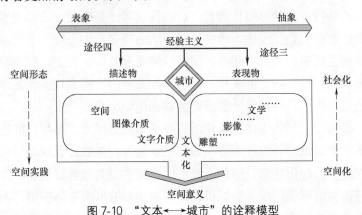

图 7-10 "文本←→城市"的诠释模型

### 7.1.4 城市设计文本的审美形态

通过广义与狭义的城市设计文本的设定，在城市文本化的中层审美结构中，呈现出了中介的、文本化的审美形态，包括从表象到抽象的、从空间化到社会化的、从空间形态到空间实践的文本表达。城市设计文本表达的审美形态可表述为如下几个方面。

**1. 语言的审美形态**

（1）规范性　规范性实际上是指合乎规范的技巧性。城市设计具有相应的名词术语与各种设计规范文本。比如《城市居住区规划设计规范》、《城市道路交通规划设计规范》等。狭义的城市设计文本是具有法律性的表述语言，城市设计文本的各种导则、图则等，都应具有规范性的文本技巧。

（2）情感性　与文学文本的阅读与表达相类似，对城市文本的阅读，城市设计文本自身的表达等很多都是以情感的方式表现出来的。城市设计文本的创作特性决定了其表达的是创作者和阅读者的审美情感，没有情感的创作特性也就无从谈起。因此，城市设计文本在满足技术性规范的同时，也应具有自然科学文本所不具有的情感因素。语言的情感性也直接体现在象征、隐喻、修辞等语言现象在城市设计文本表现中的运用。

（3）形象性　文学语言情感的表现要通过与众不同的形象来实现。例如，王维《山居秋暝》的诗句"空山新雨后，天气晚来秋。明月松间照，清泉石上流。"寥寥数言，就为你描述出一个场景，展现了一种意境。语言的表现形式也是城市设计文本的重要组成。一方面，与文学语言的形象性不同，城市设计文本语言的形象性可以通过具象的设计作品直接表现。另一方面，在城市设计表意过程的隐喻与修辞性语言的运用也使得城市设计文本具有了文学艺术表现的意境形象性。

**2. 情感的审美形态**

（1）独特性　无论是创作者自己、创作内容还是表现方式都要表现出创作者的个性特征。创作要追求独特性，而本书只表现出一般的概念特征，概念化的特征主要体现在没有作者的独特情感蕴含其中。因此，城市设计文本的表现不应只是设计概念的表述，城市设计文本的情感表现应该是作者创作个性的独特再现，只有这样才能获得继续创作的源泉。

（2）普遍性　创作主体的表现情感和情感的表现方式要尽可能的与众不同，但就文本对象的普遍性而言，而要尽量包含大多数，也就是尽可能地表现出人性的普遍性内涵来。因此，城市设计文本控制的普遍性要求反映出设计创作与接受的审美尺度，即城市设计文本是对城市的总体控制，不是自我表现，而是总体表现。

（3）形象性　所有艺术的一个根本特征，就是要通过形象的象征作用暗示出情感意味。情感的表现不同于单纯语言的描述，形象性借助于语言、符号、文化等介质，以及不同的表现技法与表现介质代表了不同情感需求的形象性。同时，城市设计的文本表达是一种艺术创作，艺术性决定了城市设计创作是生活的一部分及脱离生活的情操，因此，具有强烈情感表现力的城市设计作品应该源于生活并高于生活的艺术形象。

**3. 形象的审美形态**

（1）具体性　城市设计文本应该理解为设计影像的多侧面、多层次统一的文本再现，形象表达应该具有确定性及具体性的要求。城市设计的导控、实施过程的具体性要求，表达了城市设计作品表现的阶段性。也可以说，城市设计不同阶段的文本形象具有不同的对话结构和召唤结构，文本具有不同的表现力。城市设计文本的表现性是在文本的具体化过程中实现的。

（2）概括性　概括性的概念表现在各种矛盾的网节点上，以及矛盾发展的各个阶段的转折处。城市设计文本的形象性表达不可能将城市所有的要素——设计，因此，对区域、边界、路径、标志、节点等有效控制的研究是对城市设计文本的深度把握。同时，城市设计侧重城市中各种关系的组合，建筑、交通、开放空间、绿化体系、文物保护等城市子系统交叉综合，联结渗透，是一种整合状态的系统设计。因而，这种系统控制的设计特性也反映出其概括性的要求（图 7-11）。

路径Path　　边界Edge　　区域District　　节点Node　　标志Landmark

图 7-11　凯文·林奇的城市意象五要素[123]

（3）情感性　情感性体现了城市设计文本形象性的最终审美形态。城市设计文本的形象表达情感灌输，体现设计个性，即创作过程的主体性因素。城市设计的创作特性是以视觉秩序为媒介、容纳历史积淀、铺垫地区文化、表现时代精神，并结合人的感知经验建立起的具有整体结构性的特征、易于识别的城市意象和氛围。因此，城市设计的情感性是从立意与构思、分析与综合、直感与逻辑、图形与文本的设计过程反映出的主体创作情感的升华。

## 7.2　城市设计文本的自律性诠释

### 7.2.1　具有自律性的文本结构

文本理论认为，文本是以文学、语言形式固定的社会意识形态，具有一种"文本的自律性"，文本意义有着自我生成的能力。人们理解文本，不只是从心理上重建原作者理智的理性活动，而是超越作者原意的创造性活动，并最终通达一种"可能的存在"。

伽达默尔在《文本与解释》中陈述了自律性的特征："词在文学文本中首先获得其充分的自我在场。"[124] 真正文学作品的语言是一种自律性的语言，因此，不能从外在去理解它，而应该从诗歌的语言本身去理解。也就是说，文学的语言是在自身中得以自我实现的。诗人的语言在自我完成的这个意义上是"自律"的。例如，理解曹操的《短歌行》时，我们既不能从作者的意图来理解这首诗，去探究这个作品是作者在什么心境下创造的，我们也不能根据一些外在的历史事实来诠释它，这首诗的存在首先就在于其语言自身。依照这种观点，《短歌行》所展示的意义就在于诗歌词语本身的自身表现，诗歌中的所有词语只能根据词语本身来理解。总之，哲学诠释学将诗歌文本作为文学语言自律性的范本。真正的文学性语言都已经是一种不同于日常生活中的语言的语言了，它都获得了某种自律性特征。[21]

法国结构主义的"文本结构自律论"指出，一段文本就是一个多维空间，其中的任何写作都没有原始性，它们相互混合并冲突，读者的诞生就意味着作者的死亡。语义自律论者认为，作品是非个人的，客观的、独立自主的。一旦脱离作者，文本就有自己的生命。自律性强调的是文本自身的生存能力，通过诠释活动超越原作者的意图而产生多维的意义空间。赫施也指出，作品文本意义并非与作者无关，只有作者的原意才是诠释合适性的正确原则。赫施区分了文本的"含义"和"意味"两个不同的概念。含义是作者的"意欲"，它被作者用一种特殊的语言符号固定下来，只能"复制"，无权诠释。这样就维护了作者原意的确定性，保证了意义解读的客观性。"意味"是读者在阅读时与读者发生的认识关系，是读者在阅读时与文本发生的认识关系，是读者自己领悟和认定的衍生意义，是可以诠释、说明的，是随着历史的演变和读者的变换而变化的。这样就避免了读解客观标准的绝对化，相对的承认了诠释的历史性。

在同济大学刘捷的博士学位论文中，曾对"自律性"一词用于城市设计理论做过描述，刘捷认为城市设计的基础理论研究不尽如人意，其突出的表现是："城市设计理论过多地借助城市规划和建筑学方面的理论，还没有建立起自身具有自律性的理论体系。"[125] 这里的"自律性"与本文所强调的城市设计文本的自律性具有相似的意思。城市设计师的创作意图通过这些"文本"来实现。文本是城市设计创作表达的媒介，与文学文本一样，当城市设计文本脱离了作者控制的时候，其文本的自律性就呈现了。可以说，城市设计文本自身是有生命的创作形式，是艺术创作的结果。城市设计文本的自律性反映了城市设计文本自身秩序的创造、存在的拓展和意义的象征。

### 7.2.2 自律性"半成品"的文本成果特征

**1. 自律性"半成品"的概念** 城市设计文本的自律性并不是与理解者无关的对象性存在，它是等待着我们去认识和确证的客观存在，只有当与诠释相联系的时候文本才显示自身。"从诠释学的立场——即每个读者的立场出发，文本只是一种'半成品'（Zwischenprodukt），是理解事件中的一个阶段，并且必须包含一个确定的抽象，也就是说，就是在这个理解事件中包含着分离与具体化。"[21]

以文本自律性的观点来看，城市设计文本对于理解者来说并不是一个"真正的存在"，只有阅读、理解和诠释它时，文本才向我们显示它所表现的东西。从城市概念规划、总体规划、分区规划、控制性详细规划到修建性详细规划各个阶段中的城市设计文本需要被阅读、被理解和被诠释的前提是：城市设计文本是以"半成品"的形式展现的。"半成品"的特征需要读者的阅读使其具体化，将潜在的、可能的设计意向转化为具体的、完整的设计作品。

**2. "半成品"的文本案例分析** 首先，城市设计文本具有"半成品"的表达特质。例如，在长春汽车产业开发区核心区改造项目的概念设计中，设计成果是非固定的，其自由的文本形式体现了城市设计师对于设计理念、设计要素、设计表现的特殊表达方式——概念性的、"半成品"式的设计文本。其次，"半成品"的城市设计文本需要读者的参与以形成作品。在进一步的设计中，城市设计师对已有的设计文本进行了阅读与理解。在这个理解过程中，由于文本自身提供的特殊的语言符号已经将作者的意图固定下来了，因此如何准确的复制作者的原意已经没有意义。此时，城市设计师与城市设计文本产生了新的认识关系——不同的诠释者及读者的变换创造了多维的意义空间，也产生了具体设计方案的多种解读与再诠释（修建性详细设计阶段）。当城市设计文本转化为具体的空间产品的时候，城市设计文本的诠释关系也就转变成了建筑文本的接受关系（图7-12，图7-13）。

对"半成品"的城市设计文本的阅读与理解要分析文本的"含义"和"意味"两个不同的概念。对"含义"的解读就是从城市设计文本产生的社会背景、现状环境、限制条件、设计要求等方面作出理解；对"意味"的解读就是对文本自身的自律性进行理解，并且解读的过程并不是回到最初作者的表达方式，而是一个全新的、再诠释的创作活动。因此，"半成品"的城市设计文本是理解和诠释过程的重要特征，它建立了文本与接受的基本关系，是具有一种向诠释者开放的多维意义空间的召唤结构（城市设计文本的

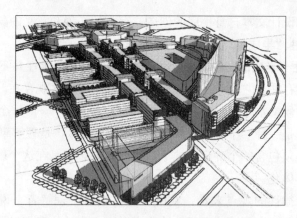

图 7-12　作为自律性"半成品"的城市设计文本

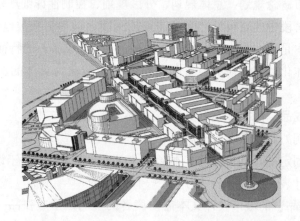

图 7-13　对"半成品"的城市设计文本的阅读与再诠释

召唤结构将在 7.3.4 中详细探讨)。因此，自律性"半成品"是城市设计文本成果的基本特征。

### 7.2.3　自律性"替代物"的文本创作形式

**1. 传统技术性文本的局限性**　对城市设计文本控制的自律性的重视让我们更加注重文本自身的表现问题。"替代物"概念的引入是源于城市设计自身美学追求的必然。传统城市设计主要与"美"的塑造，或"城市美化"相关。人们通常认为，城市建设的管理依据应该是具象的建筑效果图和明确的建筑高度、层数、楼地板面积等数据。事实上，现代城市设计已经远远超出了单纯"美"的问题，而越来越扩展到其他的方面。城市中不仅有物质形态的具象内容，更有精神、文化形态和社会关系等无形层面的内容。通过它们，我们才能在现实生活中找到自己的定位，而这些内容恰恰是传统管理手段无法表达的内容。例如，《城市规划编制办法》第二十三条规定了控制性详细规划应包括的六项内容，其中对建筑高度、建筑后退红线距离、建筑体量、体型、色彩等要求做了原则规定。这些内容属于相对客观的对城市描述物的规定性要求，但是其控制的要求往往随意性较大，缺乏可操作性的城市设计引导。所以，当硬性的指标和与其相关的终极式效果图也就失去了意义价值的时候，我们意识到城市设计并不可能完全靠着一种技术性的语言去完成它的全部作用。在城市设计文本不断追求真实的城市状态的情况下，我们需要一个新的文本形式，它可以拓展由物质形态控制的意义空间。在之前的研究中，我们将城市设计的文本形式归结于"替代物"的"描述物"与"表现物"两种分类。这样分类的作用在于，在探讨城市空间的美学表现的可能性问题上，城市设计师可以采取多种文本策略：一是对物质形态的控制，二是对精神与文化的表现，三是社会层面的反映。

**2. 自律性文本"替代物"的提出**　城市空间文本"替代物"概念的提出有其必然性。诸如我们对城市形态、环境、城市实体的描述所遇到的问题一样，描述物不可能代表空间的全部。在这种情况下，人们却又不得不以一种相对客观的态度对空间要素进行归类与认知。也可以认为，描述物对城市空间的研究是一种截面研究，一种排除人的主体性与空间复杂性的研究。因此，以描述物作为空间认知途径的最大局限在于，单纯的描述物忽略了人与空间关系的主体性、忽略了空间的动态特征和影响因素的分析以及忽略了对空间意义的认识。[11]而"表现物"的认知方式则成为富于表现力的城市设计文本的直接指涉对象，成为城市空间意义的书写系统。比如，清华大学成砾博士将表现物界定为文学艺术作品，包括绘画、摄影、文学、电影等。通过多种不同的表现介质，表达了城市空间深层的、隐性的精神、文化、社会等因素。

可以说，就城市设计的表意过程而言，经验主义优先于科学主义，经验主义去掉感知的神秘之处，把它理解为纯粹性质的占有。对现象学来说，感知与认识的区分不再是性质与概念的区分。视觉已经被一种意义占据。此意义给予视觉在世界景象和我们生存中的一种功能。也就是说，知觉经验的发生是一种意义伴随，乃至就是意义本身的发生。而该意义与我们的身体紧密相连的。进而，文本的意义通过替代物的中介得以实现，自律性"替代物"的文本形式是城市设计文本创作的重要特征。

**3. 自律性文本"替代物"的表现方式**　对描述物与表现物的科学主义与经验主义认知也建立了对索亚第三空间理论的认知途径。第一空间的客观诠释包括通过原始的空间分析的科学主义认知方式对描述物（科学主义，途径一）和表现物的认知（科学主义，途径二）。比如，从空间形态到空间实践的统计报告、通史文本（作为表现物）的科学主义认知方式；第一空间的客观诠释还包括通过社会、心理和生物物理过程中找到空间物质形式的根源来分析城市空间（经验方式，途径四）；第二空间的主观诠释是通过话语构建式的空间再现、通过精神性的空间活动来完成的，即代表了经验主义对表现物的主观表现空间的认知（经验方式，途径三）；此外，从描述物到表现物的认识作为城市空间认知途径的补充也走向了索亚第三空间的辩证诠释，即走向社会层面，去认知一种空间性、历史性、社会性的辩证统一的城市空间，一种众多包容性与同时性的城市空间（途径一至四的多元辩证统一）。从图中的途径分类可以看出，本文强调的"替代物"的文本创作形式属于途径三和途径四的经验主义的空间认知方式，也是城市设计诠释论的核心方法论思想。

　　城市设计文本"替代物"的意义早已被城市设计师所注意。在研究城市格网的规则和系统布局到底能不能将空间"逻辑化"（1991 年）[43]，是变得容易理解，还是变得单调和千篇一律的问题上，约翰·怀特曼[43]认为，整个城市不能成为一个设计师的目标，或者被一个设计行动所包含。如果没有控制的话，城市设计通常被认为无用，"但是绘画可以在有关城市发展争论中充当一个替代的目标，可以作为城市的替代品。绘画可以修改城市本身"。他说，尽管也许不现实，但是，"绘画可能实际上进入城市，成为宝库，从它的感觉中可以在后来将城市找回。"[43]可见，约翰·怀特曼对"替代品"的观点表达了城市设计文本表现的重要思想内涵。"替代物"概念的介入使城市设计文本的自律性存在意义得到了拓展。随着城市设计研究的深入，"替代物"已远远不限于绘画所表现城市的可能性。"替代物"所包含的描述物与表现物范畴的拓展将城市空间意义的发掘留给了一切能够体验和阅读它的人们（图 7-14）。

图 7-14　绘画表现的城市

总之，狭义的城市设计文本的界定是规范的城市设计的文本成果，是对城市空间的文本控制，是城市设计师专业的空间表达工具；广义的城市设计文本内涵的界定是出于对城市空间研究的需要，是城市设计师可以真正探讨的城市意义的思维表达领域。在创作过程中，城市设计师的创作思维首先活跃在文本设定的空间之中；而城市设计的最终成果则需要付诸实施的运作计划、引导控制体系及管理程序等，即需要从文本空间到设计语言的转化过程。以审美的角度来说，城市设计师通过空间文本化（文本替代物）的中层审美结构深入探讨具有表现性的、再现的城市空间（第三空间的深层审美结构）；最后，通过专业知识和规范的文本形式对城市形态化的物质空间层面进行有效的文本控制。在这个过程中，我们所强调的"自律性"可简单概括为："文本（替代物）表现城市"。因此，自律性"替代物"是城市设计文本的创作形式。

### 7.2.4 法定自律性的文本内在属性

**1. 法定自律性的文本属性** 作为一种被遵守的法则，城市设计导则的导控过程应具有法定效能，因此法定自律性是其基本属性。在文本的自律性研究中，伽达默尔描述了诗歌词语与其他两种自律性文本——宗教文本和法律文本的关系。宗教文本"适合于被书写下来的"，是预设了双方有限性的一种束缚的语词，是某种像誓言的东西。法律文本受它所记录下来的东西的束缚，法律文本只有通过它的宣告才有效，并且法律必须被颁布出来。因此，城市设计文本的法定性需要制定法律文本得以实现（在我国，城市的成果主要通过控规、详规的形式加以体现）。

一般而言，法定层次规划的产生都基于以下三个条件：①技术进步和经济繁荣使城市进入迅速发展时期，随之也产生一系列城市建设混乱等问题。为了保障规划、建设一个健康、安全的城市环境，人们开始寻求用"控制"、"法制"的方法引导城市发展。②城市发展进入以外延为主向、以内部挖潜为主的转变阶段，城市发展策略和总体规划已经编制完毕，规划工作进入"分区规划"或"控制性详细规划"阶段，而且城市建设的速度仍然较快。③城市规划管理的作用愈加重要，规划法规体系的完善程度已经决定土地利用的控制力度及执行效果[121]。

我国以往的城市设计编制重"设计"、轻"管理"，控制力不足。"导控型"城市设计就是要建立面向管理的，以控制和引导为主要手段的城市设计思维与方法。导控型城市设计的文本控制体现了两个层次的含义：一是控制既包含了消极的强制性，也包含了积极的引导性；二是强制性的控制手段容易取得成效，因而相对于引导来说控制更为重要。导控型城市设计编制分为总体规划阶段的城市设计、分区规划阶段的城市设计和控制性详细规划阶段的城市设计。在文本控制的法律地位方面国内许多研究机构尝试结合城市规划编制的改革进行城市设计体系的构建。城市设计文本法定自律性控制的重点就是如何加强控制和引导的"度"的研究。

**2. 深圳市法定图则的实践**　　哈尔滨工业大学徐苏宁教授认为："城市设计是专门针对不同的城市物质空间所做出艺术构思和安排，包括城市的体型环境、空间环境、人文环境、自然环境；它应包括控制性设计与详细设计，亦应与城市规划同样具有法律地位；它应体现出鲜明的地域性和文化性。"因此，凡是涉及空间环境的组织与安排的设计活动都应包含在城市设计的学科体系内。在这种观点下，深圳市的法定图则应该是城市设计法定性的一次尝试。

自改革开放以来，深圳市在全国率先推行土地有偿使用政策、城市土地BOT 制度，建立了城市房地产市场，进而开始推行法定图则的编制。深圳市参考了香港的"法定图则"（Statutory Plans）和国外关于"区划法"（Zoning Ordinance）的经验，结合自身规划管理的实际，经过多年的探索，于 1996 年底决定逐步推行"法定图则"制度，并将其定位于控规阶段，试图以控规为基础，通过提高决策层次、加强公众参与来推动规划的民主化和法制化建设。"法定图则"的主要思路是将规划"地块"作为规划管理的基本控制单元，通过加强"地块"上的建设行为的控制力度，实现规划的法制化管理。将城市设计同法定图则和详细蓝图的结合，强化了规划管理体系中建立和完善城市设计管理制度的现实性、法定性和自律性。为此，深圳市成立了一个专门的机构——法定图则委员会对城市规划进行审议。这个委员会由公务员、专家和社会人士担任，它隶属于城市规划委员会，主要负责城市总体、分区规划和重大项目的选址审议工作。法定图则委员会受市人大委托，根据规划方案编制土地用途，再以法的形式予以确定。

深圳市法定图则的成果分为"法定文件"和"技术文件"两部分。其中，"法定文件"（包括"图表"和"文本"）是核心部分，是严格"法定"的内容（《条例》第二十三条规定："法定图则包括图表和文本两部分"，①文本指按法定程序批准具有法律效力的规划控制条文。②图表指按法定程序批准并由市规划委员会主任签署生效的具有法律效力的规划控制总图及其附表）。"技术文件"（包括"规划图"和"规划研究报告"）则仍相当于传统的控规的成果，是"法定文件"的技术支撑。这样做的目的有两个：一是考虑到对于那些尚不具备编制"法定文件"条件的地区，仍可将相当于控规的"技术文件"继续作为规划管理的基本依据，并与过去已做过的控规有良好

的衔接；二是有利于保持地方法规与建设部已颁布的《城市规划编制办法》
等国家技术规范取得法律关系上的一致性（图 7-15）。

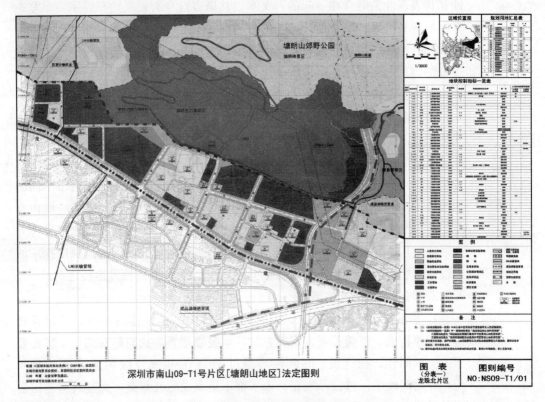

图 7-15　深圳市的法定图则[126]

　　我国深圳法定图则并无法律效力，深圳法定图则所涉及的内容过广、深
度过深，要成为一项法律，如何对其进行合理描述并保证其实施成为需要继
续研究的问题。但是，法定图则也是城市设计文本法定自律性的一种尝试，
特别是在非法定的城市设计文本中如何加强城市设计导则弹性控制的控制力
与发挥设计人员的创造力等许多方面仍然需要进行深入研究。从城市设计文
本对城市建设的指导、控制基本要求来看，法定自律性是城市设计文本的内
在属性。

## 7.3　城市设计文本的表现性诠释

### 7.3.1　具有表现性的文本结构

　　文本的表现性是指文本具有某种隐喻性或暗示力，能够激发主体性内涵
的对象化作品都具有表现性。城市设计文本的表现性诠释就是要挖掘城市设

计文本内在的表现性结构，探讨城市设计文本所具有的表达特质。

可以说，任何自律性的作品都具有表现性。文本理论认为，文本的自律性和其表现性是融合在一起的，文本以其语言自身的表现性开启了一个复杂多维的意义世界。城市设计文本的表现性并不是要像文学文本那样创造一种"虚幻的诗意世界"，而是要强调城市设计文本并不是仅仅具有规定性的对设计意图的再现和模仿，从根本上说，它更是一个与读者发生关系的作品，一种蕴含审美经验的、具有艺术品质的开放的意义时空。

对城市设计文本自身而言，各种规范，图则，文本格式等，容易形成模式化思维，加之设计者追求经济效益的功利趋向和日趋炽烈的"拷贝"之风，并且在城市设计的法定地位难以确立的情况下，使得城市设计难以准确把握各个城市的不同发展层次和不同的目标定位，难以深刻探究各个城市不同的地域特征、不同的历史文化、不同的城市格局和城市特色，难以适应城市自身的复杂性和发展的复杂性。然而城市设计文本只有在社会、文化等种种外在因素对其撞击和启发下才能获得阅读城市的"新经验"。因此，深度探求城市设计文本所具有的创作表现力成为城市设计文本创作的探索途径之一。

### 7.3.2 时间结构的文本表现

**1. 拼贴城市与时间结构** 无论从文本审美结构整体的特性，还是其相应的层序构成、审美关系、审美方式、审美心理等，我们都看到一个核心要素——时间性。在这里，时间性不是过去-现在-将来直线匀速流逝的时间流，在时间性中，过去、现在、未来都不是现成的时间点，而是具有超出自身的性质。在时间性中，将来具有首要的意义。时间性不是可以孤立起来的媒介，而是审美结构的组成部分，是不断自我超越的内在动力机制，是审美结构本质之所在。

由于时间性这一深层机制，城市设计文本的审美活动是不断运动和开放的。城市设计文本的表现性并不是通过作者的创作意图、创作过程、审美意识对象和文本本身决定着其意义世界，而是在接受者的审美经验与审美对象，在运动过程中时间性地展现其意义世界。不同的时间中对同一部艺术作品的阅读和理解都不同于前一次阅读和理解所得到的东西，每一次阅读和理解都是一种独特的现在。也就是说对作品的阅读和理解是有时间性的，都是在具体的历史时间中进行理解和阅读。

在对时间性文本结构的研究中，柯林·罗的一个重要理论贡献就是提出了"拼贴城市"的概念。最初的拼贴理论，是以城市的渐变为基础的。历史像一条长河，各个时期的建筑就像动植物的化石那样，一点点地沉积下来，拼贴成现在的面貌。然而，近年来生物学中的"突变"理论也影响到城市领域。1996年在西班牙巴塞罗那召开的世界建筑师大会，"突变"理论似乎占了上风。人们列举各种实例，包括上海浦东的陆家嘴，来证明城市的主要变迁几乎都是突变性的，拼贴则是多次突变的积累（图7-16）。

"突变"理论出现的原因是在现代社会快餐式的消费节奏中，城市的设计与建设的速度从根本上改变了历史上有机形成城市形态的意义。现代的城市设计往往是在确定地块性质、红线位置、建筑高度、空间关系上做出的某种设计，而设计本身缺乏对于空间本质和人的关系的探讨，设计成为一次性的产品，相对于古老的城市空间，现代的设计更注重于效率与速度。面对这种状况，城市设计文本的一个重要的

图7-16　上海浦东陆家嘴

任务是建立时间性的文本空间，强调共时性与历时性的文本意义，研究在城市急速变化的情况下如何合理控制与有效指导城市结构与空间形态的健康发展。

**2. 时间结构的文本实践**　在笔者参与的哈尔滨城市特色景观系统规划的文本创作中，塑造时间性的表现结构是我们所面对的主要任务之一。我们认为，特色的塑造就是追求景观审美的过程，而审美则是人的感知变化（审美经验）在情感中的升华。人们审美的艺术经验的获取是在审美经验已然成熟或审美突破以后才逐渐形成。因此，城市特色景观的呈现是以审美主体的感性经验为基础进行描述，促进审美主体的艺术经验的升华，并通过分析城市文本不同诠释主体的"偏好阅读"，以及城市设计师经验的、自由创作的感觉体验，来挖掘城市的文化内涵，赋予城市特色景观的深层次意义。

（1）总体定位：哈尔滨城市特色景观的总体空间品质意境定位为"冰雪之境、异域之情、生态之城"，主要体现冰雪特色、异域文化以及构建生态园林城市的总体格局。

（2）研究框架：哈尔滨城市特色景观规划主要通过特色景观的分项和分区系统形成总体、分项控制及分区表征的意象系统构建。最后通过特色景观的载体系统（项目库）构建特色项目的散布结构（图7-17）。

（3）（部分）研究内容：在总体结构上，特色景观规划通过"历史性"

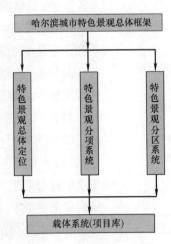

图7-17　哈尔滨城市特色景观规划研究框架

城市布局和空间发展模式分析、城市景观空间网络的组织、城市特色景观格局策略、城市特色景观交通网络和生态网络的建构等方法将特色景观资源形成多层次与复合的网络组织。其中，哈尔滨城市景观特色要素的提取涉及特色景观的历史形成，现有景观资源的整合，以及研究、挖掘出的城市新的特色景观资源等。

对特色景观形成的影响因素分析的横向研究包括：①城市空间结构发展与特色景观形成；②城市旅游规划与特色景观的互动性研究；③城市大型经济活动对特色景观形成的导向等。

纵向研究包括：①城市空间结构的演化对特色景观规划的影响；②历史文化遗存对特色景观规划的影响等。

从上述研究内容的简单介绍可以看出，无论是"拼贴"的、历史性的观点，还是系统的、结构的观点，其文本结构都围绕着时间性而展开。规划通过分析哈尔滨城市特色景观的内容构成，挖掘、洞察城市发展的可拓性因素；综合梳理、分析和盘点哈尔滨城市特色资源系统；并通过分析城市文本的不同诠释主体，挖掘城市的文化内涵，赋予城市特色景观的深层次意义。因此，哈尔滨城市特色景观规划的文本控制是开放的，在时间性的过程中生成意义，特色景观的形成也随着时间性的变化和人们解读立场的变化而不断赋予、形成新的景观意象。

### 7.3.3 对话结构的文本表现

**1. 模仿、类型与对话结构**　在文学诠释学看来，文学作品的真正本质就在于它能够超越创作者本身和创作活动本身进入理解者的理解实践中，并与作品所表现的世界进行交流和对话，并在这个交流和对话中建构艺术作品的意义世界。按照姚斯的说法，诠释的过程可以被分割为这样三个部分，即"最初的、审美感知式的阅读"，"第二步、回顾式的诠释性阅读"，"第三步的、历史性的阅读。"[127] 因此，我们在阅读与诠释文本的时候都无法逃避"历史的接受"这种方式。哲学诠释学主张对传统文本的理解，必须置身于历史的诠释学情境中并与历史传统进行对话，它对文学艺术真理的思考也是从历史的美学和文学理论的重新理解出发的。它首先重新理解和阐释了在西方具有悠久历史的模仿论观点，揭示了艺术的模仿和反映，是一种创造性的转换的美学观点。

在与历史的对话中，城市设计文本肩负着对传统的尊重与对未来意义构建的双重任务。历史与未来永远是矛盾的统一体，针对这一问题，哲学诠释对"模仿"的概念进行了重新的解释。哲学诠释学抛弃了审美纯粹主义的审美观念，把模仿看成是对人类秩序的表现，一种秩序化力量的呈现。"模仿"

概念是在处理理解文学与现实生活的认识关系上，即艺术与非艺术的理解关系问题时提出的。模仿不是使艺术和非艺术变成同一性的东西，也不是使艺术和非艺术分离为毫无联系的东西；它处在隐喻的相似性与差异性特征必要的张力连接中。正因为模仿是一种已经改变事物的转换，而不是单纯的移植。我们从文学审美经验中所获得的更深刻的意义与真理，正是通过文学作品所表现出的我们熟悉的东西，引导我们走向一个更悠远、更深邃的意义世界……[27]

相对于"模仿"这一概念，城市类型学中"类型（Type）"的概念指出，"类型"这个词比起某物可以抄袭或模仿来说，更多的是指这样一种元素观念：这种观念本身要为"模型"（Module）建立规则。"模型"在艺术的实践操作意义上，即是事物原原本本的重复。相反，类型的基础是人们能够据此划分出各种互不相同的作品的概念；就模型而言，一切都是精准明确的，而类型多少有些模糊不清。因此可以发现，类型所模拟的总是情感和精神所认可的事物……因此，模型是单纯的重复，而类型则是具有表现性的文本方式。城市类型学中"类型（Type）"的概念与诠释学对"模仿"的重新诠释阐明了相似的观点，这种观点其实体现了城市设计文本，或在阅读城市文本时所具有的对话结构。城市类型学研究中文本的对话结构主要反映在：类型学以类型化的文本形式反映出城市历史的答案。这种方法考虑了城市特定的历史、变化的方式和传统，从而类型成为设计的主要手段和基础。在罗西看来，城市是人类生活的剧场。这个剧场不仅是一个意象而以，它已经是事实。它吸收事件和感情，每一新事件里包括了对过去的记忆和未来记忆的潜能。建筑形式不仅仅是有形形态而已，它还是精神载体，是物质存在与精神的统一体，人们往往只见到模型（建筑形式）的千变万化，但看不到统括它们的类型（精神意义）的恒常性，用罗西的词汇，就是"历史与记忆"的统一体。总之，从阿尔·多罗西和克里尔兄弟为代表的新理性主义（New Rationalism）的角度看，城市设计的核心任务就是重新应用城市的"原型"，保护传统城市的基本特征，即历史性的方法。虽然面对当代城市复杂的状况，新理性主义有其局限性，但是其提出的思想与方法从具体的设计实践角度来看无疑是有价值的。城市设计文本的对话结构在更广阔的意义上，在城市的记忆中，仍然被其诠释者不断的阅读与书写。

**2. 对话结构的文本实践**　对话结构的文本实践主要体现出城市设计文本对原有城市肌理的尊重（与历史对话）和对创新意义的文本设定上（与未来对话）。这里，通过借鉴同济大学周俭教授所做的上海老城厢方浜中路街区城市设计的类型学思路，探讨城市设计文本创作的对话结构。

上海老城厢是上海现代大都市的发源地，上海历史文化的风貌区。方浜中路街区内功能混杂，物质环境老化。城市设计要考虑保护、改造与更新等诸多问题。历史风貌的延续是重要的创新工作，历史风貌地区城市设计对现状街区的判断、取舍决定了街区的未来。设计引入类型学思路，既可研究传统建筑形式的特征和其变化与发展，又可研究建筑与建筑群的空间组合关系和解析城市肌理。

（1）肌理类型的辨别和提取　根据不同的建筑形态、建筑群体组合及空间布局关系，将街区的空间肌理特征归纳为 5 大类、7 小类。

（2）肌理类型的还原和转换　第一步需要在这些类型中抽象出原型，然后针对原型进行类型转换的研究，分析新的可能，即类型的变体，以此引导新的空间构建。在这个过程中，可以把类型学的设计手法看成是某种"加法"：

$$总弄＋支弄＋过街楼＋行列式低层住宅＝里弄类型$$
$$合院＋合院＋天井＋门楼（门洞）＋……＝规整院落类型$$
$$底商＋楼居＋沿街＝沿街商住类型$$
$$多幢不同形式的低层住宅＋复合院落＋门楼（门洞）＋围墙$$
$$……＝自生院落类型$$
$$……$$

（3）街区空间形态的重组　通过肌理类型的还原和转换，并提出指导街区肌理重组的指导原则以指导进一步的城市建设：

① 肌理保护原则；

② 原型修补原则；

③ 功能导向原则；

④ 关联拓展原则；

⑤ 整合创新原则。

总之，类型学的研究思路为我们提供了某种启示，在面对城市的复杂问题和指导城市建设的过程中，城市设计文本应该如何进行创作以及如何解决具体的问题？当然，仅仅依靠类型学的方法并不能包容传统空间形态与城市生活的各个方面，城市设计文本的对话结构也要求我们更加重视文本的表达形式的问题（图 7-18，图 7-19）。

### 7.3.4　召唤结构的文本表现

**1. 文本的召唤结构**　德国的伊瑟尔将读者的阅读看作是一种文本的内在结构机制，提出"文本的召唤结构"这一说法来进行研究。这个术语指文

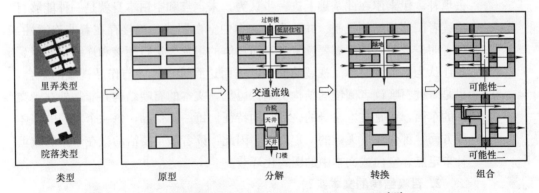

图 7-18　肌理类型的还原转换及组合可能性示意[128]

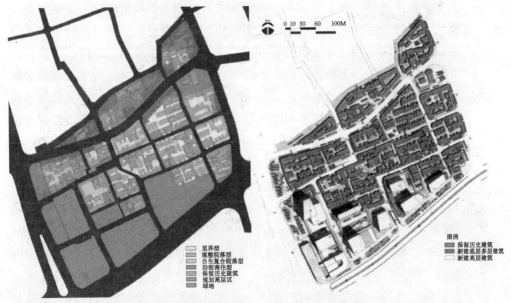

图 7-19　重组后的肌理类型分布及平面图[128]

本具有一种能够召唤读者来进行阅读的结构机制。召唤结构是作者书写文本的一种固有的功能，即召唤读者参与文本再创作的一种功能，因为文本是不完整的，文本的意义也并非固定的，它必须经过读者的积极参与才能最后形成也就是说文本给读者留下了想象的无限空间，以期待读者的积极参与。

任何一个文本都存在着意义不确定性和意义空白，召唤结构就体现在文本的未定点中。接受美学认为，文学作品的价值常常是由两极组合而成；一极是具有未定性的文学文本；一极是读者阅读过程中的具体化。这两极的合并才能体现文学作品的完整价值。英伽登认为，作品是一个充满了未定点和空白图式结构，其中作品的未定点需要读者去确定，空白图式结构需要读者去填补。伊索尔在此基础上进一步认为，未定点和空白本身就是一种能够召唤读者阅读的结构机制。并认为，文本中空白图式的连接存在着非连续性，或者叫空缺，它常常需要读者丰富而具体的想象去进行衔接和连续化。伊瑟尔还认为，读者对作品视域的突破，进而达到读者视域与作品视域的融合，也是一种召唤读者阅读的结构机制。可见，文本的召唤结构并非是外在于文本的东西，而是文本自身的一种结构特征。每一部作品，每一个表现的客体或方面，都包含着无数的未定之处。因此，读者最重要活动就在于排除或填补未定点、空白或文本中的图式化环节。

**2. 召唤结构的文本实践**

（1）理念定位与概念抽取　城市设计的文本创作往往需要从城市自然、人文、经济等错综复杂的对象中抽取其中的要点并加以概念化。这些要点及概念应能综合反映城市的地域性、文化性、时代性特征。地域性特征主要反映城市的地理面貌、乡土特点等方面；文化性是城市政治、经济、宗教、民族、科教、历史、文物、民俗等多种因素的综合；时代性是城市发展的必然要求，是对空间意义的地域与文化特性的补充，三者的结合能够充分表达城市的脉络，体现概念对城市的时空意义，推演出城市鲜明的个性。通过对这些要素的整理和抽取，城市设计文本力图创造城市的整体统一性。

上述通过理念的定位和概念的抽取进而激发诱导接受者进行创造性思维，填补的方式是文本召唤结构在城市设计文本中较为普遍的创作形式。例如，在西安市规划局唐"皇城"复兴规划的设计文本中，承载着西安老城"百年"规划构思。可以说，不论用什么题目，以什么名称、形式出现，都是一种"概念"。因为，西安老城是历史文化名城保护的核心区，是西安古城的"精神"所在，也是西安的核心优势资源。老城规划就是要充分体现西安的传统格局，通过对文物的保护、保护历史街区、保护近现代特色建筑及具有不同时代、不同风貌的民居来体现。因此，设计者通过对唐"皇城"的背景与规划基础的研究，提出了"一个会说故事的城市，一个步行为主的城市"的文本概念，进而，通过对这一文本概念的构思与整理逐步生成创作情感，并结合设计文本的书写与图示概念的解读来完成召唤结构的文本。在接受者对设计文本的具体化过程中，"概念"仍然是接受者创作的情感基础，并且，接受者只有创作出具体的空间作品，概念的召唤结构才得以具体化。

总之，城市设计文本概念的具体化过程只有在接受者的创作阶段才得以生成，而接受者的创作活动具有未定性。因而，城市设计文本的成果表达则更加体现为概念化、整体性——它是一种"概念抽取"的文本形式。

（2）空间概念的图式化过程　从文本概念到空间概念的转化是城市设计

重要的创作领域。空间概念蕴含于设计文本之中，空间概念需要超越文本化阶段进行图式化的表达，即创作理念的图像化过程——图像表现概念，并引导接受者建立新的概念图示。图示化过程不单纯是对文本概念的图示说明，它需要生成具象的空间作品，达到空间再现的创作目的。

在空间概念的图示化过程中，召唤结构主要体现在：首先，未定空白体现在城市空间功能的不确定上，如果空间功能发生中断或产生偏离效应，空间就具有了一定的模糊性或未定性，从而形成了具有召唤结构的意义空白；其次，另一空间功能的不确定性表现为复合性的多功能的城市空间，这种功能上的复合不仅仅是空间功能的简单叠加，而且会产生功能上的增值效应，召唤接受者去联想与思考，去发现多义与多维的意义空间。

在城市空间中，各种空间句法关系相互转折、承接和联系，并不具有非常确定的使用功能，形成了未定意义和复合的城市空间，其功能意义等待接受者的填补。城市设计正是将这种未定意义机制运用在其空间概念的图示化创作中，用以塑造空间发展的可能性，来指导详细设计的过程。并且，接受者对城市设计文本阅读与理解的具体化过程不断作用，远未完成。比如，深圳宝安区城市设计的案例，城市设计空间概念的图示化成果展现出的是强调用地边界条件和实体与内空关系的平面图，此种城市设计图示语言所关注的是城市不同空间句法的相互对话与承接，人们看不到详细具体的设计状态，却能清晰的领会设计者所要表达的空间概念。这种城市设计文本的表达方式对用地地块局部的、有序的开发建设具有重要的指导意义（图 7-20，图 7-21）。

此外，在建筑理论与城市空间研究方面，模糊性与未定性有着广泛的理论探索，如结构主义发言人阿尔多·凡·艾克（Aldo Van Eych）的"双重现象"（中介空间）观念；文丘里的建筑的矛盾性与复杂性；体会了东方的包容与阴阳和谐精神的詹克斯的后现代建筑语言；诺伯格·舒尔茨（Noberg Schulz）的《存在·空间·建筑》；摩尔以中国的阴阳哲学为其重点之一的建筑思想；黑川纪章的"灰空间"理论；芦原义信对内外空间的重新认知等。这些理论的提出都是反对二元对立，而承认事物正反两方面同时存在的真理，并借以对人类根源之探讨，寻找空间与建筑的本质。他们均致力于从历史传统中发挥生活中复杂的暧昧现象，创造生活在矛盾之中的多义空间。重新探明、拾回和发展被功能主义和理性主义所抛弃的具有人性品质和潜在价值的模糊性。大量的模糊性现象呈现在城市空间的诸方面，用模糊性的观点去分析它能够得到不同于单纯的实体与空间的深层次的解答。这些模糊性与未定性空间理论体系的形成，也是城市设计空间概念图示化过程的思

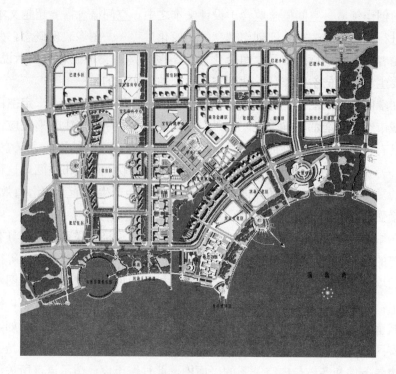

图 7-20　表现边界条件与空间关系的平面图

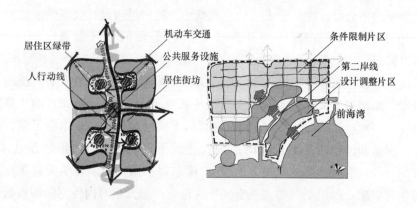

图 7-21　表现设计概念的结构草图

维基础与创作源泉（图 7-22）。

　　通过以上分析我们认为，城市设计空间概念的召唤结构的表达特征主要是：在城市不同空间句法关系的转折和相互承接中，通过把握句法空间之间的某种矛盾，巧妙地利用对立面的"中介过渡"，在相互过渡、相互渗透的过程中实现矛盾体的共生，从而形成空间功能的模糊性及复合性，进而，在

图 7-22 "中介空间"的城市设计实践

未定意义的生成过程中塑造城市设计文本的空间意义。

### 7.3.5 乌托邦意义的文本表现

乌托邦的本来涵义是"乌有之乡"（No Place），是"绝对的不可能"。马尔库塞在一次题为《乌托邦的终结》（1967 年）的演讲中给乌托邦下了这样的定义："乌托邦是一个历史概念。它指的是那些被认为不可能实现的社会变革方案。"随着技术的发展和社会的变革，马尔库塞重新界定了乌托邦的实现可能性，指出所谓"乌托邦的终结"就是"历史的终结"（End of History），因为"我们今天有能力把世界变成地狱……也有能力把它变成天堂"，人类社会出现的这种新的可能意味着旧的或现存的历史已经无法延续，预示着"历史连续体的中断"。马尔库塞在《论解放》（1969 年）中又为乌托邦下了一个定义："乌托邦这一概念意味着什么呢？它已经成为伟大的、真正的、超越性的力量。"马尔库塞赋予乌托邦一种革命的力量和浪漫的气息。他开始使用"具体乌托邦"（Concrete Utopia）来意指"乌托邦能够被实现的可能性"[129]。德拉克洛瓦的完美寓言：自由引导人民，"一种英雄革命式的街垒完全远离了实证主义的气质"[68]（图 7-23）。

图 7-23　欧仁·德拉克洛瓦：自由引导人民[17]

在这种力量的影响下，20 世纪的城市设计思潮受到了乌托邦社会理想的强烈影响。A·马德尼波尔（A. Madanipour）论及乌托邦思想对城市设计思潮的强烈影响，定义了 20 世纪城市设计的三大思潮：城市主义（Urbanism）、反城市主义（Anti-urbanism）、微城市主义（Micro- urbanism）。城市主义以现代主义和后现代主义为代表，注重城市空间的形成和改造；反城市主义的目的是放弃城市地区，拓殖乡村地区；微城市主义则以英国新城和美国新城市主义为代表，将城市主义和反城市主义思潮结合在一起。A·马德尼波尔认为这三类城市设计思潮都是对乌托邦思潮的响应[130]。

在研究城市未来学意义的诸多城市设计研究中，许多城市设计师将注意力集中在未建成作品所具有的乌托邦意义上，将其作为城市意义所应具有的思想内核。矶崎新认为，只有未建成，才意味着什么都有可能。因此，我们大可不必追求一种似是而非的大结局，在他看来，那些停留在图纸上没有被当时业主所接受的设计方案，是提前的历史、预感未来的历史。城市乌托邦是一种希望通过设计和建造理想城市来解决现实城市问题和社会问题的思想观念。在城市发展史中，城市乌托邦始终伴随着现实城市，同时又与现实保持着适当的距离。因此，城市乌托邦既保持了对现实城市的批判性，又具有对未来的指向性。[131]城市设计文本控制与弹性的特点及其对城市意义的探索方面适应了这种未来的指向性。在美学价值取向方面，城市设计文本强调真的城市形态、善的城市环境、美的城市意象，在艺术的高度上塑造城市多元统一的艺术综合体；在功能价值层面，未来主义、未来城市和功能主义的理论、作品及实践反映了未来学意义的文本需求。很多建筑师为解决城市问题设想了许多未来方案，如 1960 年丹下健三制定的东京湾规划方案，20 世纪 70 年代初富勒设想的海上城市，费里德曼规划的空间城市和阿基格拉姆派的柯克 1964 年设计的插入式城市等（图 7-24）。

总之，在城市设计文本的未来性指向中，趋势与可行的乌托邦思想是城市设计的精神诉求。矶崎新在中国举办的主题为"未建成"的展览，其后的著作起名为"未建成/反建筑史"充分体现了批判态度的乌托邦思想。正是由于"未建成"只能是体现在文本中的对现代城市的批判，才具有其现实的意义。其乌托邦意义的体现是一种否定性、反思性的状态，同时，并不以现实标准作为自己存在的价值取向，也因为自身固有的特点而与现实社会有着本质的冲突，常常处于被现实排斥的状态，现实中的诸多因素，对乌托邦的实现产生着重要的影响。[131]

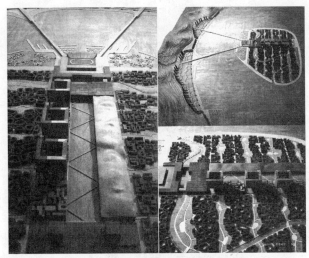

图 7-24　矶崎新，未建成/反建筑史[132]

## 7.4　本章小结

城市设计表意过程的文本诠释，其研究重点强调了"文本"这一特定概念在城市设计中的特殊地位。本章就城市设计文本的诠释过程作为一种意义创造、一种艺术表现、一种文本创作来加以重视。为实现这样的目的，我们必须深入认识文本的内在属性、审美形态、诠释特性等。

（1）本章首先提出了狭义的城市设计文本和广义的城市设计文本两个概念。文中指出，狭义的城市设计文本是一种技术文本的规定性形式，而广义的城市设计文本则将文本视为与读者发生阅读关系的作品，即"替代物"（包括描述物和表现物）的城市设计文本形式。替代物的文本形式分别代表了人们直接与间接认知客体的两种认知方式。通过替代物的文本预设，我们可以更加深入、自由地理解空间的意义，并通过文本的形式来表现城市。

（2）在广义与狭义的文本视角下，本章重点强调了城市设计文本具有的诠释学的文本属性，即城市设计文本具有的自律性和表现性结构。进而提出了城市设计文本的自律性诠释和表现性诠释的文本特性，并结合城市设计文本创作案例对其诠释方式进行了深入的探讨。城市设计文本的自律性诠释体现在：自律性"半成品"是城市设计文本的成果特征、自律性"替代物"是城市设计文本的创作形式、而法定自律性则是城市设计文本的内在属性；城市设计文本的表现性诠释体现在：时间结构的城市设计文本表现、对话结构的城市设计文本表现、召唤结构的城市设计文本表现以及乌托邦意义的城市设计文本表现等。

# 第8章 城市设计创作实践的主体诠释

　　方法论的任务说明这样一种方法，凭借这种方法，从我们想象和认识的某一给定对象出发，应用天然供我们使用的思维活动，就能完全地、即通过完全确定的概念和得到完善论证的判断来达到人的思维为自己树立的目的。
　　　　　　　　——克里斯托夫·西格瓦特（Christoph Sigwart）《逻辑》

　　随着论文研究的深入，现在我们可以给论文的下篇——"城市设计诠释的方法体系"这一命题做一个简单的总结：所谓"方法体系"是对城市的"理解"、"解释"与"接受"过程的美学方法所进行的研究。"理解"在本文第6章对城市文本的阅读方式中作了重点的研究；"解释"是在论文第7章对城市设计文本的分析研究；而"接受"则涉及诠释主体的认识论问题，以及诠释主体所采取的诠释方法等问题。这些问题的提出标志着论文的研究既到达了终点也回到了起点。回到了起点，是因为本文的主旨与出发点就是围绕主体与主体间性的断裂而产生的诠释学问题而展开；到达了终点，则是指在经历了城市设计诠释思维的建构之后，必然涉及城市设计诠释方法的具体化问题，这也是对诠释学应用功能的实践探索。

　　主体性是城市设计创作实践过程的重要特性。如果说作者创造了城市的文本，那么读者则参与了重构文本中的城市。在作者与读者的共同视域中，城市设计师用自身的知识经验对城市进行了积极、有效的创作活动。如同文本一样，城市也能拥有多角度的诠释。在文本的想象空间里，不同的读者因为自身的经验不同而得出因人而异的城市景观和经验。"当一个文本的演绎者越来越多时，人们的视野将得到不断的扩展和补充，在反省、诠释城市生活的同时也能界定自己的位置，进一步塑造城市的现状和个性。"[119]

　　本章从城市设计师的主体性出发，深入研究城市设计创作实践过程的诠释方法。这里的"主体诠释"是指在城市设计诠释理论特定的规则系统中，主体应用不同的诠释方法对城市文本及其创作过程进行有效分析和合理说明，也是在城市设计诠释途径的探索中的具体化问题。曹志平在其《理解与科学解释》一书提出了诠释学视野中的科学解释研究，郭贵春的《科学实在的方法论辩护》一书深入研究了人文科学诠释的方法论基础，并且提出了语境分析、修辞分析、隐喻分析、心理意向分析、复杂性分析等人文科学诠释的研究范畴与方法。那么，城市设计诠释理论在这一规则体系下有着怎样的实践应用呢？

## 8.1 城市设计主体诠释的语境分析

### 8.1.1 语境分析的方法论意义

语境分析（Contextual Analysis）作为语境论最核心的研究方法，它是语形、语义、语用分析的集合。语境分析理论认为：在研究的视角走向整体时，就要消解各种走向的内在性和极端性，即不是消除各自的地位而是走向共存与互补，消除歧义性。只有语境能够获得这样的本体论、认识论和方法论的统一，获得逻辑、语义及语用分析的统一，获得经验、理性与行为的统一。

语境分析为城市设计构建了一般方法论的意义，就是将城市设计的理论与方法构建于语境分析的整体性之中。城市作为复杂性系统（如索亚所指出的历史性、社会性、空间性的统一）存在的客观性注定了其空间特征的语境性关联。一方面，城市设计的多学科特性决定了城市设计的任何理论的单一化和片面化倾向在方法取向上都是一个"自我设限"，任何单一化和片面化的理论倾向均不能解决城市这一复杂系统的问题。城市设计的各种研究方法均应有一个可相互融合、相互借鉴并相互关联的整体范围。一方面，以语境论的观点，可以理解为城市设计在语用维度上走向理论、实践、语境三者之间的关联与统一；另一方面，城市设计必须创造出城市适合其自身特定的场所、文化、历史和社会等相关因素的发展理念，推动城市精神与城市文化的发展。城市设计的理论必须与城市的特定语境相结合才能塑造"城市性"，满足城市特定场所的形式、特定区域的特征和特定公众的利益。正是在这个意义上，沙朗·佐京（Sharon Zukin）认为"文化"是控制城市空间的有力手段，作为意象与记忆的来源，它象征着"谁属于"特定的区域。"都市研究"洛杉矶学派的领军人物索亚（Edward W. Soja）则认为，人类根本上说是空间性的存在者，总是忙于进行空间与场所、疆域与区域、环境和居所的生产。这一生产的空间性过程或"制造地理"的过程中，人类主体总是包裹在与环境的复杂关系之中，人类主体本身就是一种独特的空间性单元。一方面，我们的行为和思想塑造着我们周遭的空间，与此同时，我们生活于其中的集体性或社会性生产出更大空间与场所，而人类的空间性则是人类动机和环境或语境构成的产物[65]。以上所述正切合了索亚所诟病的城市研究的思维方式的传统方法中理论和实践经常被分割开来的定势，因此他提倡语境分析和跨学科的方法。

城市设计理论与实践的目标就是对城市空间性语境的解读与诠释。城市设计在话语建构的精神重现中，其过程与方法存在于这种内在的空间性的"语境要求"（Context Requirement）之中。首先，城市设计在塑造城市意义的过程中首先要获得语境的统一性。在特定的语境分析中，诠释更多地成为反思的、主体的、内省的、哲学的、个性化的活动，城市设计的诠释活动因此而展现。此外，从城市设计的学科概念来看，"二次订单"的城市设计观反映了这种语境化要求。美国伊利诺大学 Vakki George 教授提出的"二次订单的城市设计"概念认为，为了城市设计的实施导控，城市设计成果不再局限于具体的形态化产品，而是加进了图则、导则等成果形式。对城市设计建设过程形成长期的导控机制是城市设计成果的重要特点。城市设计的创作过程就是要建造一个合理的决策环境，这个"决策环境"的建立正是城市空间性内在语境要求的结果。总之，城市设计诠释论的核心思想是对城市设计文本化成果的思维建构，它反映了城市设计的理论、诠释文本、诠释者和有意义的在场之间的整体性关系。语境分析方法提出了城市设计诠释理论最基本的方法论问题（图 8-2）。

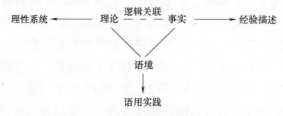

图 8-1 语境分析的模式图[33]

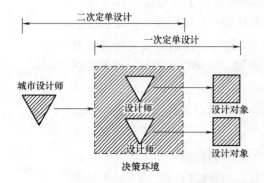

图 8-2 二次订单的城市设计概念[3]

通过上述的分析，笔者认为语境分析具备了文本化语言环境的要求。正如罗曼·雅柯布逊（R. Jakobson）所认为，任何语言都包括 6 个方面的要素，意义的传递要求 6 要素不可或缺，而语境分析的过程恰恰满足了这种传递关系（图 8-3）。

## 8.1.2 语境分析的方法

Matthew Carmona，Tim Heath，Taner Oc，Steven Tiesdell 所著的《城市设计的维度》将城市设计的语境划分

为当地语境、全球语境、市场语境和调控语境。[90]这种语境的划分蕴含着城
市设计在具体的语境分析过程中可能采取
的诠释方法。本节结合这四个语境对城市
设计语境分析的诠释方法或分析模式加以
研究。《城市设计的维度》一书中已经论
述的内容在这里只作简单的介绍。

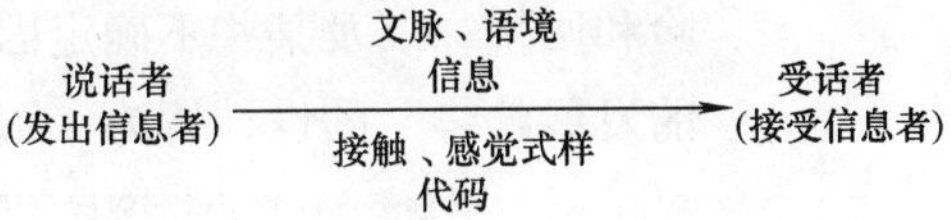

图 8-3 罗曼·雅柯布逊的语言传递要素[64]

**1. 本土语境** 或称之为当地语境。语境的概念必须从更加宽泛的角度
来考虑。Buchanan 认为，语境不仅是指"紧邻的周边区域"，还应该是"整
个城市，甚至可能包括城市的周边区域"。语境不是"狭义的形式上的环
境"，而包括"土地利用模式和土地价值，地形学和微气候，历史和象征意
义，以及其他社会文化现实和渴望——当然，还包括（通常特别重要）一个
更大的交通网和基础设施网中的定位"。

Buchanan 举例说明本土语境的分析方法，例如，一项关于伦敦环境质
量的研究（Tibbalds etal，1993）甄别了城市的八个关键因素，并认为城市
所有的环境都可依据四个紧密关联的组成部分来理解。四个部分分别是：

① 地理环境——土地、土地结构及其发展过程。
② 生命环境——占据环境的生命有机体。
③ 社会环境——人与人之间的关系。
④ 文化环境——社会行为准则和社会事实。

**2. 全球语境** 在全球性的影响下，城市设计师需要重点考虑环境责
任——这在许多层面影响到设计决策，包括以下方面：

① 新开发项目与现有的建成形式和基础设施的结合（如位置或基地的
选择、基础设施的利用、各种交通方式的可达性）。
② 开发所包含的功能范围（如混合使用、设施的可达性、离家工作）。
③ 总平面布局和设计（如密度、景观和绿化、自然环境、日照或
阳光）。
④ 单体建筑的设计（如建筑形式、朝向、微气候、有生命力的建筑、
建筑的再利用和材料的选择）。

同时，书中指出，可持续开发的概念不仅包括环境的可持续性，还包括
经济和社会的可持续性。城市设计师需要关注社会影响、长期的经济可行性
和环境影响。

**3. 市场语境** 市场语境的分析强调城市设计师需要理解创造场所和进
行开发的财政和经济过程。城市设计实际上是由控制资源——或者控制资源
获取——的人决定的。"引导投资的是市场，而不是设计"，城市设计本质上

是有限的。因此，城市设计是在充分分析市场语境中，考虑成本和收益、风险和回报，以及某些不确定因素和开发的可行性的基础上的"促进正在进行的发展趋势"的设计行为（图8-4）。

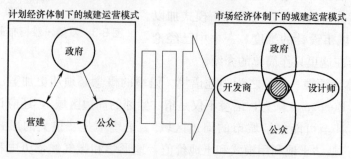

图 8-4　两种经济体制下的城市建设运作模式

市场语境还要求城市设计师要有效利用城市文化的市场价值，平衡经济利益和社会利益的关系。长久以来（计划经济时期）我们在文化活动的精神性和商品性之间划了一条泾渭分明的界限，但是近些年的城市设计实践使我们认识到城市设计的审美过程愈来愈受到市场语境（经济、商业关系）的影响。可以说，城市设计的审美沟通和审美消费同时也是市场语境的副产品。我们所熟悉的城市设计的文化行为当然不是单纯的审美行为，而是具有价值取向的消费产品。

**4. 调控语境**　与市场语境构成了（政府与市场）的两面。调控语境是指政府的"宏观"调控，同时，城市设计师通常通过专业团体和组织而不是个体，来呼吁制度的变化。调控语境认为，城市设计需要政府和管理的架构，调节市场和政府的平衡。城市设计师正是在这样一个调控环境下——承认和支持城市设计的价值和质量，并寻求提升城市设计的质量。例如，柏林的 IBA、巴塞罗那和波士顿的滨水区开发，以及英国伯明翰城市中心更新计划等。

总之，语境分析既是方法论，又是艺术。语境分析既有定量的方法，也要有定性的方法；既要有理性的方法，也必须有超理性的方法。城市设计的这四个语境与形态、认知、社会、视觉、功能和时间等六个维度，通过设计过程联系起来。语境分析的方法使城市设计的分析过程从"艺术"过程同时也进入了一种"决策"过程，通过这个过程来权重和平衡设计目标和限制条件，研究存在的问题和解决的方法，最后得出最佳方案。John Zeisel（1981年）把它形容为"设计螺旋"，它是一个循环和反复的过程：通过一系列创造性的飞跃和"概念转换"，方案日趋完善。[90]语境分析的方法也可归纳为三个部分：目标、手段和结果。金广君先生的城市设计过程论认为，针对某完整项目的城市设计全过程框架可以分为六个阶段性目标：①评价地方背景；②评价相关政策、规范和法律条文；③提出构想与展望；④找出可能实施的办法；⑤建立一系列的城市规划与设计导则；⑥适宜的实施程序。每个阶段性的成果都需要运用不同的方法和技术来获得，可见，城市设计不是一蹴而就的，需要分阶段、分目标的采用具体的技术和方法，城市设计师也不能只考虑某一个阶段的固定成果，而是要培养整个过程中各个阶段的素质和技能，以系统、融贯的态度应对城市设计的项目（图8-5、图8-6）。

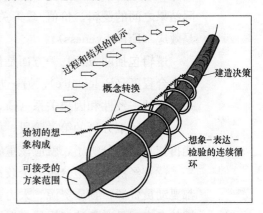

图 8-5　设计螺旋[90]

### 8.1.3　政策分析与 SWOTs 分析的方法比较

**1. 政策分析**　城市设计（规划）理论分为两大类：实质理论（Substantive）和程序理论（Processoral）。前者有关具体的功能，如土地、交通、园林、

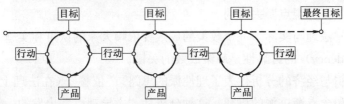

图 8-6　城市设计目标导向全过程示意图[3]

住房等；后者有关哲理与机制，如组织、程序、道德、价值等。从 20 世纪中期开始，程序理论成为规划的主流。[133] 程序理论的一个源头是"公共管理学"（Public Administration），其中一个主要的支流是"政策研究"。城乡规划也被视为一种公共政策。因此，当城市设计研究涉及政策研究的内容时，这种方法的借鉴也就具有了现实的意义。

政策，是通过一系列的决定和行动去实现一些理想，包含三个部分：目标、手段和（预期或实际）结果。政策分析是一个跨学科的、应用性的研究领域。作为一门应用性学科，政策分析不仅借助于社会科学及行为科学，尤其是经济学、政治学和社会学的理论和方法，而且也借助于哲学、数学和系统分析及运筹学等学科的理论和方法。它的主要目的不是对政策过程的精确了解，而是要更好地操纵现实世界。

政策分析（Policy Analysis）既是方法论，又是艺术。政策分析既有定量的方法，也要有定性的方法；既要有理性的方法，也必须有超理性的方法。政策分析涉及的是从问题发现到问题解决的整个政策过程。政策分析既是解决问题的艺术，又是提出问题的艺术。政策分析的操作可分三个阶段：

（1）逻辑　这是分析个人或组织的价值与政策的目标、手段和预期或实际结果之间的逻辑。价值/政策关系在这里可分两部分来分析，分析的焦点是效应（Effectiveness）。

逻辑包括两方面，一方面是价值与政策（包括目标、手段和结果）之间的吻合程度（Relevance）；另一方面是价值与目标、目标与手段、手段与结果之见的一致性和因果关系（Causality）。

这是政策分析的第一阶段。如果一个政策的内部逻辑出了问题。就不可能再作其他的分析了，就应该重新考虑，重新设计。

（2）经济　这是分析一个政策的决定和行动的"经济"意义，每个政策都要动员资源，物质资源、人力资源、政治资源、信息资源和时间资源。经济的考虑就是避免浪费重复和误用。

逻辑分析的焦点是效应（Effectiveness）——"达到目的"，经济分析的焦点是效率（Efficiency）——"花最少的气力去达到目的"。当然，这些分析都是从"主导观点"去看的。

（3）法理与实际　一个政策的成败要依赖大家的认可和实施。这种依赖（Dependency）的可靠性是政策成败的关键。

逻辑与经济的分析代表了理性派的思路。"依赖"（在法理上和实践上）分析却包含点渐进派的机智。这种分析从"主导观点"出发的，但跟逻辑和经济分析不同，开始考虑其他的政策参与者，也就是考虑"相关观点"。一个有效应、有效率的政策仍需别人的支持和认可才算合法（Legitimization，法理的考虑），仍需动员不同的人和组织才能去贯彻实施。

**2. SWOTs 分析**　政策分析的方法与城市设计主体诠释的语境分析的研究方法具有某种相似性。可以看出，城市设计的语境分析方法其实是一种"决策"的研究方法，从方法学的角度，主体诠释的语境分析方法也可视为从发现问题到解决问题的"决策"过程。例如，城市设计中运用的 SWOTs 分析的方法是由美国旧金山大学管理学教授海因茨·韦里奇于 1982 年提出的，是目前战略管理与规划领域广泛使用的分析工具。SWOTs 分析就是将与研究对象密切相关的各种主要优势因素、弱势因素、机会因素和威胁因素，通过调查罗列出来，并依照一段的次序按矩阵形式排列组合，然后用系统分析的思想，把各种因素相互匹配起来加以分析，从中得出一系列相应的结论。

（1）对研究范围内的各种影响因素进行调查，并将与研究对象密切相关的优势、弱势、机会和威胁四方面因素罗列出来；

（2）按照一定的逻辑关系将各因素排列组合，构造 SWOTs 矩阵；

（3）从矩阵中得出一系列相应的结论，为下阶段的研究提供有力的依据；

（4）针对分析的结论，为研究对象未来发展制定一系列可供选择的对策。

SWOTs 分析法在城市设计的实践过程中主要应用在设计目标的建立和对目标实施过程的动态反馈调整这两个重要环节之中，是语境分析方法的具体体现（图 8-7）。

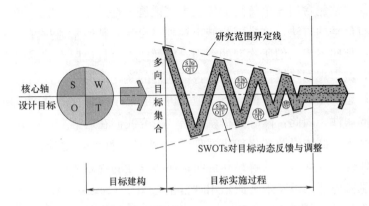

图 8-7　SWOTs 分析法在城市设计两个重要环节中的应用[134]

## 8.2　城市设计主体诠释的修辞分析

### 8.2.1　修辞分析的方法论意义

科学修辞学已经作为一种具有元分析特征的科学方法论。作为一种方法论的进步与发展，是与如何看待符号、语句、理论之间的逻辑关系，如何赋予并科学诠释语言陈述的意义，如何建构科学语言之间的交往行为密切联系在一起的。亚里士多德曾经说过："修辞学就是在特定情形下恰当地劝导方式的说明。"[135]修辞学具有一种诠释性的境遇论述，它要求对特定境遇进行猜测性的、评价性的、定义性的、说明性的问题进行有证据的、诠释的、评价的、方法论意义的有理由的解答。修辞学是继诠释学之后的 20 世纪的又一哲学转向，它是对诠释学有意义的增补，是对理解和接受过程的意义和实质的不断揭示。

修辞学作为方法论是一个发明、创造和批判的过程，致力于传递信息、产生观念和调整态度并有目地构造语言活动中的创造性，并围绕修辞对象形成一套完整的原理和程序。科学修辞学就是要通过修辞分析来确定特定的境遇中什么是核心的对象，什么样的问题作为说明的必备条件必须予以说明，比如，要说明应当采取什么样的解释和修辞策略。一般认为，科学研究领域的语言分为三个部分，逻辑语言、观察语言和理论语言[33]。相对而言，科学修辞学分析的对象主要是观察语言和理论语言。科学的观测对象是可以直接把握的实在性实体，而科学理论是不可以直接把握的抽象性实体。因此，科学修辞学对城市设计的过程更具有普遍的方法论意义。

城市规划（设计）的修辞之风始于 20 世纪七八十年代，它孕育了"原初的后现代"（Proto-Postmodern）城市规划。例如，一名城市规划（设计）师的工作通常包含向一个特定群体发表演说这一环节，这种展示和陈述要求用一种有创意的方法，这是因为城市规划（设计）师通常通过降低和减少自己观点中那些不为人们所欢迎的方面，以便使其更具说服力和感染力。人们认识到，城市规划（设计）师的语言由他们的文化所给定，他们有能力传递自己的思想观点，在通常情况下，他们诉诸于一个解释性的共同体所具有的内在共同属性。因此，修辞分析就是指"研究我们在对话交流的时候使自己等同于个体、群体以及文化的方式"[136]。在理论性的话语交谈中，人们运用修辞使他人接受自己的解释和说明；在实践性的规划话语交流中，它为特定的意见做佐证。迈克尔·迪尔用"言语行为"（Speech Art）或者"规划师的言语"（The Speech of Planners）从总体上表示由规划（城市设计）师共同体参加的交流与对话。迈克尔·迪尔在分析了 1970～1990 年规划实践方面的文章分析及引述多种文献资料，试图作出一些更为清晰、明了的解释。他认为，在当下的规划文化（城市设计文化）当中，有三种类型的修辞：我们说要去做的事情；我们事实上做了的事情；我们如何评价我们所做的事情。用更为规范的术语，转述为以下三种规划修辞：即实践理论、实践报告（专业锋谈）、运行评估。

### 8.2.2 修辞分析的方法

**1. 实践理论：工具性修辞**　实践理论（The Theory of Practice）：指对有关规划实践本质的原则所作的陈述。城市规划（设计）专业有一个主要的任务，它要赢得公众、政府、开发商的支持，帮助公众参与、政府决策和开发商的开发意向。此时，城市规划（设计）师的任务就是参与决策过程，提供决策支持，并将技术性的规划意图转化为意识形态的表达。

迈克尔·迪尔认为，在当代（1970 年代）有关规划实践的理论修辞当中，一个核心的议题就是迫切需要恢复和重现规划的传统内核。[64]现代城市规划（设计）向规划技术的回归已经在很大程度上告别了社会性及乌托邦性质的理想。许多城市规划（设计）师"只顾埋头于技术性的细节，而不愿意思考他们所从事的工作立足于其上的社会—经济与政治的基础"。因为，在他们看来，对于维护公众利益、理性调配土地使用、提高和保护环境等一些不甚具体明确的目的，只是观念和价值性的东西，不需要任何特殊技能，所以城市规划（设计）师也不太关心。迈克尔·迪尔在对城市规划（设计）师的专业功能进行分析后认为，规划实践本质的原则应该是：工具性的实证规划（设计）必须与公共利益观、社会效果的研究密切的联系在一起，这样才能称得上是规划（设计）。规划（设计）如果不包含这样的"想象性因素"（Visionary Dimension），那么规划（设计）就其功能而言已无异于信息管理了。

20世纪七八十年代的城市规划修辞之风和其专业性认识的争论，在今天已经得到了较好的回应。立足社会性的规划理念已经得到规划界的承认，规划专业的工作体系也更加完善。逐渐独立出来的城市设计专业的各个设计阶段的特性也体现了修辞分析方法的重要性。例如，城市设计预先设计阶段的工作就体现了修辞分析所强调的专业功能与设计内容。预先设计就是在综合评估了公众利益观和社会效果研究的前提下为政府提供服务的工具性实证规划。预先设计分为可行性研究和意象宣传等两部分，可行性研究通过对基础资料、现状环境、社会背景等因素的分析提出设计构想，作出市场预测和意象说明，为下一步的方案设计做好前期准备。总之，预先设计是一种工具性修辞分析（作为达到目的的手段的工具性活动）的具体运用（图8-8，图8-9）。

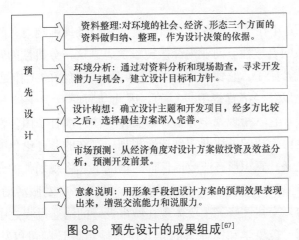

图 8-8　预先设计的成果组成[67]

**2. 实践报告：交往性修辞**　实践报告（Accounts of Practice）：是对实际当中的专业锋谈（The Professional Encounter）交流所作的分析。也可以

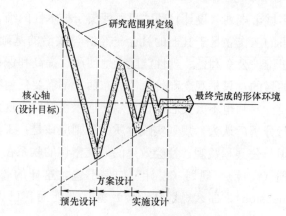

图 8-9　城市设计的三个阶段[67]

认为是城市规划师所从事的"交往活动"，与工具性活动相比，这种交流活动主要强调一种注重劝服的修辞。

在 20 世纪 80 年代，人们开始把注意力转向对现实规划实践的研究，在强调语言和交往的重要性的同时，贬低了技术和方法的地位。弗洛斯创立了一种预期性的实践模型（A Model of Anticipatory）。在模型中，规划的三个要素被描述为："构想一种问题的背景；进行相关的论证；战略性的通过谈判而介入。"考夫曼（Kaufman）则提出规划师是伦理学者的观点。他把实践的三个层面区分为：①"规范性"（Normative），即相信规划师具有服务于公共利益的伦理责任；②"以行为为主体的"（Action-oriented），即试图有选择地介入规划的变化；③在决策当中各种政治观点所包含的"乌托邦性"[64]。

20 世纪 70 年代后期，现象学和诠释学变得极具影响力，为规划界提供了理论和实践的合法性。向业内锋谈现象学迈进这一分析性的转变不仅是必然的，且早就开始了。它使城市规划师意识到，他们的工作是在特定的政治、社会文化以及经济背景中进行的，因此与哲学有着千丝万缕的继承关系；也就是说，它（指现象学分析，本文作者注）填补了因理性模型失势而留下的理论空白，扭转了协商或创造性规划中存在的非理论化的局面。在无需求助理想主义、意识形态或政治信仰的情况下，将规划师的介入与参与合理化。"在这种现象学观念中，规划实践被浓缩为一种劝服活动。"[64]

在实践中，交往性修辞主要体现在城市设计的沟通过程之中。首先，在专业交流层面，现象学和诠释学的介入使得城市设计师可以从意义和"经历"的角度来研究城市，设计师们通过交流、相互学习以此获得理论的证明。例如，"现象学的转向方便了围绕规划中的权力问题而进行的讨论"[64]；

其次，当城市设计师赢得一个项目的支持的时候，沟通、劝导与操控等手段成为一项必备的技能。因为，即使他们的设计意图是好的，也未必能达到预期的目标，此时，城市设计师必须意识到实用性和沟通性的本质，改善他们的实际操作手段；最后，参与及融入是最直接的沟通方式。"社区参与城市设计过程正日益被提升为克服——或至少是减少——专业人员与外行者、有权力者与无权力者，以及城市设计师与使用者之间隔阂的重要手段。"因此，建立积极有效地参与机制成为城市设计的交往性修辞研究的一个重要课题。已采用的普遍方式有："为真实而规划"（Planning for Real）的运动、行动规划（Action Planning）或社区研讨会、城市设计辅助团队（UDATs）等[90]。

**3. 运行评估：评判性修辞**　运行评估（Performance Evaluation）：对实践结果进行逻辑评价，主要根据一项规划对规划发起人利益改善和提高的程度，对规划作出评判。

运行评估是对规划从成功和失败两个方面进行反思性分析。这种分析主要的障碍在于确定一个恰当的标准去评判规划的结果。公众的意见变化无常，是不确定的。以公众对悉尼歌剧院的态度为例，从当初的藐视嘲讽到今天的盛赞。美国罗塞勒（Roeseler）的《美国城市规划》一书中把规划实践视为一种技术性的演练，这属于广义城市管理功能的一部分。他说："它（规划实践）的唯一目的就是把可供公众关注的问题的各种可行性的方案摆在决策者面前。"在罗塞勒看来，规划实践终归是一件确定公众利益的事情，那么评判的标准应该是不是出于对公众利益的考虑。但是事实上并非这么简单，罗塞勒承认事情往往向错误的方向发展，"这主要在于它们的民众与领袖。这是由于民众对腐败和平庸领导听之任之而遭到的报应。一个城市的外观直接反映了它的内在灵魂——公平、机会、理性"[64]。

诚然，这种评判的标准是非常难以确定的，国内外许多学者对此也作了深入研究。清华大学刘宛博士认为，我们首先要确立价值标准，我们最根本的价值标准在于判明实践活动是否给城市注入了活力，并且我们还需要建立一个评价体系，这个评价体系应当面向城市设计全过程的每一个环节，通过相对客观、综合、可衡量的评价要素，对城市设计过程的价值和意义作出全面的判断，从而步步指向城市设计实践的最终价值。刘宛博士提出了城市设计综合影响评价的指标系统，并总结了评估的方法，包括判别法、叠置法、列表法、矩阵法、网络法等。

从城市设计综合评价指标体系的分类和特征中我们可以看出，在这个评价体系中城市功能、文化艺术、社会影响等三方面都不能用理性科学模型加以精确阐述，这就凸显了运行评估中评判性修辞在城市设计中存在的重要性。即使是可量化和可度量的经济影响和环境影响等因素仍需要城市设计师进一步分析并加以解释说明。在我们的实际工作中，修辞分析的方法也已得到了广泛的运用。因此，城市设计的修辞分析理应成为规划话语（Planning Discourse）中重要的组成部分来加以重视（表 8-1）。

城市设计综合评价指标体系的分类和特征[130]　　　　　　表 8-1

| 指标类别 | 主要针对问题 | 城市设计的视角 | 评价指标的特点 |
|---|---|---|---|
| 1. 以城市功能效用为标准 | ·空间布局<br>·交通运输<br>·设施水平 | 把城市作为技术工具和政策过程的载体；<br>把城市设计作为实践操作过程中的政策管理手段，通过具体的政策过程实现对城市环境的控制 | 有工程技术性的标准、规范、指标。如建筑形式、体量、密度等指标，各项设施的分布、服务范围、技术标准等规范来衡量技术标准的实现。<br>较可度量 |
| 2. 从文化艺术效果来考察 | ·视觉感受<br>·情感体验<br>·场所精神 | 把城市作为艺术表达和文化体验的场所；<br>城市设计作为艺术环境的设计艺术 | 针对城市地区美学特点和文化气氛的改变，以感觉上出发为主，难有量化指标。<br>灵活性大，不可度量 |
| 3. 有关社会影响的评价 | ·公平<br>·自由<br>·健康和安全<br>·社会效益 | 把城市作为一种社会秩序的表达形式；<br>城市设计是融合社会伦理、社会行为心理等，从社会整体结构出发的操作过程 | 人口构成、设施、安全性等都可通过统计学变化得到量化数据，以此反映社会问题，但是数据反映问题的程度尚可质疑。<br>部分可度量 |
| 4. 有关经济影响的评价 | ·投入<br>·产出 | 把城市作为经济的载体；<br>城市设计作为经济运载的过程通过社会经济的整体规划起到促进经济发展的作用 | 土地价值、就业、税收、地区收入都可通过量化数据反映出来。<br>可度量 |
| 5. 有关环境影响的评价 | ·自然环境<br>·人工环境<br>·资源和环保 | 把城市作为整个生态圈的一分子；<br>城市设计是促进和维持整体生态环境秩序的手段之一 | 从自然和环境要素评价环境的变化，大多已有环境学科的参考标准可使用。<br>可度量 |

英国皇家城市规划学院院长 F·提鲍德（Francis Tibbald）认为，"在当今的规划领域中，正面的冲突——即使在形势最好的时候，也是混乱一片、失误频频——已不再是一种必然的现象，相反，强化着现下的有价值的活动和发展势头。柔道式的技艺在很大程度上推动着事物朝着正确的方向发展"。迈克尔·迪尔对规划修辞的类型作出总结：我们若是留意和关心规划师的工作就会发现，在现下的实践当中有三种话语占支配地位：

（1）工具主义的修辞，重申一度失势、被人淡忘的专业主义（Professioalism）；

（2）修辞学的修辞，注重劝服的策略；

200

（3）运行评估的修辞，主要根据一项规划对规划发起人利益改善和提高的程度，对规划作出评判[64]。

以诠释学的视角，城市设计主体诠释的修辞分析是一个重要的诠释方法。可以说，修辞分析是城市设计的一种工作方法，也是一种认知途径。通过本文对其内涵的深入分析，我们知晓了历史上人们曾对规划修辞的诸多争议，也明确了我们今后规划设计工作的研究方向。本文强调的工具性修辞、交往性修辞和评判性修辞三种方法在城市设计的实践中有着广泛的作用。总之，城市设计修辞分析方法的提出使得城市设计师们可以合理的、科学的，"以等同于个体、群体以及文化的方式"进入当下的城市文化与社会之中进行研究与表达，对规划与设计语言的运用也有了科学方法论的根据和明确的目的性。

## 8.3 城市设计主体诠释的隐喻分析

### 8.3.1 隐喻分析的方法论意义

科学隐喻的本质意义就在于，将一般的隐喻理论应用于科学理论的具体解释和说明中，由此形成一种科学诠释的方法论思想。在语境的整体性前提下，科学隐喻的方法论特征表现为理解与选择、经验与概括、语义结构与隐喻域、理性与非理性的统一。科学隐喻作为一种有理由推理的思维形式，具有发明、表征、说明、评价及交流等方面的重要功能。

在方法论上，隐喻不再单纯被看作是一种广泛存在的语言修辞现象，而是被认为是人类的一种重要的认知和思维方式。隐喻思维蕴含着某种超越外在现实世界的意向，体现了人类意识和精神活动的原始结构和方向。其次，在当代条件下，隐喻研究的合法地位得以恢复，隐喻是一种"合理的工具"，对科学概念的形成、科学理论的构造与陈述，均有无法替代的作用。再次，隐喻成为"整个非文字设计集合的隐喻法"，"构成了从技术语言到日常语言、从形式语言到自然语言之间的桥梁和理解的中介"，"在不同语境中，以不同的形态表现出来的隐喻说明，深化了修辞学劝导及其战略构设的灵活性和生动性"。[33]

例如，唐纳德·朔恩（Donald Schon）强调隐喻的动态特征，他主张：隐喻使我们从另一件事物的角度看待一件事物，从而帮助我们以一种对我们而言，崭新的方式看待。朔恩呼吁一种进化的隐喻，暗示人类语言充满概念置换的痕迹。概念的形成和创新，用朔恩的话说，是和人类语言不可分的，肯定会以隐喻的形式留下烙印。

在城市设计和建筑批评活动中，人们常常把隐喻作为一种表达工具和分析工具。在隐喻中其目的是在于充分利用词语所能唤起的感情上的反映，以丰富对城市与建筑的描述。詹克斯在人们对设计做出的反应中发现了一些隐喻，每个不同的反应，都对应头脑中一个独特的意象。詹克斯认为，建筑隐喻是由作者和读者共同在其作用的，如果建筑师关注如何看待他们的建筑，他们就可能会从中受益。詹克斯分析建筑的隐喻活动，试图解读建筑形象所带来的积极隐喻和消极隐喻的差异。[53]

城市设计的创作过程与建筑隐喻有着相同之处，而在其导控过程和创作过程中，城市设计则是由一种话语式和图画式共同构筑的隐喻环境，这是一种非直接的知觉交流，城市设计的隐喻过程通过再语境化和意象生成的过程实现。在传达城市的意义的过程中，隐喻的作用已得到人们的承认，隐喻在改变和带来新思想中的创造性作用为建筑设计的可能性形成思维的图景。可以说，城市设计主体诠释的隐喻分析是对城市文本的阅读方法，是城市设计文本的表述手段，是城市设计创作实践的表现手法，是一种推理性的城市设计思维活动。

### 8.3.2 隐喻分析的方法

**1. 叙事隐喻**　米勒的空间现象学认为，我们是通过其间发生的事件来认知一个空间的。从这个角度讲，我们的认知是叙事性的。"空间不仅仅是这些被叙事的故事发生的场所，同时还被这些故事而建造。"通过将事件投射到空间，一个"叙事空间"（Narrative Space）就产生了。文字当中的技法和隐喻，"创造"了我们的记忆，而城市的叙事空间同样能够保留我们的记忆。

在明尼阿波利斯市联邦法院广场的城市设计中，城市设计师在设计中采用了景观语言隐喻的设计手法，将整个广场与该州的历史、地理、文化紧密地联系在了一起。设计师用一组铺着草坪的土丘，它们呈东西向排列，上面种着明尼苏达州森林里最常见到的土生土长的小型针叶树。这些土丘象征着冰川运动地带所遗留下的起伏的地势，同时，用大树干当座椅，由此来象征明尼苏达州由来已久的支柱工业——伐木业[137]（图8-10，图8-11）。

当然，叙事隐喻或者本文所强调的文脉的上下文关系并不是要把城市设计引入一种历史主义或者复古主义之中。城市设计当然需要处理好历史与未来的关系，城市设计更是一种面向未来的、开放的设计思维。因

图8-10　明尼阿波利斯市联邦法院广场
平面图[137]

此，可以这样为叙事隐喻做一个定义：叙事隐喻是指将城市设计作为一种文学创作的象征手法的运用，是在创造一种"空间叙事"的隐喻环境。例如，彼得·埃森曼在德国杜塞尔多夫（Dusseldorf）的一项城市设计中把雷达和无线电波的干涉模式作为一种形式发生器，以此来形成信息时代的隐喻。

图 8-11　明尼阿波利斯市联邦法院广场
局部鸟瞰[137]

**2. 类型隐喻**　类型隐喻就是城市类型学所倡导的"抽象产物的形式基础之上的历史的设计方法"。在城市设计中，我们大多采用的是一种"形式—隐喻—类推"的方法来阅读城市文本，并塑造城市空间的特定形式与意义。德国建筑师 O·M·安格斯（Oswald Mathias Ungers）在长期的实践中注重建筑与城市"类型学"（Typology）的探索，评论家们往往把他和马里奥·博塔、布鲁诺·莱克林等同视为欧洲新理性主义的领袖。O·M·安格斯是一个建筑和城市设计实践家，在《辩证的城市》一书中他以自身的实践阐明了指导其实践的理论，该书收录了他在 1991～1997 年间参加的 8 个城市设计案例。该书是对城市设计方法论的探索，是安格斯对自己多年从事城市设计的指导思想和经验的阐述和总结。安格斯在认同城市多样性的基础上，理性地分解设计要素，通过两条对策——"场所的互补"和"层的叠加"来获得符合地域、文脉、经济等多种因素的辩证的城市设计。他的新理性主义（Neo-rationalism）观点形成于其建筑实践，并在城市设计中得到了延续和发展。安格斯强调历史及场所感的重要性的基础上引入理性构图，他的信条是"形式、隐喻、类推"。他的理论的具体应用集中到一点，就是如何将城市的更新与原有文脉结合起来，这是他的设计的出发点。

（1）"场所的互补"（The City as Complementary Places）：城市应当是一个由互补的场所组成的复合结构，由不同功能区域一同形成松散的城市组织，是由互补和有意味的场所共同组成的城市整体系统，通过加入其缺乏的功能或完善已有的设施，不同意义的场所就能表现出该地区的独特性。安格斯用"城市中的城市"（City Within The City）阐明了每一个互补的场所自身具有的特性，即主题，并指出这种场所的特性不是任何理想化概念的强加。所以安格斯认为"城市设计是一门发现的艺术而不是一门创造的学问"。[138]

（2）"层的叠加"（The City As Layer）：安格斯认为城市是由一系列叠加的"层"组成，它们可以是互补的也可以是对立的。这些"层"如交通系统、基础设施系统、公园、水域、建筑物等，作为复杂的城市结构的一部分，可以分别考虑，这样就加强了可操作性。"对于现状的叠加，根据其需求，可以修正理想化的结构概念和原来碎片般的结构。"这是一条处理复杂矛盾的途径，城市设计可以跳出纯感性方法论的泥沼，而趋向于"理性的程序"，即程序的每一项都可以被单独控制，然后加以叠加和综合。理性的决策过程代替主观感情，这也是近年来城市设计在实际操作层面上的一个发展趋向。

安格斯通过大量的实践证明一个坚定的立场，即在充分保持城市多样性、地域性和历史延续性的基础上引入秩序，同时以方格网主导的秩序又复归入城市，成为环境的一部分[140]（图 8-12，图 8-13）。

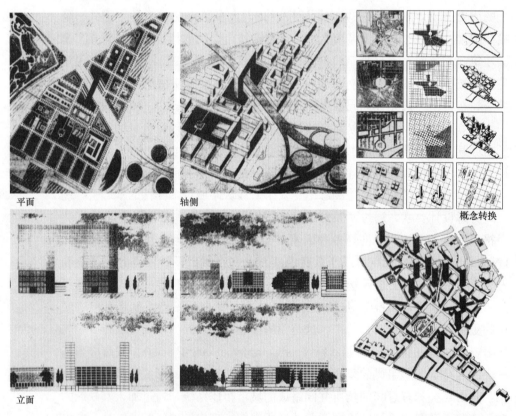

平面　　轴侧　　概念转换

立面

图 8-12　Enroforum 街区改造规划设计[139]

图 8-13　波茨坦广场和莱比锡广场的城市设计[139]

在案例 Enroforum 中，设计的任务是把接近城市中心的原工业区发展成为能提供服务、居住和小型工业企业的新的城市团块。通过给予每一地块基于自身结构性格的功能和空间，试图恢复在巨大城市尺度下失去的传统文脉。这些功能及空间类型互补的地块又通过严格的 41m×41m 的格网划分统一起来。这里，几何的确定性和功能及空间的灵活性得到了很好的表达，即 41m×41m 的单元可以作为一个地块使用，也可以将 2 个或若干个单元合起来使用。各地块之间的功能和空间组织类型是互补的，这样既保持了单独地块的主导功能，又使得各地块之间存在交流和张力，从而保证了这一规划区域的整体活力。

"层"的概念使得城市设计这一复杂的体系分解为单一要素的叠加，这种分离的操作方法在波茨坦广场（Postdamer Plata）和莱比锡（Leripziger）广场的设计中得到了很好的说明。地块的划分通过后期规划的城市网格与现有的交通网络的叠加而确定，而高层建筑则依循历史街区的网格，这样，一种延续历史的发展建立起来了。[139]

安格斯的"形式、隐喻、类推"原则也体现在德国卡尔斯鲁厄市 Dörfle 区的更新设计上。Dörfle 区位于卡尔斯鲁厄市的中心地带。卡尔斯鲁厄市最早建于 1715 年，有着巴洛克式的成扇面放射状的城市形态。皇宫位于圆形的中心，帝王大街由西至东横穿城市。Dörfle 区即位于中轴线东部帝王大街以南占地约 18 公顷。Dörfle 区由放射性路网形成的不规则地段带来的低居住水平，以及后来发展为红灯区等因素一直制约着其发展。

最初的改建计划完全改变了 Dörfle 区的结构及功能，他们认为放射状的路网阻碍了该区与帝王大街的联系，于是将其南面的 Ruppurr 街与帝王大街联系起来建设全新的 Fritz-Erler 大街。1960 年开始的大规模建设带来的必然结果是整个区像一个大工地丧失吸引力，失去了原有的城市肌理，社会关系遭到破坏……于是在 1970 年决定进行一次国际城市设计竞赛，为该区的发展选定一个合理的方案。

新方案的特点在于，一方面新建的部分通过多边形的建筑体块来与现有的城市肌理取得一致，另一方面根据现状对部分区域进行改建。方案将 Dörfle 区分成 M、A、B 三个区：M 区是主要以新建为主，部分结合改建的居住区；A 区包括 Fritz-Erler 街及其两侧商业办公、商住、学校等新建项目 B 区是在保留原有街区模式基础上的改建。由于尊重了原有的历史和理性构图，在持续 40 年的改建之后 Dörfle 区成为了卡尔斯鲁厄市中心的一个有活力的新区[141]（图 8-14）。

3. 表现隐喻　概念的提出源于荷兰著名历史学家 F. R. 安克施密特在其《历史与转义：隐喻的兴衰》中对历史与表现的论述。表现的词汇不像解释的词汇，并不要求过去本身具有意义。像画家一样，历史学家通过赋予其意义而表现（历史）实在，不过艺术史学家则研究艺术家创造的有意义的实在的表现。那么，对于城市而言，表现离不开城市的历史与文化，一种方式是表现历史，另一种是实在的表现。古德曼证明表现并不承担相似性，因为没有任何东西比 X 更加相似于 X，可是我们并不说 X 表现自身。并且，与叙事隐喻和类推隐喻相比，表现隐喻有能力表现还没有被认识到的东西，以及在实际的世界中不会被认识到的东西。

在城市设计表现隐喻的研究中，我们认识到城市设计中存在的历史与艺术的表现问题。叙事隐喻和类推隐喻是通过叙事文本和历史文本表现意义，然而，表现隐喻自身对意义却并不感兴趣，从其表达的方式来看，表现是"断言的"。例如，拉维莱特公园建造于"解构主义"这一艺术流派逐渐被广大设计师认可的年代。1982 年，举办了国际性的公园设计竞赛，最后，建筑师伯纳德·屈米（Bernard Tschumi）的方案中标。屈米借助几何学的工具，通过均置网格中的点阵，将不同的功能均匀散布于公园用地中，由此一反传统西方花园中建筑单体的集中布局，而展开一种结构性的布置方案（Structural Solution）[142]。点、线、面各系统之间相互分离形成不同的层面，其空间组合

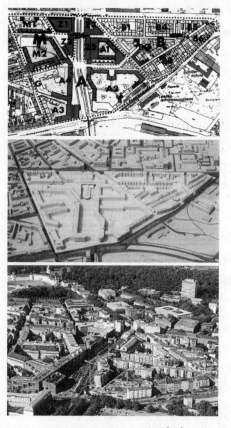

图 8-14 Dörfle 区改建[141]

关系由一组分层叠加的轴测图来表示的。这些系统各自有所限定，或几何性、或功能性、或场地性，均有自身的逻辑，体现了"自律性"。不同系统、因素、层面之间是一种松弛的关系，相互交错、穿插、层叠而非吻合或对应。这里没有所谓的层次之分，不存在整体意义的统一形式系统，其背景也不是均质统一的自然空间，而是异质性和混杂性分呈的城市边缘空间。屈米在拉维莱特公园设计中在看似理性的"游戏规则"下进行了由理性的随机和不可预知产生一个非理性的过程，由此我们看到了一种设计的思路或者态度——意义的不确定性和无限可能性（图 8-15）。

又如，瑞姆·库哈斯（Rem Koolhass）的欧玛瑞市重建计划。欧玛瑞市有近 20 年的历史，人口却超过了 10 万，在这么短的时间内他已经表现出无限的潜能和活力，也展现了建筑创造及实验上的努力。接下来，欧玛瑞市会达到一个界限，需要重新订立发展的目标。同时，它是一个用核能发电的

城市。在设计中，OMA 坚持先设置人行道和建筑物，再建立所有基础交通设施，创造出与一般郊区全然不同，含多项公共设施的新城中心。研究了很多可行的街道模式后，OMA 从城市密度，空间变化和用地方位等方面着手，让欧玛瑞中心不同于现有的地区风貌，以求公众活动频率能达到最高。[143]这一城市设计并非表现城市的意义，意义也不是库哈斯所追求的。方案的表现首先源于库哈斯对设计目标的把握——确立欧玛瑞市的新地位；其次，笔者认为，库哈斯类似于批判地区主义的做法，通过对历史的批判性理解，转而通过全新的组合"实在的表现"。库哈斯用特有的表现方式隐喻着历史基因的消解，新秩序的建立。这种个性化的表现方式并没有让我们看见原有秩序的破坏，相反，它与历史地段形成了整体，实现了整合（图 8-16）。

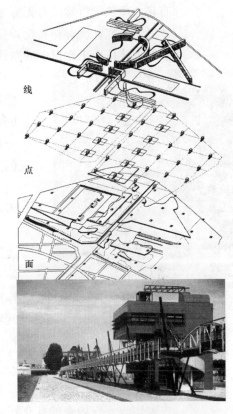

线

点

面

图 8-15　屈米的拉维莱特公园[142]

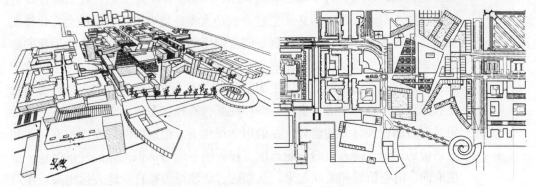

图 8-16　库哈斯的欧玛瑞市重建计划[143]

## 8.4　城市设计主体诠释的心理意向分析

### 8.4.1　心理意向分析的方法论意义

　　意向性的研究源于德国哲学家胡塞尔的现象学。现象学研究的是一切意识都具有的"意向性"，即意识不是被动地承受和容载客体，而是主动的占有它。现象学哲学反对无穷尽的分析，强调直觉体验；反对纯物质研究，强调意识研究；反对朴实性，强调特性。现象学研究的目的就是通过"还原"法对直接呈现于意识中的东西作出非因果性的描述。现象学中所论述的"客体"是经过现象学的还原后的客体，这个过程就像画家绘画的过程。例如，在惠斯勒（James Abbott Mcneill Whistler，1834—1903 年）的《泰晤士河上散落的烟火：黑与金的小夜曲》中，表现的是对视觉印象的直接回忆而不是观察和写生。色彩的和谐对他来说。更是在内部视觉中的和谐，而不是现实层面的真实[144]（图 8-17）。

图 8-17　惠斯勒的《黑与金的小夜曲》[17]

传统心理意向的探索以语言分析为基础，对表示心理现象的语词和概念给予普遍而优先的关注，试图通过对意向性概念本身的地位、本质、作用进行完整而系统的分析，从而展示意向性与其对象、意向性与语句、意向性与语言之间的清晰图景。从本质上讲，这是一种从语义分析上解决意向性问题的尝试。但是，语言本质上是一种社会的现象，因而"在语言基础上的意向性的形式必然是一种社会的形式"[145]。不仅内在的具有其本身的功能、结构和逻辑形式，而且也必然受其所处文化、社会、科学和心理的氛围。"语用学转向"要求对意向性研究不能仅限于语义层面，而必须把它看成是人类进化当中，充溢社会文化特征的语言心理现象，即它必须外展于语言使用的界域中。这样一种语用化的要求为命题态度提供了广阔的拓展空间。因为，主体意向的完成，绝不仅在于某种心理状态或态度的形成，更为重要的在于由此引起的特定言语行为的发生和完成。存在一个主体意向，即存在某种心理状态或心理事件，意味着必定具有付诸相关行为的趋势。在语用学视角下，把意向性研究建构成一种基于语境的理论。使人类的命题态度直接、当下地与认识主体的背景信息、价值取向、时空情景相关联起来，从而通过语境行为被自然地表达出来，在对心理符号、图像和语言的变换、重组中，揭示出语言使用的必然性和对信息处理的心理意向性之间的一致性，从而在具有本体论性的层面上对语言的意向结构进行深层探索，最终将心理意向性构建于实在的基底上。

## 8.4.2　心理意向分析的方法

### 1. 意向调查

（1）认知地图法　认知地图法综合了认知心理学的空间分析技术与社会

208

调查方法的一种研究城市景观、场所等意向的主要途径。认知地图是人们用来表达城市意向的一种简洁概括的图式，是城市意向的基本信息源。城市意向是一种复合的感受，这些感受可以借助于一些简单的点、线、面等图形语言和标注进行描述，而这些简单的图形及其组合便构成了认知地图[146]。

凯文·林奇借助认知心理学方法将城市设计的依据述诸个人的主观感受，即将认知地图和意象概念运用于城市空间形象的分析，并且认为：城市空间结构不应只凭客观物质形象和标准来判定，而且要凭人的主观感受来判定。林奇强调城市结构和环境的可识别性（Legibility）和可意象性（Imaginability）。"可意象性的定义，即有形物体中蕴含的，对于任何观察者都很有可能唤起强烈意象的特性。形状、颜色或是布局都有助于创造个性生动、结构鲜明、高度实用的环境意象，这也可以称作'可读性'，或是更高意义上的可见性，物体不只是被看见，而且是清晰的强烈的被感知。"[123]。凯文·林奇在《城市意象》中指出了认知地图的五个基本的组成要素：路、通道具有途径的意义，所以往往是主导要素。边界、分界线：是指不同区域的界限，包括道路——道路本身就是一种边界。区域是具有共同特征的大型空间范围，真正的区域的形成靠其自身的特征。节点是用点来形容定义的城市元素，一般与线有关。五是标志，对于视线而言具有明显的可识别性（图8-18）。

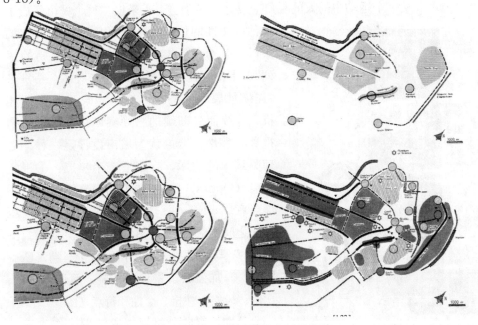

图 8-18　凯文·林奇的认知地图调查[123]

（2）社会调查法　社会调查是城市意向分析中的另一项关键技术。社会调查主要通过问卷调查、访谈等方式，搜集公众对于城市意象及访问对象的社会经济背景。由于认知过程与人在城市中的生活、行为方式密切相关，而人的生活与行为又在很大程度上取决于其社会经济属性，因此，意向分析对观察者的社会经济背景的调查就显得十分必要。

（3）"评判性城市意向"调查　"评判性城市意向"调查较之城市意向带有更多的主观判断色彩，如果说城市意向是外部世界的感性元素，那么评判性城市意向则已经上升为情感判断甚至是理性判断了。正是这种主观感受及判断的差异，使得城市设计可以借助城市意向调查实现一定程度的公众参与。

**2. 直观体验**　"对于同一种意向对象，以自然的态度留下的是知觉，以现象学态度留下的只是一种关系。"[27]现象学在城市设计的运用正是利用在这种关系上，现象学的方法直面事物本身，通过直观体验和考察现象的方法研究明示或隐含在具体空间的结构形式和意义。现象学为城市设计提供了重要的哲学基础，并有着广泛的应用。

现象学的城市设计理论应用有着很多的探索实践。例如，戈登·卡伦（Gordon Cullen）设想了序列视景的概念。卡伦提出体验是一系列反射和发现中典型的一种，伴随着对比、戏剧性所激发的愉悦和趣味。他认为城市环境可以从一个运动中的人的视角来设计，对于这个人来说"整个城市变成了一种可塑性的体验，一个经历压力和真空的旅行，一个开敞和围合、收缩和释放的序列"。卡伦强调城市景象之间的对话，特别是"连续景象"的构成。他认为眼睛就像照相机，连续而又断续的去观察四周，这是所谓视觉的感性。卡伦认为城市设计是一种"处理关系"的艺术，有以下三个焦点：①视觉官能（Opties）——创造成功的连续景象。②地点意识（Place）——营造空间的扩张感与压缩感之间的对比；"这里"与"那里"的对比；"这个"与"那个"的对比。③内涵（Content）——加强城市景象的结构、颜色、质地、比例、风格、性格、个性和特点（图8-19）。

总之，意向分析以现象学理论作为其哲学基础，以人的"经历"和"感受"作为其

图 8-19　Gordon Cullen 的序列视景分析[147]

研究手段，这也是一种文本分析的方法。因为，现象学的方法将城市视为文本，也可视其为以艺术经验感受文本意义的方法。诠释学的文本理论认为，作为文学艺术的感受性是逗留在艺术的时间结构中对艺术作品进行感受。只有以这种方式，我们才能获得这个作品向我们表现的自身意义，并提升我们对生命的情感。与文学文本的感受性类似，意向分析的城市设计诠释方法强调，在对城市文本的艺术经验中，我们也必须学会以一种特殊的方式栖居于城市设计作品中。我们只有栖居于其中时，才不会感觉到单调无聊。因为我们栖居于作品中的时间越长，作品向我们展示的东西就越丰富。因此，城市设计的重要创作方法之一，也是创作者对艺术时间经验的本质把握，就在于我们学会如何以这种方式去逗留、栖居于城市空间。

## 8.5 城市设计主体诠释的复杂性分析

### 8.5.1 复杂性分析的方法论意义

伴随着科学哲学对复杂性问题探讨的深入与拓展，传统的机械还原论与严格决定论等方法的局限便凸显出来。复杂性科学的出现使人们的思维方式开始由线性思维转为非线性思维、从还原论思维转向整体思维、从实体思维转向关系思维、从静态思维转向过程思维。我们必须从层次性、结构性、系统性的角度看待研究对象，在复杂性思维的基础上形成新的多元化的科学语言研究框架，只有这样，才能对自然界的复杂性、非线性和多样性进行新的认知。在此方面，复杂性分析具有其独特的优越性，几乎每个学科领域都有自己的复杂性研究，城市空间复杂理论的研究也成为城市设计学科的主要研究热点。

复杂性分析对城市设计的创作方法有着重要的方法论意义。城市空间复杂性理论中的空间概念是指宏观层次上作为整体性观念的城市空间，特指城市占有的地域（包括三度空间）。城市空间反映了城市系统中各种各样的相互关系和物质构成，并使各系统在一定地域范围内得到统一。[8]可以说，这一城市空间发展概念在本质上是具有复杂性的，集中体现在它是一个充满矛盾性的统一体[148]。面对这一矛盾体，复杂性思维为城市设计的诠释方法拓展了新的理论视域。

需要特别指出的是，城市设计复杂性分析方法的提出展现了两种看似矛盾，但却从不同角度阐述了城市空间的两种不同的组织机制[148]。一种是以复杂性分析为研究方法的城市自组织演化与发展机制；另一种是传统意义上的，通过人类的规划控制而形成与发展的他组织机制。也可以认为，本章研究的城市设计主体创作的语境分析、修辞分析、隐喻分析、心理意向分析等诠释方法都属于他组织的空间组织机制；而复杂性分析则属于自组织机制下主体创作的诠释方法。因此，复杂性的城市设计创作需要一种思维的转换，即通过对自组织机制的研究提出他组织的创作方法。

总结起来，城市空间的复杂性特征可总结概括如下（表8-2）。

**城市空间的复杂性**[149]

表8-2

| 序号 | 城市空间的复杂性 | 对城市空间复杂特性的解释 |
|---|---|---|
| 1 | 城市空间发展的开放性 | 城市空间是一个复杂的开放系统,它与外界环境不断进行着物质、能量、信息等方面的交换 |
| 2 | 城市空间的耗散结构特性 | 从耗散系统的结构理论看,城市空间是一个开放的远离平衡态的耗散系统。城市空间的这种不平衡性是不断运动的动力 |
| 3 | 城市空间发展的非线性 | 城市空间发展是一个典型的复杂非线性系统。城市空间的任何一个要素的变化都不会引起其他要素的单一变化 |
| 4 | 城市空间发展的突变性 | 在城市这一复杂的动力系统中,某个变量的微变都可能导致整个系统的剧变 |
| 5 | 城市空间发展的不确定性 | 虽然城市空间的发展有其规律性,但是要是准确的描述和预测它的运动是不可能的 |
| 6 | 城市空间发展的自相似性 | 城市空间发展的非线性的同时,城市在空间和时间上常常表现出自相似性 |
| 7 | 城市空间发展的有序性 | 城市空间的不断演化,形成秩序。这种有序是其自组织性的表现 |
| 8 | 城市空间发展的层次性 | 城市空间的发展是由一系列的子系统及其子系统的子系统所构成的层次性系统 |

### 8.5.2 复杂性分析的思维方式

复杂理论在城市研究（特别是城市规划方面）的应用首先表现在人们应用"系统"理论对城市的复杂系统的描述与诠释。对于城市设计而言，复杂性分析包括以非线性思维、整体思维、关系思维、过程思维为主要特征的考察事物运动变化的方式。由于通过这些描述方式得出来的结论更接近于真实的世界图景，从而使之有了广泛的应用。因此，复杂性思维是城市设计诠释理论的重要组成部分，其诠释方法形成了城市设计独特的方法论体系。

**1. 非线性思维** 对于世界这样一个复杂的非线性系统，如果想要全面地认识其本质状态，我们就要从其不同的层次、不同的角度、不同的途径将问题提出来，而不能满足一因一果的简单解释。由于人类认识的有限性，以及复杂系统中无穷无尽的非线性的相互作用，从而使得人类很难达到那种完满的理想效果，因此，采用某种简化的方式是必要的。在这一点上，协同学从方法论角度把复杂性与简单性加以综合而提出新型的简化方法对我们是十分重要的。协同学方法"减少了复杂系统中大量的自由度，协同学不仅仅是启发性的、数学化的、经验的和可检验的，而且也是经济的。这就是说，它满足了著名的奥卡姆剃刀原理，这一原理告诉我们除掉多余的实体"。[149]

此外，非线性思维要求我们对复杂系统的长期演化坚持一种有限的预测观。复杂科学揭示，混沌或潜在混沌是非线性系统的本性。一个系统中最小的不确定性通过反馈耦合而得以放大，在某一分叉点上引起突变，使即使是一个简单的系统也可能发生惊人的复杂性，从而令整个系统的前景变得完全不可预测。"即使我们已知初值和边界约束，系统仍有许多作为涨落的结果的态可供'选择'。"诸如蝴蝶扇动翅膀那样的随机事件，原则上是可能影响全球的空气动力学的（蝴蝶效应）。在社会活动领域，人们的行动也能够且正在影响着未来的事件。

**2. 整体思维**　用整体观点去看世界，要求我们建立起整体方法论。"复杂现象大于因果链的孤立属性的简单总和。解释这些现象不仅要通过他们的组成部分，而且要估计到它们之间的联系的总和。有联系的事物的总和，可以看成具有特殊的整体水平的功能和属性的系统"。当然，对事物整体的认识，本身就包含着对构成这一事物的部分的认识。并且，在诠释学循环的研究中，也论述了整体与部分的相互关系的理解问题。系统论的思维方式强调事物的整体性，要求从事物的普遍联系来认识对象，但是这种思维并不忽视部分与整体的内在有机关联性，并不排除对事物采取分析的方法。

系统是"处于一定的相互关系中并与环境发生关系的各组成部分的总体"。耗散结构理论和协同学的发展，把系统方法对整体的研究进一步动力学化了。这种理论揭示，远平衡态的系统通过功能耦合的自组织过程，导致了远离热平衡的不可逆结构的相变，对不断自生出新的有序性。当耗散系统与其环境的能量相互作用达到某个临界值时，微观元素的非线性合作产生出宏观模式。例如，社会或经济力量、情感乃至思想，都可以形成以序参量为标志的宏观现象。

**3. 关系思维**　关系思维认为，演化的单元并不是一个孤立的实体，恰恰是实体与其周围的环境要素所组成的一种组织模式，从而使得我们在很多情况下必须以一种关系性的思维来分析和考察。在关系论的视野中，坚持个体只有在环境、背景的关系中才能得以存在、定义、描述和认识。例如，关系思维认为，人类本身就是自然的一部分、客体的一部分、现象的一部分，因而只能有一种"内在性的眼光"；同时人类又是自然界大家庭中特殊的一员，是具有思维的精神以意识到自身和自然的生物，因而科学认识必然有一种"人类学特征"。当代法国社会学家布迪厄（Bourdieu Pierre）就极力强调在社会学研究中"关系"的重要地位。他提出了"场域"的概念，场域概念的思考也就是关系从关系的角度思考，即是由附着于某种权力形式的各种位置间的一系列客观历史关系所构成，就像磁场一样，是某种被赋予了特定引力的关系构型，如权力场域、学术场域、宗教场域、科学场域等。

与关系思维相反，现代的功能主义，注重分解，忽视综合，注重要素、关系项，而忽略整体间复杂的关系。他们错误地认为，整体是各部分简单相叠的结果。正是这种简单化的哲学，使之设计了大量的树形城市。而关系思维则强调的是整体间的相互关系，在这个整体中，它的要素的地位，要素在位置上的变化，也影响到其他要素乃至整个系统。因此，它强调要素对系统的依存性，强调整体大于要素集合之和。这种观念的转变，使城市设计师更加关注人类生存环境和各种复杂关系，摒弃功能主义的一元决定论。认为在任何具体环境中，离开事物的相互关系，抽象地界定单一因素的作用是毫无意义的。同时，"场所"理论的提出使空间变成体验人类的希望与生存意义的环境，比仅仅满足人类的物质功能要求更为重要。

**4. 过程思维**　怀特海的"过程哲学"认为，世界不是单个物体的集合，而是一个复杂的动态过程；世界并不是由物质实体构成的，而是由性质和关系组成的有机体构成的；有机体具有内在的联系和结构，具有生命与活动能力，并处于不断的演化和创造中，这种演化和创造就表现为过程。正是在怀特海有机哲学或者说过程哲学的基础上，系统哲学家詹奇发展了一般系统论的基本原理。在詹奇看来，系统的结构长期以来主要被理解为其空间结构，然而重要的是与动力学相联系的空间—时间结构的概念，这种空间—时间结构包含着系统功能，因而也包含着系统组织以及系统与环境的关系，并在这种相互作用过程中表现出一种自组织的协同原理。詹奇表达出一种动态思维方式——过程思维。这种思维不知道对立面有任何非此即彼的分离，存在的只是对立面相互包含的互补。

总之，如果说非线性思维和有限预测构成了复杂系统探究方式的基本出发点的话，那么关系思维、整体思维和过程思维则构成了进行具体考察的三种基本手段和方式。这几种复杂性的分析方法在复杂性研究中缺一不可，应该密切配合，共同发挥作用。

### 8.5.3　复杂性分析的城市设计创作

**1. 城市设计复杂思维的转变**　在早期现代主义的英雄时代，柯布西耶、密斯、格罗皮乌斯等建筑师相信他们能够为一个有着整体结构的城市确立一个有控制力的系统。所有的城市规划都主要关注给一个偶然生成的、实践限定的、社会需求的经验主义的城市结构带来秩序，并且都试图提出将个别的、独特的城市现象纳入理性系统或逻辑策略的方法。然而，面对当今城市的复杂状况，过去所用的规划方法已然不再能够提供有效的策略。现代城市是个复杂的结构，由于其需求的复杂性，而不再适用单一的、连续的、纯粹的系统。因此，那种试图找到一个完善的、自足的城市系统的努力是注定要失败的；那种试图确定一个理想城市设计的努力也是注定要失败的。

在复杂性思维的影响下，后现代主义认为，城市是一个由多元空间、多元关系网络组成的以人为主体的多要素空间的复合。它不是现代主义因果关系的直线型思维（即假定事件状态和最终目标状态均为已知，然后试图更好的组织初始状态向终极状态转变，思维方法的基础是寻找一个规则系统，一套逻辑上严格的，能产生满意甚至最佳结果的规则，是一个封闭的、终极式、"决定论"的过程）所能把握和左右的。后现代主义完全放弃了这种逻辑规划的目标，而是采用启发式的探询过程，将各要素构成的城市看成一个没有边际的整体，整个有机体维持着一种动态的自动平衡。这正是亚历山大所说的"城市就是一个重叠的、模糊的、多元交织起来的统一体"，也是罗伯特·文丘里（Robert Venturi）宣称"杂乱而有活力胜过明确统一"的本意。而雅各布（Jane Jacobs）对城市开发中单一的区划和"总体"规划也进行了无情的鞭挞，认为单一的区划严重忽视了城市社会、经济结构的复杂性、多样性和城市活力……

复杂性分析的方法突破了空间研究的"简单加和"，开启了城市空间作为系统存在的研究方法，对城市设计的思维方法产生了巨大的影响，在新的空间思维中无不渗透着复杂性思维。例如，城市中的商业设施总是集中出现在某些特定的区域，这实际上是利益被放大的一系列连锁反应的必然结果，也就是复杂理论中所说的"正反馈"或"拥有者获得"的效应；又如，在非线性系统内，通过反馈的作用，微观的涨落可以被放大到宏观尺度，也就是前文所说的"蝴蝶效应"。"蝴蝶效应"告诉我们，即使是微妙的影响力，也会对系统产生巨大的影响，城市设计的实施过程就是对城市结构和形态的改变过程，这种改变积累到一定程度就会使城市结构和形态发生突变等。城市作为一个复杂的系统，不可以分解和还原成部分，因为部分通过迭代和反馈彼此不断相互包容而成为了整体，每一设计细节的实施都有可能对整个城市产生难以估量的影响。再如，所谓分形英文为 Fractal，是曼德勃罗特用拉丁词根拼造的单词，是指外表极其丰富多姿或破碎杂乱，但其内部却有层次性、自相似性、递归性及仿射变换不变性等确定性特征的一类现象或体系。城市的不同层次间存在着跨尺度的相似性，如城市道路网的主干道、次干道、支路等呈现出自相似特征，虽然这种自相似并不严格规整，但在统计意义上城市是分形的。运用分形几何来度量城市，可以使我们对城市的描述更准确有效。

**2. 城市设计创作的探索**  复杂性思维对城市科学的影响是巨大的，而相对于微观与具象领域的城市设计创作而言，从抽象的复杂性思维到强调创作与直感的形象思维之间存在着逻辑障碍。与此同时，城市设计师在这种思维转译的过程中的主体创作意识变得更加强烈了。

（1）第一空间的复杂性创作  东南大学朱东风博士的《城市空间发展的拓扑分析》研究了苏州城区空间布局的拓扑分析。作者提出，拓扑分析的研究方法注重空间主体性与客体性的融合，从而辩证思考城市空间发展过程的自组织、他组织机制与作用。可见，面对自组织的内在逻辑性，城市设计师的主要任务就在于，如何尊重城市自组织的内在规律，提出他组织的设计策略，从而在合理的空间发展模式下进行有效的城市设计创作。

苏州城市空间布局拓扑分析的研究为我们提供了一些启示，其主要依据及结论在于：城市拓扑结构与功能结构具有相关性。公共建筑用地规模、比例与句法水平呈正相关，建设用地扩展过快、公共空间不足以及工业用地离心发展导致空间句法水平和用地经济性下降。同时，拓扑结构变化对城市功能结构具有反作用。全局功能吸引子沿全局集成核分布且随集成核拓展而向外扩散，不同分区局部集成核区位与局部中心区位的相关性存在差异。例如，在城市空间整合中如何运用拓扑分析的方法应对微观的城市空间布局时，作者提出了整合空间吸引子布局的应用案例。所谓吸引子是对运动收敛类型的描述，是在由广义动量和广义坐标构成的相空间中，运动轨迹经历长时间之后所采取的终极形态。它可能是稳定的平衡点或周期性的轨道，也可能是继续不断变化但没有明显规则或次序的许多回转曲线。案例提出：首先，应调整功能用地布局结构，包括：①优化城市建设用地扩展模式；②整合建设用地结构。其次，整合全局空间吸引子布局，包括：①增加中心功能空间，转移全局中心职能；②调整主城区全局中心结构，发展专业特色街区；③加强集成核沿线街道设计，合理组织交通体系。最后，在调整局部空间吸引子布局中提出：①引导局部集成核增长中心开发；②加强局部集成核街道两侧功能吸引子布局等（图8-20，图8-21）。

总之，城市中心区域是城市复杂因素作用的统计学结果，城市高层密集区或政治、文化、经济中心等吸引子的分布，体现了组织规律和有序—混沌的边缘现象。城市发展的思想从物质空间决定论向统计学的耗散论转变。在微观的城市空间中，空间句法是通过视觉感知空间与主体运动心理选择研究空间拓扑参数，在空间参数函数关系（连接值、深度值、集成度、智能值）上，以客体间的可达性、渗透力等科学思想进行技术理性建模，因此，作为

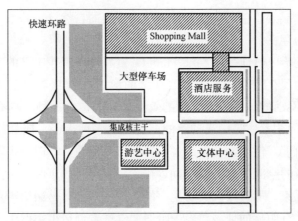

图 8-20　环路集成中心功能区布局示意图[150]

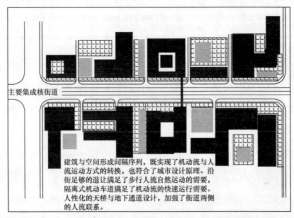

图 8-21　混合型集成核街区空间设计示意图[150]

自组织与他组织共同的控制要素——人建立了从复杂科学到物质空间之间最直接的转译变量。这是一种以理性思维考虑城市美学、经济布局和人口集聚等问题，属于第一空间的复杂性创作。

（2）第二空间的复杂性创作　在复杂性思维影响下，建筑与城市空间的概念产生了根本性变化，复杂思维认为分形才是现实世界的几何体。混沌是在时间尺度内反映了世界的复杂性态，分形则着重在空间尺度上反映了世界的复杂性态。同时，现实世界存在的是分形的维数——分维，在传统的欧氏空间中，地图上的点有经纬两个坐标，一只集装箱有长、宽、高三个尺寸，它们分别为二维和三维的几何对象。换言之，其维数都是整数维。但是，现实的自然物体形态所表现出来的几何图形是不规整的、粗糙的、不可微的，它们是不同形式的不确定性。如海岸线的维数是1～1.3之间；路面的维数约为2.25（2）它们都是属于分形的维数。机器美学在概念上易于把握的方

217

块、圆柱、球形等简单明晰的几何体。在现实的自然界上并不存在，最多只是一些近似的存在。

例如，扎哈·哈迪德（Zaha Hadid）重新诠释现代主义的现实性，将新的认知转化为现存造型的重组。哈迪德的形式技巧通常被定义为"动态构成"，就是用不动的画面表现运动的效果。它们包含一种"具有倾向性的张力"，在静止的艺术作品中运动感的产生有许多种途径，诸如改变形状的比例或透视的角度，使画面变形或者倾斜，还有重叠，频闪等手段——我们得到了一个崭新的空间概念（磁空间、微粒空间和变了形的空间）。这些空间代表了一种现象，那就是人类所生存的空间已不再只是聚集于重要的轴心和边缘，也不再有明显的地域界限。哈迪德尝试着创造出类似于自然界的，不具备明确定义的模糊空间。她说："我们从自然景观的普遍特征中看到，与传统城市建设不同的是，空间之间柔和的过渡是相互影响，渗透的。这种对空间的限定是很细微的。也许有人说这是混乱和无序的，但正是这种模糊的空间往往比那些确定而僵硬的空间更能激发人们的行为。"她还说："但这并不意味着我们放弃了建筑学，屈服于无理性的自然界。重要的是我们想找出那些潜在的价值，从而激发创造的灵感，来适应当代复杂、短暂的生命过程。"

在分形与多维的空间中，哈迪德"打破传统建筑空间"，以独特的角度切入建筑，将空间从人们一贯的思路中解放了出来，极大地扩展了建筑学的领域。并且，哈迪德的建筑同城市有着紧密地结合。她使用自己独特的建筑语言，从一个完全不同的思路诠释建筑、诠释空间。哈迪德的设计思想表达的是城市设计在精神层面对复杂世界的理解与创造，这是一种乌托邦的幻想。这需要城市设计师拥有一种虚幻的洞察力，在第二空间的诠释维度中，通过自身的创作活动来表达不确定、模糊与多义的空间概念（图8-22，图8-23）。

（3）第三空间的复杂性创作　第三空间的复杂性创作体现了第三空间理论的三元辩证思想。第三空间不再局限于客观或主观的视角，而体现的是一种整体观和复合观。黑川纪章的新陈代谢理论强调的正是一种不明确的、复合的城市空间观。黑川纪章认为，机械自身不会变化与生长，而生命体中拥有许多"复杂、多余的空隙及场所"，"是以加入多余物为基础形成的，并向'间'、'空隙'或是'中间领域'发展"。"城市中的休闲空间代表了这种城市机械空间与人性空间之间的调和"。在这一空间观中，城市空间不再是某个孤立的截面，而是综合了物理的、精神和文化的、社会的三个层面辩证的思考空间的存在性问题。

图 8-22　扎哈·哈迪德的复杂性
设计思想[17]

图 8-23　扎哈·哈迪德对城市空间
的诠释[17]

黑川纪章在 1980 年代，发展了一种对立于西方传统二元论的多元论哲学思想（笔者认为，类似三元辩证的第三空间思维），他将生物中的共生概念引入城市领域，提出了共生、共存的城市空间概念，从而将自然界中这一普遍的规律应用到对城市空间的诠释中来。黑川纪章认为现代城市是共存的城市，在这一思想的影响下，黑川纪章提出了共生哲学，如历史和现代的共生、传统和新技术的共生、建筑与城市的共生、部分和整体的共生、自然和人的共生等。黑川纪章的许多城市设计方案中贯彻了这种共生思想。例如，在藤泽新城规划中，黑川纪章尽量把现存的历史共同体与街区组合，创建新的城市，通过城市与农村两种结构和尺度路网的建立来表达现存村落与自然的共生。按照设计方案，原有的 500 户农家宅地将保持原样，农田也有 50％被保留，在零散的土地内组建新城。设计慎重地选取地形等高线，设计相适应的弯曲道路，以最大限度地保护村落与农村的景致。这一设计方案在保护现有的历史人类关系方面，真正具有重要意义的，与冷清、孤立的巴西利亚相比，藤泽新城是与人和历史共生的（图 8-24）。

总之，黑川纪章的新陈代谢理论强调生长变化的生命观；强调整体与部分的同等重要性以及对子系统与亚文化的重视；对历史传统、地域性、场所性和暧昧性的重视；提

图 8-24　藤泽新城规划[151]

倡建筑的流动性和不稳定性；强调城市与建筑的时空开放性；城市文化与传统的共时性与历时性并重；重视中间领域与不确定性；突出信息社会中建筑关系的重要性等。这些观点进入了一个开放与多元的时空观念之中，体现了空间性、社会性、历史性相统一的空间思维观念，进入了第三空间的创作领域。

可见，在以人为主体的复杂空间中，复杂思维突破了单纯的形式美原则，它所触及的物质观、时空观、规律观、运动观、因果观、伦理观以及思维方式等向创作主体提出了巨大的挑战。城市设计师们逐渐形成了全新的创作观念，在这一思维领域中，复杂性思维孕育着无限的创作可能性。

又如，"城中村"的改造设计就涉及复杂的社会因素。我们谈的改造不仅是改变"城中村"的形态，而更应考虑到"城中村"村民的生活模式的变化，社会保障、教育等长远问题的解决；改造中也存在着村民对土地的经济和感情依恋依然未能割断，外来中低收入人口的廉租住宅依然缺失等问题；此外，对于"城中村"如何加强管理、改善卫生、治安环境等问题更加值得关注……对于"城中村"我们可以用"本土的"、"自发的"、"非规划的"、"非建筑师的"、"边缘的"、"反中心的"、"反汽车"的以及 Kenneth Frampton 所言的"批判的地域主义"等类似的词语来模糊地定义其表达的内容。城中村几乎是在各个方面都以不同的方式折射着上述词语所承载的意义。因此，如何创造一个多元、包容、能为多种不同的人群提供适合自己生活方式（Park in City）的城市成为城市设计面对的一个重要问题。

这些问题的解决需要在物质形态的塑造这一层面上，运用复杂性分析的方法以实现物质空间与人的行为之间有效的衔接。同济大学建筑与城规学院在深圳"城中村"城市设计改造方案中，通过联系人的基本行为和物质世界两个方面的一致性，方案针对"城中村"的边界、领域，通过打开（Open）、围合（Enclose）；对物质和空间通过，孤立（Isolate）、插入（Insert）、移取（Insert）等；对于界面、道路、线性设施的有连接（Connect）、打断（Break）；对肌理结构有擦拭（Erase）、肌理重构（Re-fabricate）、叠加（Overlap）等试图在塑造形态的过程中，创造有机融入城市生活、输入并理顺基础设施和生态系统又保持良好的社会经济可持续性等。以此，在形态的塑造和连接上，提供真实活跃的有效激发点，来解决"城中村"所蕴含的社会、环境、经济的丰富不确定性[152]（图 8-25）。

在第三空间的辩证思维中，笔者曾提出这样一个问题，社会真实如何在文本的符码之中体现？这是一个需要我们不断探索和解决的问题。而深圳"城中村"的城市设计探索也促使我们与作者一起去思考如何进行复杂性创

作的问题。此时的第三空间视域中，
单调的城市空间环境设计已经不能满
足这样的需求，城市设计文本成为一
种多维的研究策略，城市设计变成了
一种伦理活动，它关系社会公平、平
等的价值观和伦理等问题。对于单纯
的形态本身，在文本符码的表象之
后，设计者指出，其"设计过程更注
意抽取形态生成过程的内在结构性概
念，试图以此激发重新认识'城中
村'基地和设计主题的潜质，引发为

图 8-25　深圳"城中村"城市设计[152]

重塑该街区成为'城市活力单元'的多种思考"[153]。

## 8.6　本章小结

　　本章探讨了城市设计创作实践的主体诠释的分析方法，包括语境分析、
修辞分析、隐喻分析、心理意向分析、复杂性分析等方法。这些诠释方法在
我们之前的知识中都有所了解，然而本文作为城市设计诠释理论方法体系的
提出则具有不同的意义，它是对城市设计诠释理论的完整表述与深入探析。

　　本章研究的具体内容及结论为：

　　（1）城市设计的语境分析总结了城市设计的四种不同语境，并与政策分
析的方法作了类比。文中指出，作为"过程论"的城市设计创作理论，语境
分析的方法是其核心的方法论思想。

　　（2）城市设计的修辞分析在分析了历史上城市规划的修辞之争后，提出
了工具性修辞、交往性修辞和评判性修辞等三种诠释方法。分别代表了作为
政策支持的工具性的城市设计、作为理论交流的交往性城市设计、作为规划
评估的评判性城市设计等方法论思想。

　　（3）城市设计的隐喻分析指出了城市设计主体在具体的空间创作中可以
运用的分析方法。论文提出了叙事隐喻、类型隐喻和表现隐喻等三种诠释方
法。叙事隐喻意指叙事化空间生产的创作方法；类型隐喻则属于历史性的创
作方法，强调"形式、隐喻、类推"的新理性主义的城市设计思想；表现隐
喻则强调城市设计创作的未来性指向，通过隐喻表现文本之外的意义世界。

　　（4）城市设计的心理意向分析是比较好理解的分析理论。文中重新阐述
了意向分析的方法论意义，并总结了意向调查（包括认知地图法、社会调查
法、"评判性城市意向"调查法）和直观体验等城市设计意向分析方法，为

城市设计的进一步研究设定了理论空间。

（5）城市设计的复杂性分析是城市设计诠释理论的研究重点，包括非线性思维、整体思维、关系思维、过程思维等诠释思维方法。复杂性分析的提出是对城市设计诠释方法论体系的重要补充，并界定了通过自组织机制和他组织机制的两种不同诠释战略的方法选择。并且，基于城市设计诠释的三个空间维度，探讨了在复杂理论影响下城市设计的复杂性创作问题。

# 结　　论

　　"诠释理论"与城市设计学科产生着天然的联系。在本体论层面，对城市意义理解与诠释是人的存在方式，城市展现了人们在不断的文明进化过程中的存在状态与生存方式；在认识论层面，对城市意义的理解与诠释是主体认知的手段和状态，城市设计具有的主体特性使得城市设计的研究更多的深入到现象与意识等思维领域；在方法论层面，科学诠释的方法论体系与城市设计的研究方法有着共通性，针对这一研究成果，论文提出了一个重要的观点："城市设计在对城市文本的认知与表达过程中与诠释学方法有着紧密的联系"。

　　论文认为，城市设计具有的诠释结构存在于其内在机制之中。首先，诠释的主客体结构是对诠释的主体、科学文本、诠释客体在诠释活动中形成的诠释性关联的反思，这是诠释结构最基本的认识论关系。其次，诠释科学自身存在的逻辑结构，包括定律诠释、动机诠释和功能诠释等也适用于城市设计的逻辑关系，这一关系体现了人文、社会学科领域中研究城市设计的逻辑必然性及科学有效性。最后，城市文本的形态化、文本化、表现化结构反映了城市物质的、精神的、社会层面的审美需求。

　　论文阐述了维度思维的知识形态，包括空间维度、意义维度和类型维度等。空间维度提出了第三空间的重要诠释理论：第一空间的客观诠释是实证论的科学主义认知方式，是通过社会、心理和生物物理过程找到空间物质形式的根源来分析城市空间的方法；第二空间的主观诠释是精神的、反思的、主体的、内省的、哲学的、个性化的活动，是想象所占有的空间；第三空间的辩证诠释则进入了多元与开放的社会领域，被看作是真实和想象的、具体和抽象的、实在的和隐喻的"再现的空间"。此外，意义维度提出了语形思维、语义思维、语用思维的城市设计观。论文指出，意义维度是认识论的诠释思维建构，形成了城市设计特有的思维范式，它是城市设计师对空间思考的根本性认识。最后，城市设计诠释的类型维度研究直接切入到主体创作的各个不同侧面进行了诠释思维的建构，它与空间维度、意义维度共同形成了城市设计诠释思维的完整表述。

　　在城市设计的诠释方法体系中，论文得出的重要结论有：首先，对城市文本的意义诠释是一种文本分析的方法。基于诠释理论的视角，城市文本系统的互文关系包括其深层结构、显性形态、描述物、表现物等多侧面建立城市文本的要素组合。城市文本是'关系的表现'与'作用的机制'的隐性结构，是由人——自由的流动元素、物质元素——固化的空间要素、文脉元素——文化与社会层面的历史再现等组成的文本构成。论文还指出，城市空间的视觉话语包括"实体"与"内空"两方面。其中，对城市实体的阅读方式的研究是一种总括性的研究；对城市内空的表现方式的研究则是一种诠释性的研究，语义空白、句法空白和结构空白的表现方式是将人的想象与联想作为填补城市空间的方式来塑造城市的意义。对城市内空的表现方式开启了一种更加接近城市文本本质的、更加具有整合力与表现力的空间思考方式。

其次，在城市设计的文本表意过程中，文本化的成果形式是城市设计创作表达手段的基本特征。城市设计文本包括狭义与广义的文本形式，文本"替代物"是论文提出的重要的文本认知概念，包括：一是以"实在空间"为认知客体的"直接认知"（描述物）；二是以其"替代物"为认知客体的"间接认知"（表现物）。论文提出了重要的"文本←→城市"的诠释模型，并且指出替代物的文本形式将城市纳入到了一个更为真实与抽象的文本中来——城市空间意义的生产与再生产是复杂而多元的，是多重空间的交错，也是多重文本的会合，我们思考空间的途径正是通过这一模型关系发生作用的。论文还认为，城市设计文本具有与其相同的文本审美形态以及自律性和表现性诠释的文本结构。城市设计文本的自律性诠释体现在：自律性"半成品"是城市设计文本的成果特征、自律性"替代物"是城市设计文本的创作形式、法定自律性则是城市设计文本的内在属性；城市设计文本的表现性诠释体现在时间结构、对话结构、召唤结构以及乌托邦意义在城市设计文本中的表现方式。

最后，城市设计的"主体诠释"是指在城市设计诠释理论特定的规则系统中，主体应用不同的诠释方法对城市文本及其创作过程进行有效分析和合理说明。城市设计的主体诠释是对城市设计创作方法的系统表述与深入分析，是城市设计师所特有的创作领域。论文强调，这一方法体系体现了从自组织到他组织的城市设计不同的研究途径。其中，语境分析、修辞分析、隐喻分析、心理意向分析等属于他组织的城市设计创作，而复杂性分析则是通过对城市的自组织机制进行研究后，设计主体在转译过程中所采取的设计策略问题。并且，语境分析是"过程论"城市设计的核心方法论思想；修辞分析是作为政策支持、理论交流与规划评估的方法论思想；隐喻分析是城市设计主体在确定的空间创作中所采取的具体的创作手法；心理意向分析是城市设计主体对城市文本的认知与分析理论；复杂性分析则是基于复杂科学的城市设计创作方法论。论文最后认为，基于城市设计诠释的三个空间维度的复杂性创作观是城市设计诠释思维的具体化，是城市设计诠释理论的空间实证性研究。第三空间的复杂性创作体现了空间性、社会性、历史性相统一的城市设计理念。

# 附　录

## 攻读学位期间发表的学术论文

1　焦守丽，刘生军等. 居住日照标准与城市建设经济性分析. 城市规划学刊. 2005，（2）：98［原文作者排序错误，详见更正：城市规划学刊. 2005，（3）：58］

2　刘生军，于英，徐苏宁. 哈尔滨城市特色景观规划的诠释思维与方法. 城市规划. 2006，（4）：69

3　陈苏柳，刘生军，徐苏宁. 兼收并蓄，多元发展——把脉城市建筑风格. 城市规划. 2006，（4）：73

4　刘生军，徐苏宁. 城市设计的诠释学情境. 华中建筑. 2006，（12）：87

5　刘生军，徐苏宁. 城市设计诠释理论的审美结构及其实践途径. 华中建筑. 2007，（12）：35

6　徐苏宁，刘生军，吕飞. 城市设计文本分析. 哈尔滨工业大学学报. 2008 增刊（40）：17

## 会 议 论 文

1　刘生军. 哲学诠释学对当代城市设计的影响. 2005 全国博士生论坛论文集（电子版）. 2005

2　刘生军，赵天宇，徐苏宁. 哈尔滨执行国家日照标准的可行性探讨. 2005 中国城市规划年会论文集（下）. 中国水利水电出版社，2005：987

3　刘生军. 保护与控制——哈尔滨城市空间拓展问题浅析. 2006 中俄城市设计暨城市建筑风格国际会议论文集. 黑龙江科学技术出版社，2006：265

4　刘生军. 辩证思维的城市设计空间性认识. 2006 中国城市规划年会论文集（下）. 2006：205

# 索　引

227

# 参考文献

[1] 大不列颠百科全书［M］. 陈占祥译. 1977，（18）：23-49

[2] ［意］Aldo Rossi. 城市建筑［M］. 施植明译. 台湾：尚林出版社，1996：11

[3] 金广君. 我国城市设计教育研究［D］. 上海：同济大学博士学位论文. 2004：30，74-80

[4] 张宇星，韩晶. 广义城市设计——要素与系统［J］. 北京：城市规划. 2004，（7）：49

[5] 陈明竺. 都市设计［M］. 台湾：创新出版社有限公司，1995：51

[6] http://shanghaicinema. blogspot. com/2004_06_27_shanghaicinema_archive. html

[7] Giddens. Sociology：A Brief but Critical Introduction. London：The Macmillan Press，1982：46

[8] 孙施文. 城市规划哲学［D］. 同济大学博士学位论文. 1994：35，128-129

[9] 程里尧. Team10 的城市设计思想. 世界建筑［J］. 1983，（3）：14-19

[10] J. Jacobs. The Urban Process under Capitalism：A Framework for Analysis. Jonatian Cape，1961：24-56

[11] 成砚. 读城——艺术经验与城市空间［M］. 北京：中国建筑工业出版社，2004：30-31，41-43

[12] Ali Madanipour. Ambiguities of Urban Design. Town Planning Review. 1997，68（3）：381-382

[13] S. Campbell & S S Fainstein. Reading in Planning Theory. Blackwell Publishers，1996：33-44

[14] 朱立元. 当代西方文艺理论［M］. 上海：华东师范大学出版社，2005：487-489

[15] Lefebvre. The Production of Space. Blackwell Publishing，1991：154

[16] 陈纪凯. 适应性城市设计——一种实效的城市设计理论及应用［M］. 北京：中国建筑工业出版社，2004：414

[17] http://images. google. cn

[18] 金元浦. 文学解释学［M］. 长春：东北师范大学出版社，1998：3

[19] ［德］汉斯-格奥尔格·伽达默尔. 真理与方法（上、下卷）［M］. 洪汉鼎译. 上海：上海译文出版社，2004：10，71-115，305-391

[20] 衣俊卿. 现代性的维度及其当代命运［J］. 北京：新华文摘. 2004，（20）：19

[21] 李建盛. 理解事件与文本意义［M］. 上海：上海译文出版社，2002：11-24，80-89，150-184

[22] 江怡. 走向新世纪的西方哲学［M］. 北京：中国社会科学出版社，1998：271-325，626

[23] ［德］哈贝马斯. 评伽达默尔的《真理与方法》［J］. 哲学译丛. 1983，（3）：13-35

[24] ［法］保罗·利科. 解释学与人文科学［M］. 石家庄：河北人民出版社，1987：29-41，148-229

[25] ［法］米歇尔·福柯. 主体解释学. 佘碧平译. 上海：上海人民出版社，2005：3

[26] ［挪］G·希尔贝克，N·伊耶. 西方哲学史——从古希腊到二十世纪［M］. 童世骏，郁振

华，刘进译. 上海：上海译文出版社，2004：590-594

[27] [德] 埃德蒙德·胡塞尔著，[德] 克劳斯·黑尔德编. 现象学的方法 [M]. 倪梁康译. 上海：上海译文出版社，2005：17

[28] 刘先觉. 现代建筑理论 [M]. 北京：中国建筑工业出版社，1999：49-50，109-112

[29] 徐苏宁. 城市设计美学论纲 [D]. 哈尔滨：哈尔滨工业大学博士学位论文. 2001：1，104-156

[30] Aldo Rossi. The Architecture of the City [M]. Cambridge：The MIT. Press, 1982：32-39

[31] 周凌. 空间之觉：一种建筑现象学 [J]. 建筑师. 2003，(5)：11-18

[32] [德] 汉斯·罗伯特·姚斯. 接受美学与接受理论 [M]. 周宁，金元浦译. 沈阳：辽宁人民出版社，1987：282-340

[33] 郭贵春. 科学实在的方法论辩护 [M]. 科学出版社，2004：51，145-217

[34] Hanua Pulaczewska. Aspects of Metaphor in Physics. Tübingen：Max Niemsyer Verlag Gmblt, 1999：1

[35] [英] 阿雷恩·鲍尔德温，布莱恩·朗赫斯特，斯考特·麦克拉肯，迈尔斯·奥格伯恩，格瑞葛·斯密斯. 文化研究导论 [M]. 北京：高等教育出版社，2004：43

[36] 彼得·科斯洛夫斯基. 后现代文化——技术发展的社会文化后果 [M]. 北京：中央编译出版社，1999：5-17

[37] 大师系列丛书编辑部. 诺曼·福斯特的作品与思想 [M]. 北京：中国电力出版社，2005：26-35

[38] Aldo Rossi. The Architecture of the City [M]. Cambridge：The MIT. Press, 1982：77-89

[39] 王受之. 世界现代建筑史 [M]. 北京：中国建筑工业出版社，1999：321

[40] [美] 戴维·戈斯林，玛丽亚·克里斯蒂娜·戈斯林. 美国城市设计 [M]. 陈雪明译. 北京：中国林业出版社，2005：232

[41] Gosling, David. 'The spaces in Between', in Ben Farmer and Hentie Low (eds) Companion to Contemporary Architecture Thought. London：Routledge. 1993：349-56

[42] 王富臣. 形态完整——城市设计的意义 [M]. 北京：中国建筑工业出版社，2005：5，102-134

[43] Mario Gandelsonas. Urban Text. The MIT Press, 1991：13-20

[44] 冯俊等著. 后现代主义哲学讲演录 [M]. 上海：商务印书馆，2003：303-351

[45] [美] 阿摩斯·拉普卜特. 建成环境的意义 [M]. 黄兰谷等译. 中国建筑工业出版社，2003：21-57

[46] [美] 琳达·格鲁特，大卫·王编著. 建筑学研究方法 [M]. 王晓梅译. 北京：机械工业出版社，2005：135-173

[47] 王一川主编. 美学教程 [M]. 上海：复旦大学出版社，2004：109-111

[48] 简明哲学百科词典 [Z]. 北京：现代出版社，1990：589-560

[49] 曹志平. 理解与科学解释——解释学视野中的科学解释研究 [M]. 北京：社会科学文献出版社，2005：154-304

[50] [英] 凯文·奥顿奈尔. 从神创到虚拟：观念的历史 [M]. 宋作艳等译. 北京：北京大学出版社，2004：9-18

[51] 狄尔泰. 诠释学的起源 [A]. 理解与解释——诠释学经典文选 [C]. 洪汉鼎译. 北京：东方

出版社，2001：90

[52] 施莱尔马赫. 诠释学箴言 [A]. 理解与解释——诠释学经典文选 [C]. 洪汉鼎译. 北京：东方出版社，2001：23

[53] ［美］克里斯·亚伯. 建筑与个性——对文化和技术的回应 [M]. 张磊等译. 北京：中国建筑工业出版社，2003：33-119

[54] 金广君，林姚宇. 论我国城市设计学科的独立化倾向 [J]. 城市规划. 2004，(12)：75-80

[55] ［美］埃德蒙·N·培根. 城市设计. 黄富厢，朱琪译. 北京：中国建筑工业出版社，2003：33-36

[56] 苏海威. 类型学及其在城市设计中的应用 [D]. 清华大学硕士学位论文. 2001：2

[57] 殷鼎. 理解的命运 [M]. 北京：三联书店，1988：102

[58] 欧阳康. 社会认识论 [M]. 云南人民出版社，2002：243

[59] 肯尼思·贝利. 现代社会研究方法 [M]. 上海人民出版社，1986：44

[60] 玻恩. 我们这一代的物理学 [M]. 商务印书馆，1964：150，193

[61] N·玻尔. 原子论和自然的描述 [M]. 商务印书馆，1964：85

[62] ［英］特里·伊格尔顿. 二十世纪西方文学理论 [M]. 伍晓明译. 山西师范大学出版社，1987：83

[63] 金广君，邱志勇. 论城市设计师的知识结构 [J]. 城市规划. 2003，(2)：13-17

[64] 包亚明. 后大都市与文化研究 [M]. 上海：上海教育出版社，2005：72-96，186

[65] ［美］Edward W. Soja. 第三空间——去往洛杉矶和其他真实和想象地方的旅程 [M]. 路扬等译. 上海教育出版社，2005：5，62-110，259

[66] Ingersoll, Richard. Less Aesthetics, More Ethics. Architecrure. 2000, (6)：82-100

[67] 金广君. 图解城市设计 [M]. 黑龙江科学技术出版社，1999：16

[68] ［美］柯林·罗，弗瑞德·科特. 拼贴城市 [M]. 童明译. 北京：中国建筑工业出版社，2003：24-25

[69] 郑时龄. 建筑批评学 [M]. 中国建筑工业出版社，2001：216-301

[70] 乐民成. 彼得·艾森曼的理论与作品中呈现的句法学与符号学特色. 建筑师. 2004，(30)：3-19

[71] http://www. ouline. de/topic/? id=wengxue&story_id=8428 洪汉鼎. 西方诠释学的定位及伽达默尔诠释学的本质特征

[72] 杨秉德，蔡萌. 中国近代建筑史话 [M]. 北京：机械工业出版社，2004：104-141

[73] http://www. xici. net

[74] ［美］塞缪尔·亨廷顿. 文明的冲突 [M]. 周琪等译. 北京：新华出版社，2002：67

[75] ［德］莫里茨·石里克. 自然哲学 [M]. 陈维杭译. 北京：商务印书馆，1984：19

[76] Lakoff, G. and M. Johnson. Metaphors We Live By. Chicago：The University of Chicago Press，1980：5

[77] 胡潇. 意识的起源与结构 [M]. 北京：中国社会科学出版社，2004：107

[78] 俞孔坚，李迪华，刘海龙. "反规划"途径 [M]. 北京：中国建筑工业出版社，2005：169

[79] ［美］斯皮罗·科斯托夫. 城市的形成——历史进程中的城市模式和城市意义 [M]. 单皓译. 中国建筑工业出版社，2005：207

[80] Johnston, R. J., Derek Gregory, Geralding Pratt, and Michael Watts (eds.). The Diction-

ary of Human Geography (4th ed. ). Oxford: Basil Blackwell, 2000: 861-862

[81]  James Donald. Imagining the Modern City. Minneapolis: University of Minnesota Press, 1999: 44-56

[82]  Henri Lefebrre. The Production of Space. Oxford Uk & Cambridge USA: Blackwell, 1991: 28-45

[83]  成砚. 媒质中的城市空间——一种新的城市空间研究方法及其在历史街区改造中的应用 [J]. 北京：世界建筑. 2002, (2): 72

[84]  张京祥. 西方城市规划思想史纲 [M]. 南京：东南大学出版社, 2005: 40-57

[85]  王建国编著. 城市设计 [M]. 南京：东南大学出版社, 1999: 202

[86]  孙成仁. 后现代城市设计倾向研究 [D]. 哈尔滨：哈尔滨建筑大学博士学位论文. 1999: 47-68

[87]  B. Fraassen. The Pragmatics of Explanation, In: Y. Balashov and A Rosenberg, Philosophy of science. Routledge, 2002: 64

[88]  http://www. braziltourism. org

[89]  [美] Carl Steinitz. 论生态规划原理 [J]. 北京：中国园林. 2003, (10): 13

[90]  [英] Matthew Carmona, Tim Heath, Taner Oc, Steven Tiesdell. 城市设计的维度 [M]. 冯江等译. 南京：百通集团, 江苏科学技术出版社, 2005: 34-102, 263-264

[91]  Mario Gandelsonas. X-城市主义 [M]. 孙成仁, 付宏杰译. 北京：中国建筑工业出版社, 2006: 23-67

[92]  [比] J. M. 布洛克曼. 结构主义 [M]. 李幼蒸译. 北京：中国人民大学出版社, 3003: 133-136

[93]  王鹏. "显性"的城市设计观和"隐性"的城市设计观 [J]. 世界建筑. 2000, (10): 34

[94]  吴良镛. 北京旧城和菊儿胡同 [M]. 北京：中国建筑工业出版社, 2000: 23-42

[95]  郑莘, 林琳. 1990 年以来国内城市形态研究述评 [J]. 北京：城市规划. 2002, (12): 59-64

[96]  谷凯. 城市形态的理论与方法 [J]. 北京：国外城市规划. 2001, (12): 36-38

[97]  [英] Matthew Carmona, Tim Heath, Taner Oc, Steven Tiesdell. 城市设计的维度 [M]. 冯江等译. 南京：百通集团, 江苏科学技术出版社, 2005: 34-102, 263-264

[98]  齐康. 城市环境规划设计与方法 [M]. 北京：中国建筑工业出版社, 1997: 27

[99]  江斌, 黄波, 陆峰. GIS 环境下的空间分析和地学视觉化 [M]. 北京：北京高等教育出版社, 2002: 1-52

[100]  张红, 王新生, 余瑞林. 空间句法及其研究进展 [J]. 地理空间信息. 2006, (8): 208

[101]  戴晓玲. 理性的城市设计新策略 [J]. 城市建筑. 2005, (4): 8

[102]  王富臣. 城市形态的维度：空间和时间 [M]. 上海：同济大学学报. 2002, (2): 28

[103]  李亚明. 上海城市形态持续发展的规划实施机制 [J]. 城市发展研究. 1999, (3): 15-18

[104]  王建国. 城市空间形态的分析方法 [J]. 新建筑. 1994, (1): 39-34

[105]  汪坦. 现代西方建筑理论动向（续二）[J]. 北京：建筑师. 1985, (23): 6, 19-20

[106]  张斌, 杨北帆. 城市设计与环境艺术 [M]. 天津：天津大学出版社, 2000: 3

[107]  Leon krier. Houses Places Cities. Architectural Design, 1984: 23-46

[108]  [德] G·阿尔伯斯. 城市规划理论与实践概论 [M]. 吴唯佳译, 薛钟灵校. 北京：科学出版社, 2000: 7

[109] ［美］凯文·林奇. 城市形态 ［M］. 林庆怡，陈朝晖，邓华译. 北京：华夏出版社，2001：5，53-70

[110] Martin. Leslie The grid as a generator ［J］. in Time-saver Standard for Urban Design, Jhoh Wiley & Sons, Inc., 2000：65-79

[111] ［美］理查德·马歇尔，沙永杰编著. 美国城市设计案例 ［M］. 北京：中国建筑工业出版社，2004：143

[112] 黄鹤. 文化规划：运用文化资源促进城市整体发展的途径 ［D］. 清华大学博士学位论文. 2004：125-142

[113] 陈宇. 城市景观的视觉评价 ［M］. 南京：东南大学出版社，2006：140，178

[114] 董慰，王广鹏. 试论城市设计公众利益的价值判断和实现途径 ［J］. 上海：城市规划学刊. 2007，（1）：33-45

[115] 金元浦. 间性的凸现 ［M］. 北京：中国大百科全书出版社，2002：187

[116] 朱狄. 当代西方美学 ［M］. 北京：人民出版社，1984：83-84

[117] ［意］L. 贝纳沃罗. 世界城市史 ［M］. 薛钟灵等译. 北京：科学出版社，2005：28-41

[118] ［美］莱斯大学建筑学院. 莱姆·库哈斯与学生的对话 ［M］. 裴钊译. 北京：中国建筑工业出版社，2003：37-38

[119] http://shanghaicinema. blogspot. com/2004_06_27_shanghaicinema_archive. html

[120] 庄宇. 城市设计的运作 ［M］. 上海：同济大学出版社，2004：119-145

[121] 张苏梅，顾朝林. 深圳法定图则的几点思考——中、美法定层次规划比较研究 ［J］. 北京：城市规划. 2000，（8）：31-35

[122] 陈宇琳，张悦. "电影北京"——记一次建筑设计 Studio 教学实践 ［J］. 北京：建筑学报. 2007，（1）：18-20

[123] ［美］凯文·林奇著. 城市意象 ［M］. 方益萍，何晓军译. 北京：华夏出版社，2001：7

[124] 严平选编. 伽达默尔集 ［M］. 上海：上海远东出版社，1997：72

[125] 刘捷. 城市形态整合研究 ［D］. 同济大学博士学位论文，2003：24

[126] http://www. szplan. gov. cn

[127] 张隆溪. 道与逻各斯 ［M］. 南京：凤凰传版传媒集团有限公司. 2006：2

[128] 周俭，陈亚斌. 类型学思路在历史街区保护与更新中的运用 ［J］. 上海：城市规划学刊. 2007，（1）：61-65

[129] 赵勇. 整合与颠覆：大众文化的辩证法 ［M］. 北京：北京大学出版社，2005：301-302

[130] 刘宛. 城市设计实践论 ［M］. 北京：中国建筑工业出版社，2006：63

[131] 王耀武. 西方城市乌托邦思想与实践研究 ［D］. 哈尔滨工业大学博士学位论文. 2005：1，116

[132] 矶崎新. 未建成/反建筑史 ［M］. 胡倩等译. 北京：中国建筑工业出版社，2004

[133] 梁鹤年. 政策分析 ［J］. 城市规划. 2004，（11）：78-85

[134] 赵宏宇. SWOTs 分析法及其在城市设计实践中的作用 ［J］. 北京：城市规划. 2004，（12）：83-86

[135] Michael G., Moran Michalle Ballif. Twentieth-Century Rhetoricians：Critical Studies and Sources. Westport：Greenwood Press，2000，ⅷ

[136] White, J. B. Heracles' Bow：Essays on the Rhetoric of the law. p. 35

234

[137] Fracisco Asensio Cerver. 建筑与环境设计 [M]，盛梅译. 天津：天津大学出版社，2003：13-25

[138] Ungers O M，Vieths S. The Diatectic City. Milan：Skiraeditore，1997：41-57

[139] 王湘君. 从理性的起源走向辩证的终极——读《辩证的城市》有感 [J]. 武汉：新建筑. 2002，(3)：65

[140] 汪丽君. 建筑类型学 [M]. 天津：天津大学出版社，2005：69

[141] 鲁西米. 卡尔斯鲁厄 Dörfle 区老城改建 [J]. 北京：住区. 2002，(1)：42

[142] Tschumi B. An Urban Park for the 21st Century, in Paris 1979-1989. New York：Rizzoli International Publications，1988：23-65

[143] 大师系列丛书编辑部. 瑞姆·库哈斯的作品与思想 [M]. 北京：中国电力出版社，2005：157

[144] [德] 埃德蒙特·胡塞尔. 现象学 [M]. 重庆：重庆出版集团，重庆出版社，2006：122-131

[145] J. Searle. Intentionality：an Essay in the Philosophy of Mind. Cambridge：Cambridge University Press，1983：19-28

[146] 张敏. 城市规划方法研究 [D]. 南京大学博士学位论文. 2002：58

[147] 王建国. 现代城市设计理论与方法 [M]. 南京：东南大学出版社，1991：31-56

[148] 张勇强. 城市空间发展自组织研究——深圳为例 [D]. 东南大学博士学位论文. 2004：37-47

[149] 彭新武. 复杂性思维与社会发展 [M]. 北京：中国人民大学出版社，2003：37-38

[150] 朱东风. 城市空间发展的拓扑分析——以苏州为例 [M]. 南京：东南大学出版社，2007：219

[151] 黑川纪章. 城市设计的思想与方法 [M]. 覃力等译. 北京：中国建筑工业出版社，2004：54-83

[152] 戴松茆. 深圳"城中村"，城市设计能做什么 [J]. 住区. 2006：38-40

[153] 庄宇. 对城市设计"形态结构"生成的发散思考——深圳"城中村"城市设计过程 [J]. 住区. 2006：50

[154] 伊瑟尔. 阅读行为 [M]. 金惠敏等译. 长沙：湖南文艺出版社，1991：38

[155] 朱狄. 当代西方美学 [M]. 北京：人民出版社，1984：11-34

[156] [德] 彼得·科斯洛夫斯基. 后现代文化——技术发展的社会文化后果 [M]. 北京：中央编译出版社，1999：54-67

[157] [德] 汉斯-格奥尔格·伽达默尔. 哲学解释学 [M]. 夏镇平，宋健平译. 上海：上海译文出版社，2004：1-32

[158] 冯俊等著. 后现代主义哲学讲演录 [M]. 北京：商务印书馆. 2003：66-89

[159] 欧阳康. 社会认识论 [M]. 昆明：云南人民出版社，2002：43-62

[160] [美] 肯尼思·贝利. 现代社会研究方法 [M]. 许真译. 上海：上海人民出版社，1986：48-67

[161] 洪亮平. 城市设计历程 [M]. 北京：中国建筑工业出版社，2002：22-39

[162] [美] 哈米德·胥瓦尼. 都市设计程序 [M]. 谢庆达译. 台北：台湾创兴出版社，1998：50-78

［163］［美］琳达·格鲁特，大卫·王编著. 建筑学研究方法［M］. 王晓梅译. 北京：机械工业出版社，2005：80

［164］张伶伶，李存东. 建筑创作思维的过程与表达［M］. 北京：中国建筑工业出版社，2001：16-19

［165］田利. 建筑设计的基本方法与主体思维结构的关联研究［D］. 东南大学博士学位论文. 2004：32

［166］刘晓光. 景观象征理论研究［D］. 哈尔滨工业大学博士学位论文. 2006：39

［167］殷青. 建筑接受论［D］. 哈尔滨工业大学博士学位论文. 2005

［168］薛滨夏. 现代城市设计中的生物学思想研究［D］. 哈尔滨工业大学博士学位论文. 2006 5-35

［169］Aldo Rossi. The Architecture of the City. Cambridge, Mass：The MIT. Press，1982：18-28

［170］Moore, Rowan. Vertigo：The Strange New World of the Contemporary City. Laurence King Publishing，1999：5-39

［171］G. Broadbent，C. Jencks，R. Bunt. Signs Symbols and Architecture. The Pitman Press，1980：2-43

［172］B. Hillier，J. Hanson. The Social Logic of Space. Cambridge University Press，1984：80-110

［173］杨小迪，吴志强. 波茨坦广场城市设计述评［J］. 北京：国外城市规划. 2000，(1)：40-42

［174］［美］斯皮罗·科斯托夫. 城市的形成——历史进程中的城市模式和城市意义［M］. 单皓译. 中国建筑工业出版社，2005：207

［175］Kermit C. Parsons，Davide Schuyler. From Garden City to Green City：The Legacy of Ebenezer Howard. The Johns Hopkins University Press，2002：90-112

［176］Robert Kronenburg. Transportable Environments. E & FN Spon，1999：28-37

［177］Scott Campbell. Reading in Planning Theory. Blackwell Publishers；2nd Revedition，2003：55-64

［178］Martin T. Cadwaalder. Analytical Urban Geography. New Jersey：Prentice Hall，Englewood Cliffs，1985：1-30

［179］M Barzelay，B J Armajani. Source：Breaking through Bureaucracy. New York Academic Press. 1999：2-11

［180］Abdul Khakee，Paola Somma，Huw Thomas. Urban Renewal，Ethnicity and Social Exclusion In Europe. Ashgate Pubishing Ltd Brookfield. 1999：29-41

［181］Fainstein，S. S. The City Builders-Property，Politics & Planning in London and New York Blackwell，1994：49-58

［182］Fainstein，S. S. The City Builders-Property，Politics & Planning in London and New York Blackwell，1994：60-69

［183］Kosslyn，S. M. and O. Koeing. Wet Mind. Free Pass，1998：10-21

［184］Summers D. Intentions in the History of Art. New Literary，1985：1-7

［185］J. Douglas Porteous. Environment and Behavior：Planning and Everyday Urban Life. Reading，Mass，Addison Wesley，1977：20-61

［186］Jon，Lang. Creating Architecture Theory. New York：VNA. ，1987：22-38

［187］Clovis Heimasth. Behavioral Architecture. New York：McGraw-Hill Book Co. ，1977：

71-89

[188] H. Klotz, Translated by R. Donnell. The History of Post-Modernism. The MIT Press, 1988: 69-81

[189] D. Watkin. A History of Western Architecture. New York: Thames & Hudson Inc, 1986: 44-51

[190] Robert Fishman. Urban Utopias in the Twentieth Century: Ebenezer Howard Frank Lloyd Wright Le Coubusier. The MIT Press, 1982: 69-91

[191] J. R. Feagin, M. P. Smith. The Capitalist City: Global Restructuring and Community Politics. Oxford: Black-Well, 1987: 16

[192] Kevin Lynch. A Theory of Good City Form. The Massachusetts Institute of Technology: The MIT Press, 1982: 89

[193] Kenneth Frampton. Modern Architecture. London: Thames and Hudson Ltd. , 1980: 70-91

[194] Kevin Lynch. Good City Form. Cambridge, Massachusetts: The MIT Press, 1985: 62-79

[195] Donald Appleyard. The Major Published Works of Kevin Lynch: An Appraisal. Town Planning Review. 1978: 40-65

[196] Kevin Lynch. Wasting Away. San Francisco: Sierra Club Books, 1990: 28-52

[197] Herdert Giersch. Urban Agglomeration & Economic Growth. Newbury Park: Sage, 1996: 29-61

[198] Hillier B. Space is the Machine: A Configurational Theory of Architecture. Cambridge, UK. : Cambridge University Press, 1996: 32-40

[199] George C. Edwards (ed). Public Policy Implementation. Greenwich. Conn. : JAT. Pr. Inc. , 1984: 112-119

[200] Lang J. Urban Design: The American Experience. New York: Van Nostrand Reinhold, 1994: 19-38

[201] Broadbent G. Emerging Concept in Urban Space Design. New York: Van Nostrand Reinhold, 1990: 9-32

[202] Steen Eiter Rasmussen. Experiencing Architecture. Cambridge: The MIT Press, 1980: 42-67

# 致　谢

论文的写作真是一个艰苦的过程，这期间工作的、学习的、生活的各种难题如约而至。但是，我始终坚持着完成的信念。无论结果如何，它是我无数个日夜努力的结晶。论文当然是不完善的，但这也为我制定了一个新的起点，促使自己在今后的工作中继续学习、充实与提高。

这里要特别感谢我的导师徐苏宁教授，及师母的帮助与照顾。先生严谨的治学风格、谦逊的人格魅力以及对待学生平易近人的态度令我慕名投奔先生门下，在多年的学习生活中与导师建立了深厚的师生之谊。

我的硕士导师赵天宇教授及师母程文副教授一直以来对我学习、生活的关心让我难以忘怀。在我困难的时候总能得到老师的鼓励，是你们的帮助使我逐渐地成熟起来，在此学生深表谢意。

在论文写作及评审过程中，得到了资深教授郭恩章先生的帮助与指导，先生七十多岁高龄仍笔耕不辍，先生深厚的专业素养和严谨的治学之道是我终生学习的榜样。

此外，在论文开题、写作和答辩过程中，还得到了建筑学院很多老师的帮助和指导。他们是：李桂文教授、郭旭教授、刘松茯教授、刘大平教授、刘德明教授、金广君教授等。感谢在论文评审、答辩过程中提出宝贵意见的同济大学卢济威教授、沈福熙教授、东南大学王建国教授、华南理工大学孙一民教授、华中科技大学洪亮平教授、大连理工大学孔宇航教授等。

感谢曾经给予我帮助的梁玉红老师、资料室的王宇老师。

感谢曾经一起共事及学习的吉林建筑工程学院的老师和同学们，那里是我成长的地方。感谢哈工大城市设计研究所的吕飞老师及所有同学们，在这个集体当中我们共度难关，分享快乐。

感谢土木楼的一砖一瓦，在这孕育着希望的地方，留下的是我永恒的记忆。

感谢我的父母，你们的健康是我不竭的动力。感谢我的妻子梁颖女士，有了你，我平凡的生活才有了绚丽的色彩。

刘生军<br>二零零八年十月于哈尔滨